工程训练系列

GONGCHENG LUNLI YU GONGCHENG RENSHI

工程伦理与工程认识

主 编◆宋以国 周 莹

哈尔滨工程大学出版社
Harbin Engineering University Press

内容简介

本书以工程基础知识普及和工程伦理意识培养为核心，通过工程发展历程展现不同时期工程活动与人类社会发展的关系，以及它们在国家经济建设中的地位及重要作用。本书以现代机电产品为载体，围绕项目引领式工程认知训练，分别从工程动力、机械结构、控制系统以及机电一体化技术等方面介绍工程基础知识，强调了完备的工程知识的重要性，注重培养读者的工程素养；在初步建立工程基本概念的基础上，通过典型工程案例分析让读者理解工程环境伦理与可持续发展，工程中的风险与安全，工程中的价值、利益与公正以及工程的责任与标准规范的基本内涵，理解正确处理工程与自然、工程与人、工程与社会之间关系的基本原则和规范，建立正确的大工程观。我国工程成功案例的引入能够激发读者的爱国热情、科技报国的决心，增强文化自信和民族自信，培养读者在未来职业生涯的使命感和责任感，强化责任担当意识。

本书配有 MOOC 课程，是面向大学本科低年级学生的高等工程教育教学用书，也可作为中等专业学校、职业技术学校师生的参考用书。

图书在版编目（CIP）数据

工程伦理与工程认识 / 宋以国，周莹主编．— 哈尔滨：哈尔滨工程大学出版社，2023.6
ISBN 978-7-5661-3535-3

Ⅰ．①工… Ⅱ．①宋… ②周… Ⅲ．①工程技术 - 伦理学 - 教材 Ⅳ．① B82-057

中国版本图书馆 CIP 数据核字（2022）第 090589 号

工程伦理与工程认识

GONGCHENG LUNLI YU GONGCHENG RENSHI

选题策划	马佳佳
责任编辑	宗盼盼
封面设计	博鑫设计

出版发行	哈尔滨工程大学出版社
社　　址	哈尔滨市南岗区南通大街 145 号
邮政编码	150001
发行电话	0451-82519328
传　　真	0451-82519699
经　　销	新华书店
印　　刷	黑龙江天宇印务有限公司
开　　本	787 mm×1 092 mm　1/16
印　　张	15
字　　数	422 千字
版　　次	2023 年 6 月第 1 版
印　　次	2023 年 6 月第 1 次印刷
定　　价	45.80 元

http://www.hrbeupress.com
E-mail：heupress@hrbeu.edu.cn

前　　言

　　本书立足《中国工程教育认证通用标准》以及《高等学校课程思政建设指导纲要》中的"要注重强化学生工程伦理教育，培养学生精益求精的大国工匠精神，激发学生科技报国的家国情怀和使命担当"观点，以工程知识普及、工程意识培养、工程伦理教育为核心，采用通俗易懂、图文并茂的形式，带领读者走进工程的世界，在工程知识构建中建立工程伦理思想。本书以现代机电产品为载体，对相关工程内容进行集成、优化，采用项目引领、任务驱动的模式，通过"发动机模型装配、简单机械系统装配、交通信号灯的设计与调试、电梯模型的组装与调试"等多个实践训练项目，对工程动力、机械结构、控制系统、机电一体化技术等工程基本知识进行了介绍，使读者有针对性地进行工程知识与技术的学习，建立基本工程概念；通过典型工程案例分析了解工程活动中工程与社会、工程与人、工程与自然的关系，培养工程伦理意识；通过描述工程对人类社会发展的推动作用，强化民族自信与责任担当；在学习过程中引导读者建立"投身工程"志向和"工程强国"使命。本书还对现代机电产品制造工程相关的工程材料、制造技术、工程管理等进行了介绍，有助于读者初步了解现代机电产品制造工程的概貌。本书内容的广度与深度符合工程通识教育的需求。

　　本书优化了工程知识架构，在工程知识普及的基础上引入工程伦理，由了解最基本的工程知识，进而认识复杂工程问题解决方案与社会、安全、环境、质量、成本等因素间的关系，使读者更加全面地认识工程活动，理解工程、工程技术以及工程伦理的内涵与联系。读者可以建立从理论知识到知识应用层面多维度的工程伦理认知，认识到要从工程实际出发，提出问题，分析问题并解决问题，符合初识工程的认知规律，激发读者解决复杂工程问题的兴趣和好奇心。本书将工程知识与工程伦理紧密结合，填补了市场空白，改善了工程基本知识与工程伦理教育同时普及的教材缺乏的现状。

　　本书的编写团队是教学团队核心成员，其中第 1 章由宋以国编写；第 2 章由宋以国、武桂香编写；第 3 章由李泽辉、米伟哲编写；第 4 章由李文逸、周莹编写；第 5 章由陈宁、明铭编写。全书由宋以国统稿。

　　由于编者工作经历与理论水平有限，书中难免存在错误之处，敬请相关专家和各位读者批评指正。

　　本书另附工程认知拓展相关数字资源，感兴趣的读者可以扫描下方二维码自行学习。

加工与制造　　　　　　材料的发展与应用　　　　工程管理的发展与应用

编　　者
2023 年 1 月

目　　录

第 1 章

工程与伦理

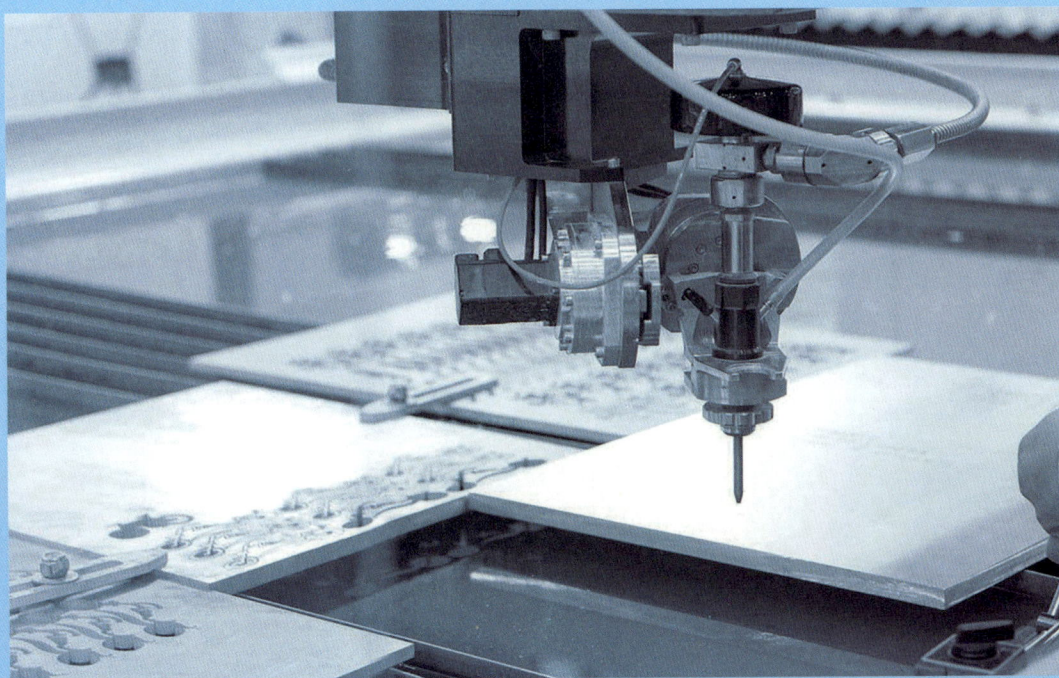

GONGCHENG LUNLI YU GONGCHENG RENSHI

1.1　工　　程

【案例1】都江堰水利工程

都江堰是一个科学、完整、极富发展潜力的庞大的水利工程体系，坐落于四川省成都平原西部的岷江中游，位于四川省都江堰市城西，距成都市56千米，是世界文化遗产（2000年被联合国教育、科学及文化组织（简称"联合国教科文组织"）列入"世界文化遗产"名录）、世界灌溉工程遗产。在都江堰建成以前，只要岷江洪水泛滥，成都平原就是一片汪洋；一遇旱灾，又是赤地千里，颗粒无收。战国时期，秦国蜀郡太守李冰父子在公元前256年，率领川西人民因地制宜，就地取材，用竹、石、卵石等材料修建了这项千古不朽的水利工程。它使成都平原变得"水旱从人，不知饥馑"，从此，成都平原被誉为"天府之国"。

都江堰水利工程充分利用当地西北高、东南低的地理条件，根据江河出山口处特殊的地形、水脉、水势，因势利导，无坝引水，自动灌溉，使堤防、分水、泄洪、排沙、控流相互依存，共为体系，保证了防洪、灌溉、水运和社会用水综合效益的充分发挥。都江堰的整体规划是将岷江水流分成两条，其中一条水流引入成都平原，这样既可以分洪减灾，又可以引水灌田、变害为利。都江堰主体工程包括鱼嘴分水堤、飞沙堰溢洪道和宝瓶口进水口。

李冰父子首先邀集了许多有治水经验的农民，对地形和水情做了实地勘察，最后决心凿穿玉垒山引水。由于当时还未发明火药，李冰便以火烧石，使岩石爆裂，终于在玉垒山凿出了一个宽20米、高40米、长80米的山口。因其形状酷似瓶口，故取名"宝瓶口"，把开凿玉垒山分离的石堆叫"离堆"。打通玉垒山，岷江水能够畅通流向东边，既可以减少西边的江水流量不再泛滥，又灌溉了东边地区的良田，解决了干旱问题。这是治理水患的关键环节，也是都江堰水利工程的第一步（图1-1-1）。

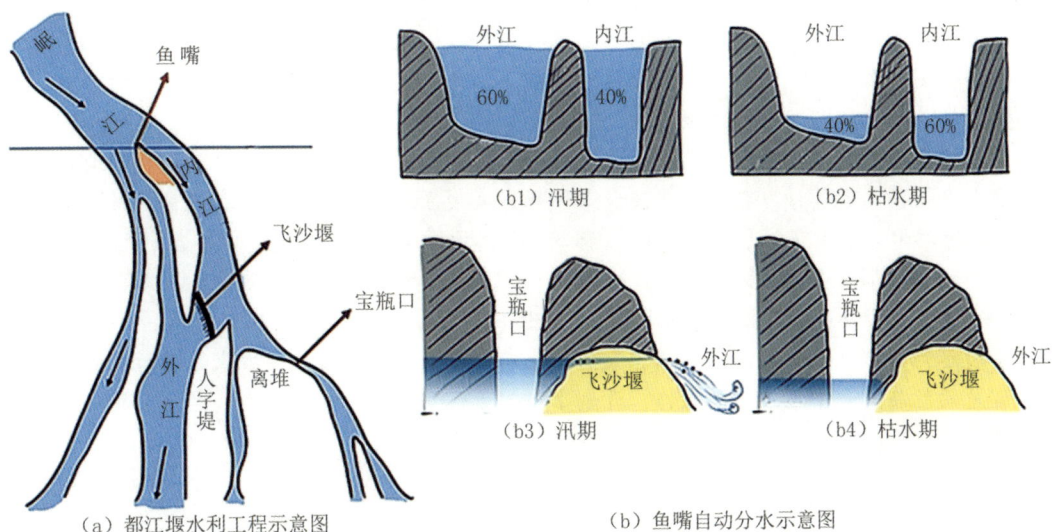

（a）都江堰水利工程示意图　　　　（b）鱼嘴自动分水示意图

图1-1-1　都江堰水利工程及其鱼嘴自动分水示意图

宝瓶口引水工程虽然起到了分流和灌溉的作用，但因江东地势较高，江水难以流入宝瓶口。为了使岷江水能够顺利东流且保持一定的流量，充分发挥宝瓶口的分洪和灌溉作用，李冰在开凿完宝瓶口以后，又决定在岷江中修筑分水堰，将上游奔流的江水一分为二：西边沿岷江顺流而下称为外江；东边流入宝瓶口称为内江。因为分水堰前端的形状像一条鱼的头部，所以被称为"鱼嘴"。建造时内江的河床低于外江。这样，在枯水期，江水流速相对较小，经"鱼嘴"分流之后流入内江的水量会增多，约占岷江总水量的 60%，保证了成都平原的生产生活用水；在汛期，岷江水位相对升高，岷江水流流速增大，流量增多，河流主流线相对变直，因而会有大概 60% 的水直接冲入外江（主流线），40% 的水流向内江，这种自动分配内、外江水量的设计就是"四六分水"。依据河流动力学的原理，把水流分为表层水流和底层水流。表层水流主要受到离心力作用，向凹岸（河流弯曲河段岸线内凹的一岸）流动；底层含有大量沙石的水流向凸岸（弯曲河床河岸凸出部分）。"鱼嘴"就是这么巧妙地被设置在这段弯道中间靠上一点点处，使得岷江中 80% 的泥沙从外江流走，形成"二八分沙"。

为了进一步控制流入宝瓶口的水量，起到分洪和减灾的作用，防止灌溉区的水量忽大忽小、不能保持稳定的情况，李冰又在"鱼嘴"分水堤的尾部，靠近宝瓶口的地方，修建了分洪用的平水槽和飞沙堰溢洪道。当内江水位过高的时候，洪水就经由平水槽漫过飞沙堰流入外江，使得进入宝瓶口的水量不致太大，保障内江灌溉区免遭水灾；如果遇到特大洪水等非常情况，它还会自行溃堤，让大量江水回归岷江正流。同时，江水经"鱼嘴"流入内江后，遇到虎头岩（宝瓶口前伸向江心的岩石）撞击，再加上离堆的推挡作用，便会自然形成涡流。这股涡流径直流向飞沙堰的位置，江水超过堰顶时洪水中夹带的泥石便流入外江，故取名"飞沙堰"。而剩余的泥沙会在飞沙堰对面的凤栖窝沉积，需要人为定时淘挖，这项活动便称之为"岁修"。飞沙堰采用竹笼装卵石的办法堆筑，高度不能过高（现保持在 2 米左右），即"低作堰"，便于疏水、排沙，起到"引水以灌田，分洪以减灾"的作用。由此可以看出，飞沙堰的作用，一是可以排走内江多余的江水，防洪；二是将内江泥沙排入外江，排沙；三是保证内江水量。

为了观测和控制内江水量，李冰又雕刻了三个石桩人像，放于水中，以"枯水不淹足，洪水不过肩"来确定水位；凿制石马置于江心，以此作为每年最小水量时淘滩的标准。"岁修"淘挖时，一定要挖到石马才算完成，即"深淘滩"，用以保证内江河床冲淤平衡。此后历朝历代都非常重视维护和加固都江堰，如石马之后被"卧铁"代替，当然，它们的位置依然是一致的，这个位置叫作河流平衡剖面。在李冰的带领下，人们克服重重困难，经过 8 年的努力，终于建成了这一历史工程——都江堰（图 1-1-2）。

都江堰的创建，以不破坏自然资源、充分利用自然资源为人类服务为目标，科学地解决了江水自动分流、自动排沙、控制进水流量等问题，实现了人、地、水三者高度协调统一。1872年，德国地理学家李希霍芬（Richthofen）称赞"都江堰灌溉方法之完善，世界各地无与伦比"。都江堰水利工程历经 2 000 多年，截至 1998 年，灌溉面积达到 66.87 万公顷，灌溉区域已达 40余县，经受住了 2008 年汶川的 8.0 级地震，是全世界迄今为止年代最久、唯一留存、仍一直使用、以无坝引水为特征、造福人民的一项伟大的"生态工程"，凝聚着我国古代劳动人民勤劳、勇敢、智慧的结晶，是中华文化的杰作，开创了我国古代水利史上的新纪元，也是世界水利文化的鼻祖。

图 1-1-2　都江堰水利工程

（引自中国广播网）

【案例2】水运仪象台

水运仪象台是北宋时期苏颂、韩公廉等在今河南省开封市设计制造的，是集观测天象的浑仪、演示天象的浑象、计量时间的漏刻和报告时刻的机械装置于一体的综合性观测仪器，于北宋元祐元年（公元1086年）开始设计，到元祐七年（公元1092年）全部完成。

整座仪器高约12米，底宽约7米，是一座上狭下广、呈正方台形的木结构建筑，共分3层（图1-1-3）。上层是个板屋，里面放置着一台浑仪，主要用来观测天文现象。屋的顶板可以自由开启，平时关闭屋顶，以防雨淋。这已经具有现代天文观测室的雏形了。中层是间密室，放置着一架浑象，用于演示每天的星辰运行变化。下层具有报时装置和全台的动力机构，可分成5小层木阁，每小层木阁内均有若干个木人，5层共有162个木人。它们各司其职，每到一定的时刻，就会有木人自行出来打钟、击鼓或敲打乐器，以报告时刻、指示时辰等。在木阁的后面，放置着精度很高的两级漏刻和一套机械传动装置，这里可以说是整个水运仪象台的"心脏"，用漏壶的水冲动机轮，驱动传动装置，浑仪、浑象和报时装置便会按部就班地运作起来。大约公元1094年，苏颂编撰了《新仪象法要》一书，详细介绍了水运仪象台的设计和建造情况，并将水运仪象台的总体和各部件进行绘图并加以说明。

图 1-1-3　仿制的水运仪象台

5

苏颂为了让人们更直观地理解星宿在太空中的出没，又提出设计一种人能进入浑天象内部来观察的仪器——假天仪。用竹木制成的假天仪从外面看就像一盏纸糊的特大号灯笼。"灯笼"面上按照天上星座的位置开孔，人进入里面可以看到点点光亮，仿佛夜空中繁星。扳动枢轴，"灯笼"便可转动起来，体现天体的东升西落。这和天文馆里演示人造星空的天象仪的原理是一样的。世界上第一架天象仪是1923年诞生的，在此800多年前，我国的古人就研制出了天象仪的雏形。

水运仪象台是我国古代的卓越创造，代表了我国古代天文仪器制造的最高水平。它具有三项令世界瞩目的发明：第一，它的屋顶被设计成可开闭的，是现代天文台活动圆顶的雏形；第二，它的浑象一昼夜能自动旋转一周，是现代天文跟踪机械转移钟的先驱；第三，它的报时装置能在一组复杂的齿轮系统的带动下自动报时，报时系统里的锚状擒纵器是后世钟表的关键部件。英国科学家李约瑟（Joseph Needham）曾说，水运仪象台"可能是欧洲中世纪天文钟的直接祖先"。它充分体现了我国古代人民的聪明才智和富于创造的精神。

1.1.1　工程的概念

工程（engineering）是将自然科学的原理应用到工农业生产部门中去而形成的各学科的总称。

工程一词起源于拉丁文ingenium，意指古罗马军团使用的撞城锤。中世纪称操纵这种武器的人为ingeniators。后来，这个词逐渐演变为engineer（工程师），意指建筑城堡和制造武器的人。这些人从事的工作和所运用的知识统称为engineering（工程）。在中国古代和古时的西方，"工程"这个词及其表现的内容均与军事有关，如郑国渠、长城等。18世纪，职业化的民用工程师开始出现，他们工作的对象是道路、桥梁、江河渠道、码头和城市供水系统等，中国习惯称之为土木工程。近代之后，工程的含义越来越广泛。人们往往把有目的地控制和改造自然物、建造人工物，以服务于特定人类需要的行为都称为工程。

在当代关于工程的论述中，不同领域的学者有不同的看法，使得工程概念也有了不同的理解和定义。《辞海》中对"工程"的解释是："将自然科学的原理应用到工农业生产部门中去而形成的各学科的总称。如土木建筑工程、水利工程、冶金工程、机电工程、化学工程、海洋工程、生物工程等。这些学科是应用数学、物理学、化学、生物学等基础科学的原理，结合在科学实验及生产实践中所积累的技术经验而发展出来的。主要内容有：对于工程基地的勘测、设计、施工，原材料的选择研究，设备和产品的设计制造，工艺和施工方法的研究等。"《自然辩证法百科全书》中将"工程"定义为："把数学和科学技术知识应用于规划、研制、加工、试验和创制人工系统的活动和结果，有时又指关于这种活动的专门学科。"《现代汉语词典（第7版）》中对"工程"的释义是："土木建筑或其他生产、制造部门用比较大而复杂的设备来进行的工作，如土木工程、机械工程、化学工程、采矿工程、水利工程等，也指具体的建设工程项目。"我国著名科学家钱学森（图1-1-4）指出：英语"engineering"这个词在18世纪的欧洲出现时，本来专指作战兵器的制造和执行服务于军事目的的工作。这一含义引申出一种更普遍的看法：把服务于特定目的的各项工作的总体称为工程，如水利工程、机械工程、土木工程、电力工程、电子工程、冶金工程、化学工程，等等。

在工程管理领域，"工程"常常指"具体的基本建设项目"，如京九铁路工程、三峡工程等，即"所谓工程，是指建设、生产、制造部门用比较庞大而复杂的装备技术、原材料来进行的工作"，或者"工程就是系统地综合应用物质的和自然界的资源来创造、研究、制造并支持能经济地为人类提供某种用途的产品或工艺。工程的基本内容是：通过利用技术专业知识、通过在运用改造自然的方法方面的个人技能和通过具有正确工作态度的人员，从科学知识整体中创造有用的东西"。

图 1-1-4　我国著名科学家钱学森

对"工程"的另一种理解是，把它看作一种解决特定的实际问题的活动过程。将工程理解为工程活动，是利用材料和自然力的实践项目，且大都是具体的建构性活动和基本建设项目。在我国现代社会实践中，工程通常指那些所谓的"大型工程"，如"三峡工程""南水北调工程""西气东输工程""青藏铁路工程""西电东送工程""航天工程"等（图 1-1-5）。另外，它也指那些"中小型工程"项目，如一条新生产线、一段铁路等。

（a）三峡工程

（b）青藏铁路工程

（c）航天工程

图 1-1-5　大型工程

在现代社会中，"工程"一词有广义和狭义之分。就广义而言，工程是由一群人为达到某种目的，在一个较长时间周期内进行协作活动的过程，强调众多主体参与的社会性，如"希望工程"等。就狭义而言，工程是以满足人类需求的目标为指向，应用各种相关的知识和技术手段，调动多种自然与社会资源，通过一群人的有组织活动将某个（或某些）现有实体（自然的或人造的）转化为具有预期使用价值的人造产品过程。狭义的工程概念不仅强调多主体参与的社会性，而且主要指针对物质对象的、与生产实践密切联系、运用一定的知识和技术得以实现的人类活动，如"化学工程""水利工程""海洋工程"等。工程伦理所讨论的"工程"，主要指狭义工程。

事实上，在人们的日常生活中，工程是一个十分常用的词汇，可以与许多词汇相连，组成众多词语，如"土建工程""电气工程""基因工程"等，不一而足。

综上所述，所谓工程，是指人类创造和构建人工实在的一种有组织的社会实践活动过程及其结果。它主要是指认识自然和改造世界的"有形"的人类实践活动，如建设工厂、修造铁路、开发新产品等。

1.1.2 工程发展简史

在人类文明的发展历程中，工程活动也走过了一个漫长、曲折、复杂的发展过程。从原始人制造的粗笨的石器到今天的太空飞船和电子芯片，回顾这一过程，令人激动不已。从工程发展的历史进程中，不仅可以看到人类社会在物质文明方面的进步与发展，还可以看到人类社会在精神文明和制度方面的进步与发展。

正如徐匡迪院士所说："工程是人类的一项创造性的实践活动，是人类为了改善自身生存、生活条件，并根据当时对自然规律的认识，而进行的一项物化劳动的过程……所谓改善生存、生活条件，中国人自古以来就习惯地把它们简约为'衣、食、住、行'。可以说人类文明进化的历史，从物质方面来看无非是从狩猎捕鱼、刀耕火种到驯养畜禽、育种精耕；从树叶、兽皮蔽体到纺织制衣，乃至以服饰为官阶、时尚的标识；从搭巢挖穴而居，到造屋筑楼、兴建市镇；从修土路搭木桥，乘坐马车、帆船，到构建高速公路、铁路四通八达，洲际航线朝发夕至。总之这一切都离不开工程活动，都和每个时期人类对自然规律的认识水平及对相关技术的综合集成能力有关。"那么，让我们来看看，工程在不同的历史时期，在满足人类最基本的生活需求"衣、食、住、行"方面，完成了哪些进化，以及取得了怎样的成就。

1. 原始工程时期

从人类诞生后，可以制造石器工具算起，到 10 000 年前农业出现，这一时期通常被称为人类历史上的原始时代或史前时代，它对应于技术史分期中的旧石器时代。从工程的造物活动上看，这个时期属于"器具的最初发现"时期。这个时期"人类开始收集和砸制石头，用于特殊用途，这也成为后来工程的一个持续的特征"。

在旧石器时代的早期，打制石器呈现出粗厚笨重、器类简单、一器多用的特点；在旧石器时代的中期出现了骨器；到了旧石器时代的晚期，石器趋于小型化和多样化，器类增多，并且已经能制造简单的组合工具，如弓箭、投矛器等。随着社会的发展，人类逐渐缓慢地变成工具制造者，其使用的主要材料除了石头，还有骨头和木头，甚至还包括少量牛角、鹿角和象牙。

工程的原材料为石头、骨头、动物的筋和腱等。工程活动要选择合适的原料，"选材"（石材的选取）导致了原始的采矿工程活动，如通过燧石矿的开采，原始人可以得到最合适的燧石；当然还需要其他的工程操作，如敲打、撞击、截砍等，才能形成有刃的斧头等工具。出人意料的是，当时有一些工程活动的"工序"是相当复杂的，如在广西百色发现的 80 万年前的打制石器——一件手斧，甚至需要 50 多道制作工序才能完成。在这个时期，人类已经学会了用火，这是一个划时代的成就。人类最早的用火遗迹发现于非洲肯尼亚的切萨瓦尼亚，这里出现了 40 块烧过的黏土小碎块，可能是篝火的遗迹，其年代为 142 万年前。欧洲最早的用火遗迹发生于法国马赛附近的埃斯卡尔洞穴，在这里人类发现了 75 万年前的木炭和灰烬。

①衣：在"人猿相揖别"的初始时期，古人赤身裸体，利用自身的体毛保暖，直到数十万年前的旧石器时代中晚期，才逐步脱离了裸态生活。他们用石刀或骨制的刮刀把捕获的野兽的肉和脂肪除掉，将剩下的兽皮披挂在身上，或将采集的树叶、野草圈围在身上，这可以算是衣服的雏形，准确地说应该是"衣皮带茭"（图 1-1-6）。

②食：在这个时期，采集、狩猎和捕鱼是人类食物的全部来源。旧石器时代的人类以采集现成的天然产物为主，他们的基本食物是最容易得到的果实、块根，以及昆虫、蜥蜴等小动物，后来也开始猎取大的动物。在英国旧石器时代早期的克拉克当遗址中，曾经发现一段紫杉木的木矛；在德国莱林根阿修尔文化层中，也曾发现一根用石器削制的紫杉木矛。由于木制工具不易保存，这样的实物显得特别珍贵。它说明早在直立人时代，原始人类就已经用木矛进行狩猎了。狩猎是原始人最大的肉食来源，它使人们得到蛋白质、脂肪和碳水化合物等重要的营养物质，促进大脑和体质的发展。但是采集仍在经济生活中占有重要的位置，因为狩猎的成功带有偶然的因素，而采集则可提供相对稳定的食物来源。考古学者根据石器类型的不同，推测人类在旧石器时代中期就有了性别的分工，男子从事狩猎，女子则从事采集（图 1-1-7）。

图 1-1-6　衣服的雏形

图 1-1-7　狩猎

对旧石器时代的采集、狩猎者来说，火的使用具有极其重要的意义。火不仅可以用来猎取大的动物，变生食为熟食，还可以用来照明和取暖，使人类能够在寒冷的地区生活，从而扩大了人们的活动范围。

③住：原始人居无定所，有时就住在岩洞中。但到了旧石器时代后期，在一些缺乏天然洞穴的地区，出现了粗糙简陋的人造居所，并且逐渐出现不同风格的（如帐篷型和地下式）人造居所。后来，房屋逐渐普遍化，房屋类型也随之发展，建筑的结构出现了多样化。"上古之世，

人民少而禽兽众，人民不胜禽兽虫蛇；有圣人作，构木为巢以避群害。"这句话记载了这样一个传说，"有巢氏"是最早教会人们搭屋建房的圣人。人们依据地势的不同，因地制宜，"下者为巢，上者为营窟"，即在地势低洼潮湿的地区建造巢居，而在地势较高的地区建造穴居（洞窟或地坑）（图1-1-8）。

图1-1-8 粗糙简陋的人造居所

④行：在远古时期，原始人类的迁徙和移动只能在陆地上进行。为了生存与生活的需要，人们在自己的生活区域来往走动，踩踏出了便于行走的小道。大约在数十万年前，原始人类在江河湖海边沿捕鱼、捉蟹的过程中，看到树叶、芦苇、葫芦等物体能够在水面上漂浮，就想到可以将它们作为水上的移动工具。人类最早使用的渡河工具应该是浮瓠。浮瓠，即葫芦。"今子有五石之瓠，何不虑以为大樽而浮乎江湖。"可见我国古人很早就把葫芦作为渡河的工具了。

制造工具、用火、建筑居所、迁移是旧石器时代的主要工程内容。从特征上看，在整个石器时代，即从这个时代的开端一直到开始使用金属，把石头加工成器具，以及（后来的）家用器皿的加工技术相当缓慢而逐步地演变着，人们兢兢业业地使它们达到被使用的目的。此外，加工木头和骨头的技术一直都很简单，仅限于切割、劈砍、刮削以及很少使用的锯。大量的精力被倾注于快速、有效地制造石器工具中，而用这些工具加工骨头、象牙和木头的过程既缓慢又简单，整个时期，其技术不够精致，也没有较大的发展。这无疑表明了当时落后的工程发展状况。

2. 古代工程时期

古代工程时期，约从10 000年前开始，一直到14世纪，经历了新石器时代、青铜时代和铁器时代。

人类从10 000年前开始使用新石器，技术上以磨制石器为主（旧石器时代是以凿制石器为主），由此进入新石器时代。随着生产工具的改进和生产经验的积累，人类逐渐了解一些动植物的生活及生长特性，开始采取措施栽培植物和驯养动物，开启了靠劳动来增加天然生产物的时期，从而产生了原始农业。这个时期，农业与畜牧的经营使人类由逐水草而居转变为定居，节省了更多的时间和精力，并且，人类已经能够制作陶器和进行纺织。新石器时代以及随后的青铜时代，使人类历史进入古代文明时期，在工程上也出现了许多新领域、新特征、新面貌，人类的"衣、食、住、行"也随之发生了根本性的改变。

在新石器时代，陶器（或土器）的出现揭开了人类利用自然的新篇章（图1-1-9）。一般认为，陶器的发明是伴随着人类的定居和农业的产生而出现的，是应谷物储藏、炊煮以及盛水盛汤之需而产生的，这也表明工程实践是由社会和生活需要的推动而发展的。人类使用黏土、纤维等工程原料，通过混合、成形、用火加热等工程活动，制成陶器、砖等人工物。

（a）　　　　　　　　　　（b）　　　　　　　　　　（c）

图 1-1-9　新石器时代的陶器

新石器时代出现的制陶实践，使人们逐渐掌握了高温加工技术，人类从而进入熔化铜和铁的金属时代。金属时代使得工程的形式和内容更加复杂与丰富，它以石头、金属、木头、黏土为自然原料，经过探矿、采矿、冶炼、铸造和锻造等工程活动，以及直觉、技艺、独创等工程思维活动，最后制成结构物、工具、武器、可贸易的货物等人造物。其中的技术成分也引发了最早从事产业生产的专业人员（金属工匠）的出现。

公元前 6000 年左右，人类逐渐学会了从铜矿石中提炼铜，出现了铜与锡的合金——青铜工具。据考古发现，公元前 4000 年—前 3000 年，青铜器开始出现，由此标志人类进入青铜时代（图 1-1-10）。在青铜时代，人们使用的工具、武器、生活用具、货币、装饰品等器物，许多都是用青铜制造的。在制造青铜器时，工程活动需要经过熔化和成形等许多工序。

（a）　　　　　　　　　　（b）

图 1-1-10　青铜时代的青铜器

继青铜时代之后的铁器时代对人类具有更重要的意义和更深远的影响。虽然人们已经在叙利亚北部发现了约公元前 2700 年的非常原始的炼铁炉，但铁的普遍使用要晚很长时间。有人认为，在公元前 12 世纪，铁在腓尼基和美索不达米亚的北部已经有了比较普遍的使用，但也有人认为，铁的普遍使用的时间还要更晚一些（图 1-1-11）。

图 1-1-11　铁器时代的炼铁

　　铁的普遍使用将人类的工程实践提高到了一个新的水平，因为铁分布广泛且容易获得，铁制工具比青铜工具更好使用，这使得大规模砍伐树林、沼泽排水以及耕作水平的提高成为可能。就水利工程而言，青铜工具还不能为大型水利工程提供最基本的工具条件，因此在青铜时代，还看不到大型水利工程。铁制工具的出现则不同，正如恩格斯在《家庭、私有制和国家的起源》中所说的那样："铁使更大面积的农田耕作、开垦广阔的森林地区成为可能；它给手工业工人提供了一种极其坚固和锐利非石头或当时所知道的其他金属所能抵挡的工具。"铁制工具的使用，首先提高了社会生产力，进而出现了更多剩余劳动力；其次，为大规模的、艰巨的施工提供了重要的手段，使得大型水利工程开始出现；最后，对农业工程起到了促进作用，铁制农具的使用使得深耕细作成为可能，再加上畜耕的普遍使用和播种、施肥、田间管理等一系列农业技术的革新，使农业生产力得到了空前的提高（图 1-1-12）。

图 1-1-12　铁器时代的畜耕与铁制农具

　　生产力的发展使得社会的需求更加复杂多样，一些比较大型的建筑结构开始出现，以服务于象征性的目的，如宗教目的或政治目的。在新石器时代晚期和青铜时代早期，建筑工程也从一般的居所发展到礼仪建筑，加入了更多的艺术、美学、精神因素等。具有美学意义的神殿、露天剧场、青铜雕塑、公共广场、庭院、窑集的屋群的出现，使工程建造物的社会内涵更加丰富。从古代亚述及巴比伦之金字形神塔（公元前 3500 年）到埃及的金字塔（公元前 2500 年）；从英格兰的索尔斯堡大平原上的巨石阵（公元前 2700 年）到埃及的方尖碑（公元前 2133 年—前 1786 年）（图 1-1-13），这些出于宗教性、纪念性、装饰性等复杂目的而兴建的大型结构工程，反映了人类工程活动已具有越来越高的生产力水平、组织管理水平，人类掌握了土木建造技术以及其他相关的工程技术；同时，也证明了人类最基本的生活需求"衣、食、住、行"得到满足后，精神层面上的需求也具有了新的高度，并通过工程活动加以实现。

（a）古代亚述及巴比伦之金字形神塔　　　（b）埃及的金字塔

（c）英格兰的索尔斯堡大平原上的巨石阵　　（d）埃及的方尖碑

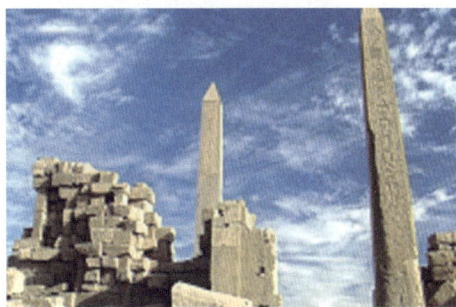

图 1-1-13　古代工程时期比较大型的建筑结构

如开凿和竖立方尖碑就是一项艰巨的工程。据记载，从石矿中开凿出大型独块石料，再从阿斯旺运到底比斯，需费时 7 个月。在阿斯旺的海特西朴苏女皇陵中就有描绘从尼罗河上用驳船运送方尖碑的图画（图 1-1-14）。到达目的地后，人们将方尖碑抬上一个用土堆成的斜坡，然后将它竖直立于基座上。

图 1-1-14　运送方尖碑的图画

在中世纪欧洲，工程活动的类型和水平都有了新发展。到公元 1250 年，西欧有约 250 座宏大华美的教堂建成，这些"神圣的建筑"中包含了华美的设计和复杂的结构，成为欧洲最杰出的工程建筑项目，也折射出了人类工程水平和工程文化的演变。

在我国古代，大型建筑结构和水利工程的成就更是举世闻名，如始建于公元前 214 年的万里长城，迄今仍是世界历史上最伟大的工程之一；公元前 3 世纪中叶建成的都江堰，作为我国最古老的水利工程，至今仍起到造福社会的作用；此外，始建于春秋时期，世界上最古老、里程最长、工程最大、使用至今的京杭大运河，宏伟的历代皇城建筑等，都体现了我国古代工程技术的非凡成就，彰显了中华民族工程发展的悠久历史和光辉成就（图 1-1-15）。

（a）万里长城

（b）都江堰

（c）京杭大运河

（d）故宫

图 1-1-15　中国古代工程成就

在古代工程的发展期间，由于政治、经济和宗教的需要，使得多种工程开始融合，而建筑设计的不断进化，又导致了设计、项目和组织等工程活动形式的出现。在中世纪的欧洲，甚至已经出现某些"专门"进行设计和监管工作的人员，颇类似于今天的咨询工程师和项目管理者。当时所形成的工程产物也扩展到机械工具、路、桥、水车等，还有如大教堂、城堡等建筑物。这些发展标志着史前工程进化到古代工程后，其主要的工程内容和活动方式已演变为在农业、金属和城市建设等领域的工程活动。

3. 近代工程时期

在汉语中，"近代时期"和"现代时期"指两个不同的历史时期。而在英语中，"modern"一词既可指汉语中对世界历史分期中的"近代时期"，又可指"现代时期"。许多人把文艺复

兴时期视为 "modern" 工程的早期阶段，即近代工程时期（15 世纪文艺复兴时期到 19 世纪末）。在这个时期，工程实践变得日益系统化。例如，佛罗伦萨圆顶大教堂（图 1-1-16）的建造就显示出一些现代工程的管理和控制方法，如项目的设计和计划、活动与原料的供应、特殊案例的开发等。文艺复兴时期也被誉为 "冒险的时代"，好奇心及利益引发人们去航海探险，进行海上扩张，这使远航航船的设计和建造工程得到发展。在这一时期，商业、手工业和交通运输的发达使城市得以繁荣。

图 1-1-16　佛罗伦萨圆顶大教堂

工程领域的扩大和发展需要更强大的动力，因此在文艺复兴时期，工程师成为新的更加通用的动力源的建造者和使用者。蒸汽机的发明和广泛使用成为工程发展中划时代的标志。瓦特及瓦特蒸汽机如图 1-1-17 所示。

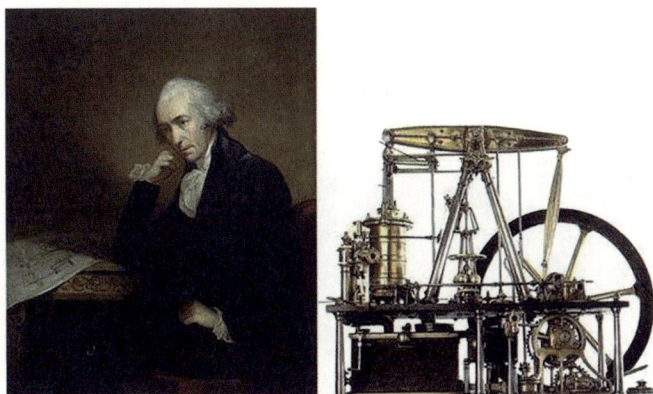

（a）　　　　　　　　　　（b）

图 1-1-17　瓦特及瓦特蒸汽机

蒸汽机成为工程和社会乃至整个世界重要变化的催化剂。就工程的视角来说，它陆续引发了以下工程的出现和发展。

①机械工程（公元 1650 年左右起）：从机械表的出现到蒸汽机的试制，再到 18 世纪末

19世纪初瓦特改进成功的高效能蒸汽机，实现了从动力机到工具机的生产技术体系的转变，这也意味着，机械工程作为一种复杂的系统工程在此阶段已经出现。在最近250年里，以五大新原动机（18世纪发明的蒸汽机，19世纪创制的水轮机、内燃机和汽轮机，20世纪制造的燃气轮机）的出现为标志，人类进入新机器时代。机器的出现和使用标志着第一次工业革命的开始。以机器为代表的机械工程的出现，使得生产能力大和产品质量高的大机器取代了手工工具与简陋机械；蒸汽机和内燃机等无生命动力取代了人与牲畜的肌肉动力；大型的集中的工厂生产系统取代了分散的手工业作坊。其间，动力机械、生产机械和机械工程理论都得到了飞跃发展（图1-1-18）。

图1-1-18 机械工程的出现

②采矿工程（公元1700年左右起）：由于采用了机器抽水，使煤井和其他矿井可以加深，采矿规模扩大，相应的岩石机械、隧道支撑、通风设施、煤炭运输等工程也得到了推动（图1-1-19）。

图1-1-19 采矿工程的推动

③纺织工程（公元1730年左右起）：纺织机的出现引发了以蒸汽动力机为基础的工厂的出现，蒸汽机的引入又使整个纺织工业发生了革命性的变化，引发了纺织工程的出现（图1-1-20）。

图 1-1-20　纺织工程的出现

④结构工程(公元1770年左右起)：结构材料从史前和古代的木、石、砖、泥发展到现代的铁，使得一些工程师可以用它来设计一些新的结构。例如，公元 1779 年，在英国的塞文河上建成的 60 米跨度的桥梁，成为后来钢铁结构的先驱，并且至今仍在使用。

当然，蒸汽机的影响绝不仅仅表现在以上几个方面。蒸汽机用于交通运输后，蒸汽机车、蒸汽轮船等（图 1-1-21）也随之出现。后来，汽轮机、内燃机和各种机床也相继出现。公元 1830 年左右，海洋工程兴起。

（a）

（b）

（c）

图 1-1-21　蒸汽机用于交通运输

较之古代工程建设，近代工程建设的新特点表现如下。
①在设计和开发器具中的系统合作。

②科学和科学方法成为工程系统中备受关注的部分。

③工程师作为雇员。

④工程活动负面的环境影响开始被认识。

总而言之，近代工程时期完成了第一次工业革命，使人类真正进入了工业社会。

4. 现代工程时期

19世纪，工程在西方迅速扩张。动态的交通网开始连接全球，城市化迅速推进（一些国家在19世纪中叶已经达到50%的城市化水平）。材料加工工程得到发展（如铁路的发展就更多地得益于钢铁冶炼技术）。化学工程有了突飞猛进的发展，表现为印染、硫化橡胶等的出现，油气的提炼（诱发了汽车、公路和高速公路网的建设），以及后来出现的通过化学聚合而制成的合成材料。这个时期甚至被称为"指数增长的工程时代"。在工程中出现了许多新的专业和职业人员，工程的类型大大增多，工程的方法更加多样；特别是在工程活动中出现的福特制和泰罗制，使得人们对工程有了新的理解。零部件生产标准化和流水作业线相结合，使生产效率得到空前提高，工程史进入了一个新的历史阶段。

工程的迅速扩展促进了科学的发展；而科学的发展又导致新的工程时代的出现。由电学理论所引发的电力革命使人类在19世纪末20世纪初迎来了"电气化时代"。电力革命成为第二次工业革命的基本标志。有人认为"电气化时代"的开端也是现代工程时期的开端（图1-1-22）。

（a）　　　　　　　　　　　　　　　　（b）

图1-1-22　第二次工业革命

19世纪末至20世纪初，随着炼钢技术从转炉、平炉再到电炉的演进，以冶金工程为代表的"重工业"得到了进一步的发展，形成了更多的工业产物，如铁路、军事器械等；出现了大屋顶、大跨度桥梁、地铁和隧道、大坝、集装箱海轮、输油管道等结构工程。飞机制造和空中运输业等也在这个时代涌现出来。标志性结构工程如图1-1-23所示。

20世纪中叶，随着电子计算机的发明（图1-1-24）和使用，人类在技术上逐渐进入了"信息时代"。信息时代与工业时代有许多不同的特征，有人称其为"后工业时代"。

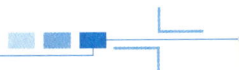

（a）巴拿马运河

（b）埃菲尔铁塔

图 1-1-23　标志性结构工程

图 1-1-24　电子计算机的发明

在这个时期，工程的理论和实践都发生了重要变化，工程日益成为人们关注的焦点。工程的内容或领域在这个时期的突出表现如下。

① 1945—1955 年，以核能释放与利用为标志，人类开始了利用核能的时代。

② 1955—1965 年，以人造地球卫星的发射成功为标志，人类开始飞向外层空间。

③ 1965—1975 年，以 1973 年重组脱氧核糖核酸实验的成功为标志，人类进入了可以控制遗传和生命过程的新阶段。

④ 1975—1985 年，以微处理机的大量生产和广泛使用为标志，揭开了扩大人脑能力的新篇章。

⑤ 1985—1995 年，以软件开发和大规模产业化为标志，人类进入了信息时代。

由此，当代社会形成了以高科技为支撑的核工程、航天工程、生物工程、微电子工程、软件工程、新材料工程等。我国在这些工程领域都取得了举世瞩目的伟大成就（图 1-1-25）。

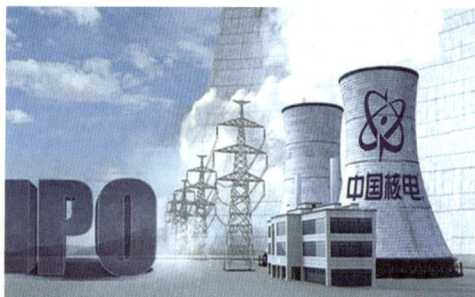
（a）核工程

（b）航天工程

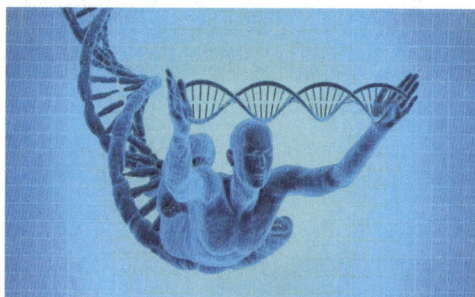
（c）生物工程

（d）软件工程

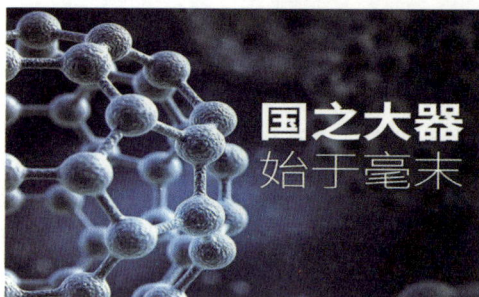
（e）新材料工程

图 1-1-25　现代工程发展

　　现代工程的发展使以下特征更为鲜明：科学与工程的整合；人造物发展的加速；器具的分化加剧，伴随着一些新器具的涌现，另一些器具呈现明显的衰落；工程系统日益复杂，自然保护和资源保护被日益重视，工程正在成为"全球适应的进化系统"。传统工程建立在物质的、几何的和经济的考虑基础之上，而现代工程则还要牵涉心理学的、社会学的、意识形态的以及哲学的和人类学的考虑，于是工程跟更宽广的世界相联，而体现于其中最根本的特征也是整个当代社会的技术特征：信息化。它体现在工具形态上，也就是自动机器乃至智能机器的出现，使得繁重的体力劳动被工具系统所取代，为工程的人性化提供了充分的技术保证。现代工程的特点如下。

　　①工程对科学的依赖日益增强。

　　②工程对自然和人类社会的影响日益重大与深远，在满足和刺激人类需求的能力上表现出无穷的力量。

　　③工程风险与工程价值开始分庭抗礼。

1.1.3　工程的内涵

1. 科学、技术与工程

在现代社会，科学发现、技术发明与工程建造是三种不同类型的实践活动，它们有着本质的区别。具体来说，科学以探索发现为核心，技术以发明革新为核心，而工程则以集成建造为核心。科学是发现和揭示客观世界原本存在着的客观规律，它以追求真理、提出理论为目标，是一个认识过程。科学活动的结果是取得对客观世界的正确认识，发现自然、社会和思维等客观规律或概念。技术是发明出新的、可行的方法，现代技术发明的结果大多是专利。技术作为改造自然的方法和手段，是工程的重要组成部分。工程是造物的过程，工程活动的结果是直接的物质财富，不仅关系到工程活动中各相关群体的利益，还关系到社会的福祉。科学技术是第一生产力，工程是直接生产力。工程架起了科学发现、技术发明与产业发展之间的桥梁，是产业革命、经济发展和社会进步的强大杠杆。

科学、技术与工程之间存在着密切的联系。科学是工程的理论基础和原则，工程必须遵循科学理论的指导，符合科学的基本原则和定律，背离科学理论的工程，结果必定是失败的。技术是工程的重要组成部分，是工程的基本要素。作为改造自然的方法和手段，工程需要各方面、各领域技术的综合运用，所以有"工程的技术方面"之说。工程并不只是简单地应用技术，而是技术的优化集成，要创造性地把各种先进的技术集成起来，共同建造新的人工物。在这个过程中，可能会发明新的技术、发现技术的新用法，或者实现技术上的重大突破。可以说，工程实践不仅为技术提供了用武之地，还是孕育新技术的"温床"。工程活动与每个时期人类对自然规律的认识水平及对相关技术的综合集成能力有关。不同时代的工程恰如"凝固的乐符"，昭示着不同历史时期科学与技术发展的水平。

工程是通过运用科学方法、技术手段和改造自然的实践经验，对已有的物质材料进行开发、加工、生产和集成，创造出具有使用价值的人工产品或技术服务的有组织的活动，突出了工程活动与科学技术日益紧密的联系。随着工业化进程的推进，人类对于自然力量的控制和利用与近代以来的科学发现及技术发明越来越紧密地联系在一起。因此，工程也往往被视为对科学和技术的应用。但是，工程活动绝不单纯是"科学的应用"，也不是相关技术的简单堆砌和剪贴拼凑。工程是人类利用所掌握的自然规律以及积累的经验和相关技术，改变自然界并将自然界的资源转变成人类财富的社会活动。工程活动是经济要素、技术要素、管理要素、社会要素、环境要素等多种要素的集成、选择和优化。每项工程都有其独特的初始条件、边界条件、任务目标和特殊的作用与意义。任何一项工程都是在一定的具体的自然、经济与社会条件下设计和实施的。把工程视为科学的应用，往往易于忽视工程活动自身的创造性和自主性。工程活动是人类社会存在和发展的物质基础，在工程活动中，不但体现着人与自然的关系，而且体现着人与社会的关系。我们应该在自然－人－社会的三元关系中认识和研究工程活动。

2. 工程的过程

工程活动作为一个过程，包括决策、规划、设计、建造、运行和维护等诸多环节。一般来说，计划、设计、建造、使用和结束这 5 个阶段构成了工程的完整生命周期。

①工程计划。工程活动是从制订计划开始的，也就是说，计划是工程活动的起点。工程执行机构在工程的计划阶段提出工程的设想，进行工程建设的可行性分析与必要性评估并做出决策。

②工程设计。工程计划通过之后，工程活动就进入工程设计阶段。工程设计包括工程的设计思路、设计依据以及具体的施工建造方案设计等。

③工程建造。工程设计完成后，工程活动就进入工程建造阶段。工程建造阶段包括工程的实施、安装、调试和验收。工程建造是依据工程设计对自然进行改造和重构的过程。实施（操作）是工程活动最核心的阶段，工程活动的本质是实践和行动。

④工程使用。工程在竣工验收之后正式投入运营，进入使用阶段，实现其自身的经济效益和社会效益。

⑤工程结束。工程过了使用期之后，需要进行报废处理，也就是工程的结束阶段。

这5个阶段密不可分，互相影响，共同构成了工程的完整生命周期。从一定意义上来说，设计和建造是工程实践的两个关键环节。创造性的思想和创造性的实践，都是好的工程实践不可或缺的，这两者是相互促进的。

3. 工程共同体

工程活动是集体活动，参与这个集体性工程活动的各类成员形成了一个共同体，即工程共同体。

一方面，工程需要众多行动者的集体参与，包括工程的投资者、管理者，进行工程技术设计和实施的工程师、参与工程具体建设的专业公司和工人，以及受到工程影响的社会公众等。一般来说，工程活动必须有工程共同体中不同成员的分工合作，才可能进行现实的工程活动，缺少其中任何一类成员，都会使工程活动无法进行。在具体的工程项目中，这些行动者形成了为实现特定工程目标而紧密关联在一起的工程共同体。

另一方面，从事工程实践的工程师构成了特殊的社会群体——工程师共同体，并且以不同类型专业协会的形式存在。在这个共同体中，工程师们拥有相近的目标，探索并遵循共同的职业准则和行为规范。工程师在工程领域具有专业知识和技能，可以为社会进步和经济发展做出巨大贡献；反之，可能给社会带来巨大危害。工程师在现代工程活动中发挥着至关重要的作用，需要比普通人承担更多的社会责任。工程师要精通技术业务，能够创造性地解决各种工程技术难题，具有社会责任感和环保理念，承担起保护自然环境、保障社会公众生命和财产安全、造福人类的责任。只有这样，工程师才能在21世纪的专业工作中具有竞争力。

此外，工程过程也关系到不同的利益群体，有些利益相关者直接介入到工程过程之中，有些虽未直接参与工程活动，但却是工程实施的承担者。

总之，工程共同体是从事工程活动的现实主体，包括工程师、投资者、工人、管理者和其他利益相关者所构成的整体。工程共同体在进行现实的工程活动时，为了工程活动的顺利进行相互协作，不仅要正确处理工程共同体的内部关系，还要正确处理工程共同体的外部关系（如工程共同体和政府的关系）。

4. 工程理念

徐匡迪先生指出，在人类社会的进步过程中，工程曾经推进了社会的文明进步，并不断改善着人类的物质生活水平，但是由于人口的急剧膨胀、规模空前，以及剧烈的工程活动，也不可避免地带来巨大的生态、社会风险。一方面，对于日益增长的人口负担和贫富差距，人们寄希望于工程，希冀物质文明的进步能够解决当今困扰人类的诸多难题；另一方面，对于温室气体增加、环境污染造成的生态破坏与物种消亡等极大威胁着人类生存的问题,有人直接将其归罪于无节制工程活动和工程界生态文明观念的缺失,这就不得不引起工程师们的高度警觉。

工程活动是人类有目的、有组织、成规模的创造性实践活动,任何工程都是在一定的工程理念和工程观的指导下进行的。在正确的工程理念指导下,许多工程不仅成功,而且名留青史;也有不少工程由于落后甚至错误的工程理念而造成失误,严重的还会殃及后世。随着科技、经济、社会、历史及人类认识的发展,人们的工程观念和理念也在发生变化。《2020年中国科学和技术发展研究》给出的"工程"的定义为:"人类为满足自身需求有目的地改造、适应并顺应自然和环境的活动。"一切工程都是由人建造的,是为了人而建造的。因此,施工人员要树立正确的工程理念,顺应自然、经济和社会规律,遵循社会道德、社会伦理、社会公正与公平等准则,坚持以人为本,人与自然、人与社会和谐发展;要树立资源节约、环境友好、绿色生产、循环经济和可持续发展的工程理念。工程理念渗透到工程规划、论证、决策、设计、建设、运行及其管理等各个环节中,不但直接影响工程活动的近期结果与效应,而且深刻地影响工程活动的长远结果与效应。

5. 工程管理

工程往往需要众多的行动者集体参与,而且需要较长的实施周期。工程活动受工程理念、工程决策、工程设计、工程建造、工程组织运行等过程的支配。一项工程往往有多种技术、多个方案、多种路径可被选择。因此,如何根据工程的需要最有效地把众多的行动者组织起来,如何有效地利用各类资源,合理配置可利用的资金、材料、人力、土地、环境和信息等要素,用最小的投入获得最大的回报,使工程的不同环节、相继的时间节点实现高效协同,就成为工程实践中必须面对的重要问题。工程管理就是在正确的理念指导下,对工程活动进行决策、计划、组织、指挥、协调和控制。它是在工程活动过程中产生和发展的一系列管理活动,包括决策管理、研发管理、计划管理、设计管理、施工管理、生产管理、经营管理、产品管理、生态-环境管理、产业管理等。在长期实践的基础上,工程管理已经成为管理科学的重要组成部分。

6. 工程思维

思维是宇宙中较复杂、较奇妙的现象之一。人的实践活动方式和内容直接影响着思维活动的各个方面,从而出现了与不同实践活动相应的思维方式。如科学实践、工程实践和艺术实践活动分别产生了科学思维、工程思维与艺术思维方式。科学活动、工程活动、艺术活动的任务、目的、本质、思维与现实关系的主要特征、思维特点见表1-1-1。

表1-1-1 科学活动、工程活动、艺术活动的
任务、目的、本质、思维与现实关系的主要特征、思维特点

项目类别	任务	目的	本质	思维与现实关系的主要特征	思维特点
科学活动	研究和发现事物规律	发现、探索、追求真理	知识创新	反映性	抽象的普遍性思维
工程活动	人工物或人造物	追求使用价值、创造价值	创造物质	创造性从无到有	具体的个别性思维
艺术活动	创造艺术作品	展现美感	创造美	想象性、虚构现实	设计个性

著名的工程科学家、教育家西奥多·冯·卡门说："科学家发现（discover）已经存在的世界；工程师创造（create）一个过去从来没有存在过的世界。"有人又补充了一句话："艺术家想象（imagine）一个过去和将来都不存在的世界。"从本质上看，"发现""创造"和"想象"是三种不同的思维方式和思维过程，它们分别体现了三种不同的思维与现实的关系。

在"发现"过程中，发现的"对象"在发现之前就已经存在于现实世界之中，所以说"科学家发现（discover）已经存在的世界"。在"工程创造"过程中，工程思维的"对象"在工程思维进行之前是不存在的，所以说"工程师创造（create）一个过去从来没有存在过的世界。"而艺术家在进行艺术思维的"想象"过程中（如作家写小说），"想象"的结果不但不存在于"以往的世界中"，而且不存在于"未来的世界中"。这就是在思维与现实的关系中，"反映性"关系与"创造性"关系、"想象性"关系的根本区别。

科学思维对外部世界的"反映"可能比较真实、比较近似（如哥白尼与牛顿的"发现"和"反映"），也可能像哈哈镜那样有所"变形"，甚至发生"畸变"（如"燃素"理论的"发现"和"反映"）。与科学思维相比，工程思维注重科学性，遵照科学规律开展创造性、设计性、建造性思维活动。科学规律指出了理论上的限度和工程活动可能实现的目标，不能幻想能够达到违背科学规律的目标。设计性是指在进行设计时，设计的对象在外部现实世界中并不存在。建造性是指设计的结果要通过工程建造过程而最终成为现实的人工物。与艺术思维相比，工程思维也具有想象性与艺术性，既注重目标和过程的想象，也追求美与弘扬美。

我们可以把科学思维看作一个提出"科学问题"并求解"科学问题"的过程，把工程思维看作一个提出"工程问题"并求解"工程问题"的过程，把艺术思维看作一个创作"艺术作品"的、"艺术目的导向"的过程。一般来说，科学问题指向的是自然界的真理和普遍规律，属于"理论性"的"共相"问题；而工程问题指向的是满足社会需求，属于"实践性"的"殊相"问题。科学问题的答案具有"唯一性"，而工程问题可有多种解答方法。

个人的具体思维活动是复杂的，不能笼统地断定科学思维或工程思维就是科学家或工程人员的思维方式，而其他人就不运用这些思维方式。工程思维的目的是要把设计思维的想象结果（如工程图纸）通过工程实践活动而建造成现实世界中的人工物品。如果没有人类的工程实践活动，那么这些人工物品是不可能存在于世界上的。工程思维渗透到工程理念、工程分析、工程决策、工程设计、工程建造、工程运行以及工程评价等各个环节之中，从而在很大程度上决定着工程的成败和效率。

7. 工程文化

一切工程活动都是在自然－人－社会的三维领域中进行的，工程活动与文化之间必然存在"交集"，而这个"交集"就是工程文化。工程是在一定的文化背景下进行的，工程往往是文化的载体。通常，工程文化是指工程共同体各成员之间在工程活动中所体现的共同语言、共同风格与共同的办事方法，即共同的行为规则。作为行为规则，工程文化应该包括工程理念、决策程序、工程设计准则与规范、建造标准、工程管理制度、施工程序、生产条例、操作守则、劳动纪律、安全措施、质量标准、环保目标、审美取向、维护条例和行为规范等。工程文化的核心内容存在于工程共同体所从事的工程活动中。

工程文化、工程理念与工程活动的关系如图 1-1-26 所示。

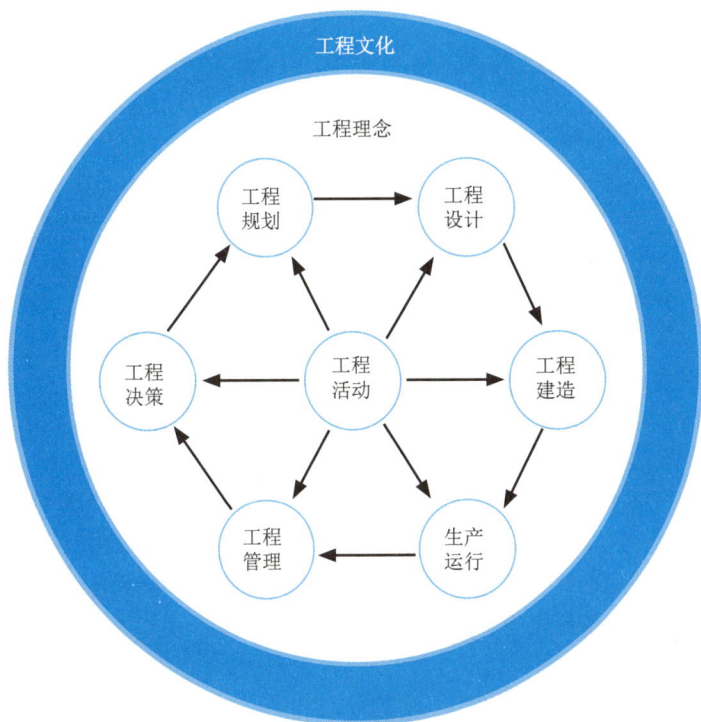

图 1-1-26　工程文化、工程理念与工程活动的关系

　　工程不仅承载了一定时代的科学思想、技术手段和工程实施的组织管理与物质表现力，还承载了一定时代的审美趣味、艺术思想甚至意识形态。审美是工程文化的主要内容之一，在工程活动中应树立"工程中存在美""工程要创造美"的工程审美理念。工程美不仅是工程结构外在形式的美，还应能充分表达和谐、愉悦的感受。各类工程都应从结构的合理性、建造的艺术性、整体运行的有效性及与环境的融洽性等方面来追求美、弘扬美、检验美，实现外在形式和内在功能的有机结合，成为体现"工程美"的"美的工程"。

　　好的工程不仅是优秀文化的载体与美的展示，也是体现先进工程理念和工程共同体整体素质的标志之一，尤其是工程师敢于探索的创新精神、深厚的文化底蕴、坚实的工程科学基础与高尚的艺术素养的体现。

1.2　伦理与工程伦理

【案例 1】电车难题

　　"电车难题"是伦理学领域著名的"两难"思想实验，是由哲学家菲利帕·福特（Philippa

Foot）在 1967 年提出的。一个疯子把 5 个无辜的人绑在电车轨道上，一辆失控的电车朝他们驶来，并且片刻后就要碾压到他们。幸运的是，你可以拉一个拉杆，让电车开到另一条轨道上。但是还有一个问题，那个疯子在另一条轨道上也绑了一个人（图 1-2-1）。考虑以上状况，你应该拉拉杆吗？

图 1-2-1　菲利帕·福特版本的"电车难题"

这个思想实验还有一个改编版本。一位名叫汤姆森的美国哲学家将"电车难题"进一步复杂化。有一位胖子恰好处于轨道上方的一座桥上，在这种情况下，你有两个选择：一是把这个胖子推下去拦住电车，虽然他死了，却能救下 5 个人；或者什么都不做，不牺牲胖子以拯救被绑的人（图 1-2-2）。

图 1-2-2　汤姆森版本的"电车难题"

哈佛大学心理学家马克·豪瑟尔进行了网络调研，通过匿名的方式调查人们对于"电车难题"的看法。结果出乎意料的一致：在情景一中，人们大都愿意扳动轨道的拉杆，选择牺牲 1 个人而拯救 5 个人；在情景二中，绝大多数人不愿意通过推下胖子的方式来拯救那 5 个人，从而选择什么也不做。豪瑟尔发现：大多数人在面对相似的情况时，都会对道德和公平进行评估，这不正是人与生俱来的"道德本性"吗？

菲利帕·福特提出"电车难题"是为了批判伦理哲学中的一些主要理论，特别是功利主义，即大部分道德决策都是根据"为最多的人提供最大利益"的原则做出的。

功利主义认为，从数量上看 5 比 1 多。因此，5 个人的生命比 1 个人的生命更重要。当必须放弃一方时，往往应该牺牲少数人的生命去挽救多数人的生命。但是，功利主义需要面对一个重要问题：生命是无价的，没有人有权利，也没有人有能力去计量 5 条命和 1 条命哪个更重要。

道德主义认为，人是目的，不是工具。因此，不能简单地认为 5 个人的生命比 1 个人的生命更重要。不杀人是道德义务，救人亦是道德义务。道德主义的意旨要求，在面对此类两难选择时，应当不作为。但是选择不作为的方式意味着见死不救，并且是能救而不救，道德主义者其实也在用不作为的方式杀人。

总之，这种问题的关键在于：不存在完美的道德行为。虽然历史上人类提出的道德理论很多，但是迄今为止，还没有人提出一种普遍适用的伦理准则，而这个"电车难题"迄今仍然没有最完美的解答。

1.2.1　伦理

1. 道德与伦理

在中国传统文化中，"道德"这个概念可以追溯到先秦思想家老子所著的《道德经》一书。"道"是自然万物运行的规律，也就是自然的规律；"德"是按照自然规律建立价值观，按照自然的秩序去生活、去工作、去待人接物。说一个人有德行，就是这个人的想法、看法、做法的一切标准符合"道"，其所作所为符合自然规律，不破坏自然规律。

道德通过社会一定阶级的舆论和人们的亲疏态度对社会生活起约束作用。道德是社会意识形态之一，是人们共同生活及其行为的准则和规范。道德不是天生的，人类的道德观念是受后天的宣传教育及社会舆论的长期影响而逐渐形成的。不同的时代、不同的阶级有不同的道德观念，没有任何一种道德是永恒不变的。

"伦理"，即人伦道德之理，在汉语中指的是人与人的关系和处理这些关系的规则。伦理通常与道德关联使用，这两个概念一般不做严格区分。英语中"伦理"（ethics）源于希腊语的"ethos"，"道德"（moral）则源于拉丁文的"moralis"。古罗马人征服了古希腊之后，古罗马思想家西塞罗用拉丁文"moralis"作为希腊语"ethos"的对译。由此可见，这两个概念在起源上密切相关，都含有传统风俗、行为习惯之义。两者的共同之处在于，伦理与道德都强调值得倡导和遵循的行为方式，都以善为追求目标。

"伦理"与"道德"之间也存在差异。这两个概念的区别在于，"道德"更突出个人因为遵循规则而具有的德性，更多或更有可能用于个人，更含有主观性、内在性和个体性；而"伦理"则突出依照规范来处理人与人、人与社会、人与自然之间的关系，更具有客观性、外在性和社会性。伦理探讨的是人们如何"正当地行事"，不仅是理论问题，也需要通过实践进行解答；不仅需要从过去的历史中学习，也需要面对新的现实问题，发现新的更好的行事策略与方法。

伦理是处理人与人、人与社会、人与自然相互关系时应遵循的道理和准则。伦理规范规定着什么是应该做的，什么是不应该做的，应该怎么做。伦理规范包括具有广泛适用性的一些准则，也包括在特殊领域或实践活动中被认为应该遵循的行为规范，或者那些仅适用于特定组织内成员特殊行为的标准。我们所讨论的工程伦理，就属于工程领域中的伦理规范。

2. 不同的伦理立场

伦理规范在人类社会生活中如何应用？什么是好的、正当的行为方式？人们对这两个问题的思考形成了不同的伦理立场。这些伦理立场可以概括为功利论、义务论、契约论和德性论。

（1）功利论

功利论者认为，一种行为如果有助于产生效益，则是正确的；反之，则是错误的。功利论聚焦于行为的后果，以行为的后果来判断行为是否是善的。在工程中，将公众的安全、健康和福祉放在首位，是大多数工程伦理规范的核心原则。

（2）义务论

义务论者则更关注人们行为的动机，强调行为的出发点要遵循道德的规范，体现人的义务和责任。如果说功利论聚焦于行为的后果，那么义务论则关注行为自身，强调整个行为过程都是具有道德意义的，仅仅由于行为产生了好的后果，不能判断该行为是正当的，行为的出发点也同样需要符合道德准则的规范。

（3）契约论

契约论者认为，在一个规则性的框架体系下，个人行为的动机和规范伦理都是一种社会协议，道德法律是人们在生活，尤其是社会组织中共同约定俗成的东西，行为应该符合规范的合理性，人们在达成共识契约后应按照契约行动。而订约的目的是确立一种指导社会基本结构设计的根本道德原则，即正义。

（4）德性论

德性论者认为，拥有德性并在实践中践行德性的行为才是正当的、好的行为。功利论或义务论以"行为"为中心，关注的是"我应该如何行动"。与此相反，德性论以"行为者"为中心，关注的是"我应该成为什么样的人"。德性论聚焦的中心是人的内心品德的养成，而不是人的外在行为的规则。

3. 伦理困境与伦理选择

"电车难题"反映出人类现实生活中的一个不可忽略的事实：价值判断标准的多元化和人类现实生活的复杂性，常常导致在具体情境下的道德评判与抉择的两难困境，即伦理困境。"伦理困境"是伦理问题的极端表现，往往预示着突破传统伦理规范的可能性。

在多元价值诉求下，伦理规范应对人类复杂的社会与道德生活显现出越来越多的局限性。同样，现代工程是复杂的。价值标准的多元化导致了人们在具体的工程实践情境中选择的两难性，工程生活本身的复杂性又加剧了行为者在反映不同价值诉求的伦理规范之间的权衡。工程伦理规范也在复杂性和风险性之下面临着与时俱进的挑战与压力。

1.2.2　工程伦理

1. 工程伦理概述

爱因斯坦指出："如果你们想使你们一生的工作有益于人类，那么，你们只懂得应用科学本身是不够的。关心人的本身，应当始终成为一切技术上奋斗的主要目标；关心怎样组织人的劳动和产品分配这样一些尚未解决的重大问题，用以保证我们科学思想的成果会造福人类，而不致成为祸害。在你们埋头于图表和方程时，千万不要忘记这一点。"

随着科学技术的飞速发展，大规模改造自然的工程活动给人类带来巨大福祉的同时，也使人类面临着众多的风险和挑战。如核电具有资源消耗少、环境影响小、供应能力强等优点，而核电站的选址与建设不仅涉及周边地区的生态环境、能源安全等问题，还涉及当地居民的移民安置和生态补偿等社会问题；石油和化学工业是我国国民经济重要的基础产业，也是我国制造业的主要产业之一，化工厂的建设不仅涉及选址合理性、安全施工等技术层面的考量，还涉及化工材料安全标准的问题；高层建筑具有节省用地的优点，可以大大缓解因人口增长和城市化进程带来的用地紧张状况，但是高层建筑的安全是一个世界范围内尚未解决的问题；建筑工程满足了人们的生产、居住、学习、公共活动的需要，在工程建造中不仅要关注材料选择和技术创新的成本——收益分析和可行性，还要关心其生态环境和经济社会影响，等等。

工程活动不可避免地要涉及人与自然、人与社会、人与人的关系问题，应该遵循相应的道德原则和规范，用来指导工程实践活动。不同的利益诉求及多元的价值取向导致人类在工程活动中面临着行为选择上的困境和冲突，并引发其对工程行为意义与正当性的反思。因此，人类的工程实践活动不仅是一种利用自然、改造自然的技术活动，也是一种涉及人、自然与社会的伦理活动。

工程伦理就是在工程决策和设计、实施过程中，关于工程与社会、工程与人、工程与环境的关系合乎一定社会伦理价值的思考和处理。工程伦理关注的是工程实践中出现的特定伦理问题和伦理困境，通过践行并不断完善伦理规范和规则来实现有限的伦理目标，为应对工程中出现的具体伦理问题提供指导。作为一门哲学、伦理学与工程学、社会学交叉的新兴的学科门类，工程伦理是以工程活动中的社会伦理关系和工程主体的行为规范为对象的学科。工程伦理属于应用伦理范畴，研究的核心问题是"如何让工程实现更好的使用和更多的便利"，也可以表述为"什么是更好的工程"。

我们可以从广义和狭义的角度来审视工程伦理。广义的工程伦理研究的是所有与工程有联系的伦理问题。工程伦理不仅要关注工程师面临的道德困境，也需要探讨其他主体，如企业家共同体、政府官员、工人等。面对的道德领域既包括工程计划、工程设计、工程决策和工程评估等整个工程活动过程中涉及的伦理问题，也包括工程伦理、教育、计算机、生态环境甚至军事领域所涉及的伦理问题。狭义的工程伦理研究的主要是工程活动各个环节的伦理问题，工程伦理问题蕴含于从精神概念到物质完成的产品开发过程中，工程伦理贯穿工程始终。

2. 工程、工程技术与工程伦理

工程是人类利用所掌握的自然规律以及积累的经验和相关技术，改变自然界并将自然界的资源转变成人类财富的社会活动；工程技术是实现工程设计与施工的技术能力，关心的是有没有能力做的问题；而工程伦理则是讨论工程的社会综合价值和价值的关系，以及这些价值如何实现，关心的是该不该做以及怎么做的问题。

在传统的工程思想和观念中，许多人往往片面强调工程是人类征服自然、改造自然的活动，而对工程活动可能产生的长期生态效应和各种环境与社会的风险则估计不足，不重视工程活动的社会影响以及社会对工程的促进、约束和限制作用。21 世纪是人类文明大步向前迈进的时代，但这种传统的工程观念导致人们既不能正确认识和处理工程中人与自然的关系，又不能正确认识和把握工程与社会的关系，从而使工程实践产生了严重的负面影响。工程与技术不但严重破坏了社会和自然环境，而且在一定程度上危及人类自身的生存。近几十年来，人们已经越来越直接地感受到与众多的技术奇迹伴随而来的危机和灾难：核泄漏、频发性大面积环境突发事件、全球气候变暖、工程事故、各种生产安全事故，等等，有时甚至危及人类生存和长期的发展。

1978年，美国"阿摩科·卡迪兹"号超级油轮在法国布列塔尼海岸触礁沉没，漏出原油共达22.4万吨，污染了近350千米长的海岸带，仅牡蛎就死掉9 000多吨，海鸟死亡2万多吨，上百万的海洋动物和软体动物被冲到岸上。海事损失达1亿多美元，污染损失及治理费用达5亿多美元，被污染区域的海洋生态环境损失更是难以估量（图1-2-3）。

(a)

(b)

(c)

(d)

(e)

图1-2-3　原油泄漏带来的损失

由于人类焚烧化石燃料，如石油、煤炭等，或砍伐树木并将其焚烧时会产生大量的CO_2，即温室气体，这些温室气体导致地球温度上升，即温室效应。全球变暖会使全球降水量重新分配、冰川和冻土消融、海平面上升等，不仅危害自然生态系统的平衡，还影响人类健康，甚至威胁人类的生存（图1-2-4）。

自20世纪70年代以来，工程与自然、工程与社会的矛盾加深，在应对这些挑战和压力的过程中，西方发达国家发现并开始开展工程伦理教育，并将其作为未来工程师所必备的基本素质。

图 1-2-4　全球气候变暖

我国屡屡出现严重的工程安全事故，严重影响了社会的安定和谐，使得人们对工程活动不得不从伦理角度进行深刻反思。工程师除具备专业技术素养外，还应具备道德素养；除了应对雇主负责外，还应对社会公众、环境以及人类未来负责。

1.3　工程中的伦理问题

1.3.1　工程实践中的伦理问题及特征

工程实践中的伦理问题真正引起广泛关注是在第二次世界大战之后，工程所发挥的强大建设力和破坏力引起工程师对环境问题与自身伦理责任的反思及重视。工程实践过程是十分复杂的，它既是应用科学和技术改造物质世界的自然实践，也是改进社会生活和调整利益关系的社会实践。从工程是造物活动的意义上讲，工程与生产相关，任何物质的创造都会使用资源、消耗资源，在消耗资源的过程中必有废弃物的排放。从工程活动的主体角度来讲，工程是为人做的，也是由人做的。从工程产生社会利益的角度来讲，工程利益的分配必然涉及社会公众。

工程面临着多重风险：一是多种技术集成后应用于自然界所带来的环境风险；二是利用技术改造人工物的质量和安全风险；三是工程应用于社会所导致的部分群体利益冲突和受损的风险。因此，应从伦理角度对工程建造的合理性和必要性进行再思考，从更多的方面来思考工程建造的价值。工程活动中的伦理问题根据上述不同角度分为环境与生态安全、工程风险与安全、工程的利益与公正以及工程的责任四个方面的问题。

1. 环境与生态安全

工程给人类生活带来便捷和美好的同时，也可能造成环境破坏、生态失衡等。工程是利用自然资源并通过改变自然环境为人类社会提供服务的，在工程活动中充分体现了人与自然的关系。工程活动直接与自然环境进行物质、能量和信息交换，势必对自然环境产生负面影响。工程活动的规模越大，对环境的影响越严重。一些大型工程可能会破坏动植物的生存环境；在生产施工过程中排放大量的有毒和有害的废气、废水、废物，会给大气、水和环境带来严重污染（图 1-3-1）。

（a）　　　　　　　　　　　　　　　（b）

图 1-3-1　环境污染

徐匡迪先生曾明确提出可持续发展是工程师的职业责任。地球是人类共同的家园，人类为了生存发展对自然进行开发和利用的同时，必须正确处理人与自然的关系，以及人与自然之间的冲突和矛盾，才能实现人与自然和谐共生。保护环境、节约资源是我国的基本国策。除了从政策、法律和规章制度方面保护环境外，还必须从工程伦理上关心环境保护和可持续发展问题，强调工程活动中工程师应承担环境伦理责任。工程活动对环境产生正面还是负面的影响，作为工程活动主体的工程师通常是决定性因素。因此，在保护自然环境、维护生态平衡方面，工程师具有不可推卸的责任。

工程实践活动的各个环节都要尽力减少对环境的破坏，努力实现工程的可持续发展。如何协调好环境保护与经济发展之间的关系，逐步形成节约能源的产业结构，实现经济的可持续发展，是人类亟待解决的基本问题。

2. 工程风险与安全

人类在享受高科技带来的方便快捷的生活和丰富物质财富的同时，也被带进了高风险社会。一些令世界震惊的安全事故不断发生，如 1912 年"泰坦尼克"号的沉没、1986 年"挑战者"号航天飞机爆炸（图 1-3-2）等。在我国，2005 年，吉林石化公司双苯厂一车间发生爆炸，造成 5 人死亡、1 人失踪、近 70 人受伤。爆炸发生后，约 100 吨苯类物质（苯、硝基苯等）流入松花江，造成了江水严重污染，沿岸数百万居民的生活受到影响。1999 年，使用了不到 3 年的重庆市綦江区彩虹桥发生整体垮塌，造成了 40 人死亡（其中包括 18 名武警战士）、14 人不同程度的受伤（图 1-3-3）。

图 1-3-2　"挑战者"号航天飞机爆炸　　图 1-3-3　綦江区彩虹桥垮塌

在工程活动中如何改善工人的劳动条件，是全社会普遍关心的问题。有些工程或企业没有为工人提供必需的安全劳动条件，导致伤亡事故频发，成为舆论关注的焦点。2014年8月2日，昆山中荣金属制品有限公司汽车轮毂抛光车间粉尘浓度超标，遇到火源发生爆炸，造成146人死亡、114人受伤。

深入分析重大事故发生的原因，大部分是由于主要负责人缺乏道德规范，忽视安全生产法律法规，无视员工安全和健康。对于公司或社会而言，关注安全、保护生命和关心健康应该是最基本的价值目标。只有敬畏生命，才能从根本上关注安全生产，才能更好地坚守安全生产法律法规和标准程序，才能切实履行责任。尤其是对于大型工程来说，必须充分评估其安全性，否则可能造成灾难性后果。几乎所有的工程规范都要求把公众的安全、健康和福祉放在首位。

3. 工程的利益与公正

工程是由很多个利益集团组成的利益共同体，比如项目投资者、工程设计者、工程实施者、工程使用者、利益受损者等。他们的利益可能不同，有的是工程的受益者，有的是损失者。工程的建造涉及各种利益的协调和再分配问题。一般来说，工程活动中的利益关系，可以从工程内部和工程外部两个方面来进行分析。工程内部利益关系主要发生在工程活动各主体之间，工程外部利益关系主要是指工程与外部社会环境、自然环境之间的利益关系。从利益主体来看，工程中的利益冲突主要发生在公司与社会公众之间、工程师与公司之间、个体工程师与社会公众之间，利益冲突导致了工程师面对抉择的两难困境。

一个好的工程应该是一个公正的工程，公正、合理地分配工程活动带来的利益、风险和代价，也就是工程的收益和成本必须在所有的利益相关者之间进行公正分配。如何通过工程活动平衡、协调好各方利益，在争取实现效益最大化的同时，兼顾成本与安全、效益与公平，是工程过程中利益伦理需要着力解决的核心问题，同时也是衡量工程实践活动好坏的一个重要指标。

4. 工程的责任

"责任"（responsibility）一词源于拉丁语"respondon"，有回应、响应和回答之意。《汉语大词典》对"责任"的解释包含三条含义：使人担当某种职务和职责；分内应做的事情；没做好分内应做的事因而该承担的过失。德国哲学家康德认为，责任是对价值的一种反映，是含有响应、关照等意味的伦理学概念。责任的概念应该具有前瞻性和预防性，并且应不断关注人类的未来，需要随着时代的发展而不断添加新的内容。

工程责任是指一种对工程价值选择的行为，选择的基础是正确的工程观、价值观。当前，工程活动的实施对国家发展和社会进步起到越来越重要的作用，而人类能否合理地运用自己的智慧，将是决定工程能否更有效地造福于人类的关键。

工程责任主体是指在工程建造或改造过程中，对于参与其中并对工程的建造或改造所产生的结果负有特定义务的个人或团体组织。工程是一项集体的乃至全社会的活动过程，其责任主体是参与其中并受其影响的所有人、群体和组织。也就是说，责任承担者绝不局限于工程师单个群体，它还涉及法人、决策者乃至作为使用者或者消费者的广大公众。随着科技水平的不断进步，人们建造的工程也日趋复杂化，工程责任在建设、运行和维护的过程中也更加分散。工程责任主体不仅仅是工程师群体，还应包括参与工程活动的各方。

随着科学技术的快速发展，人们逐渐意识到，毫无限制地发展所有科学技术具有很大的危险性。如果对那些人类尚未完全知晓其长远后果，且具有巨大风险的研究不加以适当限制，就可能使人类陷入极大的困境。因此，工程主体必须考虑工程的社会后果和自身的伦理责任。

职业是个人所从事的服务于社会并作为主要生活来源的工作。工程师作为一种职业，是工程领域中某一个方面的专家或专业技术人员。工程技术让工程师有能力实现工程设计和施工。工程师将对工程活动及其所涉及的环境和公众利益产生广泛而深远的影响。因此，工程师是工程责任伦理的重要主体。

工程师在工程活动中必须牢记：工程师的基本责任是为人类的生存和发展创造福祉。当然，工程的责任伦理主体是动态变化的，可以由工程师扩大到决策者、投资人、管理者以及公众等。

为了防止职业人员滥用权力，职业需要具体化为行为规范的伦理标准，即职业伦理。有学者认为，工程师的职业伦理规定了工程师职业活动的方向，着重培养工程师在面对义务冲突、利益冲突时做出判断和解决问题的能力，以及前瞻性地思考问题、预测自己行为的可能后果并做出判断的能力。工程师的职业伦理的最基本要求是诚信、正直、公正和保证工程的质量与安全。降低工程成本、节约开支与保证工程质量、公共安全之间的矛盾是工程师经常要面对的伦理困境。

从时间的维度、参与者和涉及因素的维度来看工程伦理问题，其特征可以概括为历史性、社会性和复杂性三个方面。

（1）历史性——与发展阶段相关

在工程由最初的军事工程逐步民用化的过程中，工程伦理的价值取向、研究对象和关注的焦点问题都随之改变。工程伦理的价值取向由最初的对上级的忠诚、服从责任转向对社会的责任。20世纪中期伴随着全球生态危机的产生，工程师从对社会的责任延伸到了对自然的责任。工程伦理的研究对象从工程师共同体逐步扩展为包括官员共同体、企业家共同体、工人共同体和公众共同体在内的多个群体，相应地，工程伦理关注的焦点问题也从工程师面临的道德困境和职业规范，转为同时关注其他工程共同体的道德选择和困境。

同时，随着技术发展和工程应用范围的扩大，工程与技术、社会、环境的结合和相互影响更为紧密，工程伦理学的关注领域也有了新的发展，开始将网络伦理、环境伦理、健康伦理、生命伦理等关系到人类未来生存和发展的全球性问题纳入研究范畴。例如，计算机普遍应用所带来的技术胁迫、网络的言论自由及产生的权利关系以及大型工程技术的应用所导致的世界性贫困等问题。

（2）社会性——与多利益主体相关

工程伦理问题的第二个特征是社会性，这是由工程自身的社会性所决定的。与古代工程不同，现代工程具有产业化、集成化和规模化的特性，工程与科技、经济、社会以及环境之间都建立了极为紧密的联系。如前所述，现代工程牵涉多种利益群体，其中的一部分作为工程的参与者构成了独特的社会网络，而另一部分没有直接参与的利益群体，却是工程的直接受益或受损者。鉴于此，如何平衡围绕工程组成的社会网络中各群体之间的利益，实现公平与效率的统一；如何公正地处理各种利益关系，特别是注重公众的安全、健康和福祉，是工程伦理着力解决的主要问题。

（3）复杂性——多影响因素交织

除了历史性和社会性之外，工程伦理问题的第三个特征是复杂性。这种复杂性体现在行动者的多元化以及多因素交织两个方面。

工程活动既是一项集体性活动，也是经济的基础单元。一些国家级的项目在规模和影响力方面都达到了史无前例的程度，一项工程往往承担着科技、军事、民生、经济等多种功能。在现阶段的大型工程中，工程师、工人、企业家、管理者和组织者皆呈现出多主体、跨地区、跨领域、跨文化合作的趋势，不仅在价值取向上千差万别，在群体文化、生产习惯等方面也存在难以消除的差异，这无疑为工程实践带来了巨大的复杂性和不确定性。

此外，技术的高度集成也使得技术系统对自然的影响产生不确定性，技术系统的构成要素和结构越复杂，失效的可能性就越大。加上工程本身就与科学实验不同，它是技术在现实环境中的创造性应用，过程本身就带有更高的不确定性。马丁等学者指出，"甚至看起来用心良苦的项目也可能伴随着严重的风险"，这表达了工程的复杂性导致工程结果的不可控风险。

1.3.2 工程中的工程伦理辨析

在工程实践活动中，面临伦理问题的对象范围非常广泛，不仅包括工程师，还包括科学家等其他设计和建造者，以及投资人、决策人、管理者甚至使用者等工程实践主体。同时，不仅是个体，工程组织的伦理规范和伦理准则等也面临伦理问题，且具有时代性与局限性，需要不断修正和完善。

工程伦理问题表现为以下几种情况：首先，因参与者伦理意识缺失或者对行为后果预估不当导致的问题，如在工程设计、决策过程中，未考虑到某些环节会对环境或其他人群造成不良影响；其次，因工程相关的各方利益冲突所造成的伦理困境，如经济效益与环境保护之间、数据共享与个人隐私之间的冲突，特别是工程的投资方的利益诉求与公众的安全、健康和福祉存在严重冲突；最后，工程共同体内部意见不合，或者工程共同体的伦理准则和规范等与其他伦理原则不一致导致的问题，如工程管理者对成本和时间的要求明显超出了安全施工的界限，就会造成工程师及其他实践主体的伦理问题。

由此可见，工程伦理问题的对象与表现形式具有多样性和复杂性，尤其是伦理问题往往伴随着伦理困境和利益冲突。因此，处理工程实践中的伦理问题需要遵循一些基本伦理原则。

1.3.3 工程中的工程伦理原则

伦理原则是处理人与人、人与社会、社会与社会利益关系的伦理准则。工程伦理原则是在"工程－人－社会－自然"体系中，正确处理工程伦理问题应遵循的基本原则。都江堰水利工程成为年代最久、至今仍在使用的一项伟大的"生态工程"，其根本原因是都江堰水利工程在建设的过程中始终秉持敬畏自然、天人合一的朴素思想，自觉遵循了工程造福人类、以人为本、人与自然和谐共生，实现可持续发展的工程伦理基本原则。总体上看，工程伦理原则是在工程活动中把人类的健康、安全和福祉放在首要位置，工程造福人类是工程伦理的第一原则。从处理工程与人、工程与自然、工程与社会的关系这三个层面看，处理工程伦理问题应该坚持以下三个基本原则。

1. 尊重生命，以人为本

尊重生命、以人为本是处理工程与人关系的基本原则。尊重人的生命权，意味着工程建设要始终将保护人的生命摆在重要位置，不支持以毁灭人的生命为目标的项目研制开发，不从事危害人的健康的工程的设计、开发；意味着工程建设要有利于人的福利，提高人们的生活水平，改善人的生活质量，尽可能避免给他人造成伤害，强调安全第一。一方面，工程师应积极通过技术创新，开发更多的资源，满足人们的生存需要；另一方面，工程师应积极防止可能出现的工程伤害，在工程活动中以对人的生命高度负责的态度进行设计和实施，充分评估工程的安全性，充分考虑产品的安全性能和对劳动者的保护措施。

2. 人与自然和谐发展

人与自然和谐发展是处理工程与自然关系的基本原则。不从事和开发可能破坏生态环境或对生态环境有害的工程；工程实践要遵循自然规律，违背自然规律的工程必然是失败的工程；工程实践要注重生态规律。自然界也拥有自身的发展规律和利益诉求，大型工程对生态系统的破坏往往多年后才能显现，危害可能更大，后果更难挽回。在工程活动中要善待和敬畏自然，保护自然环境，保护生态环境，建立人与自然的友好伙伴关系，实现生态的可持续发展。

3. 公平正义

公平正义是处理工程与社会关系的基本原则。在工程活动中，工程的成本和收益必须在所有的利益相关者之间进行公平分配。工程活动中涉及多个利益集团，有工程的受益者，也有工程的利益受损者。工程的决策与实施应公正、合理地分配工程活动带来的利益、风险和代价，兼顾强势群体与弱势群体、主流文化与边缘文化、利益受益者与利益受损者、直接利益相关者与间接利益相关者等各方利益；注重不同群体间资源与经济利益分配上的公平公正；兼顾工程对不同群体的身心健康、未来发展、个人隐私等方面产生的影响。

第2章

工程中的风险与安全
——以机械装置为例

2.1　机械基础知识

2.1.1　机械与机构

石器时代，人们将蔓、藤、芦苇、皮条等和木柄捆绑在一起，安在石刃或石斧上。这些工具或是整体制成，或是绑扎在一起，结构非常简单。后来，人们利用自然力，如利用流水的动能来代替人力。在轮的周围安装上叶片，使流水冲击这些叶片，从而带动轮转动，人们把这种装置称为水车，这是人们最早利用自然力的工具。再后来，人们为了满足进一步需要，又制作出了结构相对复杂的装置机构，如齿轮机构、凸轮机构和曲柄连杆机构等。

1. 机器

图 2-1-1 为一台汽车发动机，其单缸的工作原理如图 2-1-2 所示，主体部分由缸体、活塞、连杆和曲轴等组成。当燃气在缸体内腔燃烧膨胀而推动活塞移动时，通过连杆带动曲轴绕其轴线转动。为使曲轴连续转动，必须定时送进燃气和排出废气。每个气缸都有一个进气门和排气门。凸轮轴通过正时皮带或正时链条由曲轴驱动而转动，通过凸轮机构定时将气门打开，将新鲜空气或雾状混合气充入气缸或者将燃烧后的废气排出气缸。以上各个构件协同工作的结果是将燃气燃烧的热能转变为曲轴转动的机械能，进而使这台机器由轴输出旋转运动和驱动力矩，成为能做有用功的机器，从而使汽车行驶。

图 2-1-1　汽车发动机　　　　图 2-1-2　单缸汽车发动机工作原理图

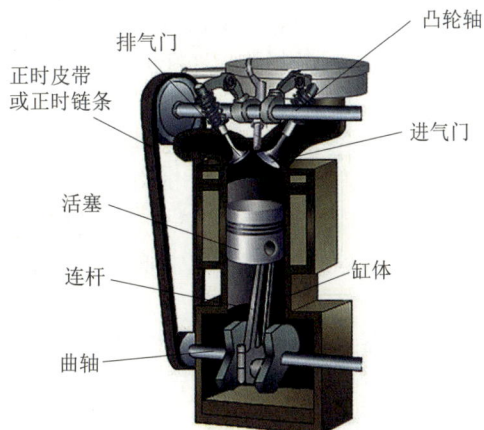

图 2-1-3 为汽车自动生产线上的焊接机器人，其功能是对所需要焊接的各部位进行自动点焊。当各电机按预先设计好的运动规律转动时，其通过减速器使大臂、小臂及手腕运动，带动

焊枪，按设定的运动顺序、动作方式、位置坐标、步进时间等运动，完成焊接工作。

图 2-1-3　焊接机器人

尽管机器种类繁多、用途各异、形式多样，但是都具有以下共同的特征。

①机器是由许多通过加工制造而成的构件组成的。

②机器中的各构件具有确定的相对运动。

③机器可以用来代替或减轻人的劳动而完成有用机械功；或者可以实现能量转换。

具备上述三个特征的实物组合体均可称为机器。

2. 机构

对上述机器进一步分析可知，每部机器又可分为一个或多个由若干构件（如齿轮、凸轮、连杆、曲轴等）组成的特定组合体，用来实现某种运动的传递或运动形式的变换。

在图 2-1-2 所示的单缸汽车发动机中，其主体部分是由曲轴、连杆、活塞和缸体所组成的组合体。活塞相对缸体移动，通过连杆转换为曲轴的定轴转动，实现了将移动变换为转动的功能。而齿轮构件之间的传动则是将一个轴的转动传递到另一个轴上。故对上述单缸汽车发动机分解可知，其是由齿轮机构、凸轮机构和连杆机构所组成的。由此可见，机构是机器的重要组成部分，其主要功能是实现运动和动力的传递与变换。因此，机构也具有机器的前两个特性：一是由许多通过加工制造而成的构件组成；二是各构件具有确定的相对运动。

由上可知，机器是由一个或多个机构所组成的，它可以完成能量的转换或做有用的机械功。而机构则仅仅起着运动和动力的传递与变换的作用。或者说，机构是实现预期的机械运动的构件组合体，而机器则是由各种机构组成的，能实现预期机械运动并完成有用机械功或转换机械能的机构系统。

由于机构与机器都具有两个共同的特性，所以从结构和运动的角度来看，两者并无差别。因此，人们常用"机械"作为机器和机构的统称。

3. 构件与运动副

构件是组成机器的互相间能做相对运动的部分，它是运动的单元。其一般由若干个零件刚性连接而成，也可以由单一的零件连接而成。

机构中的构件与构件之间既相互连接，又存在一定的相对运动。这种两个构件之间直接接触，又能做一定相对运动的连接称为运动副。根据构件间的相对运动形式，运动副可分为移动副和转动副。移动副只允许两构件在接触处做相对移动,如复合铰链与杆件形成移动副,汽车发动机中活塞与气缸体所组成的运动副即为移动副。转动副则只允许两构件在接触处做相对转动,如连架杆与从动轴间形成转动副,汽车发动机中曲轴与气缸体所组成的运动副即为转动副。

4.零件

零件是组成机器的互相间没有相对运动的部分,它是机器的基本要素,即机器的最小制造单元。各种机器经常用到的零件称为通用零件,如螺母、螺钉、轴、齿轮、弹簧等。在特定的机器中用到的零件称为专用零件,如汽轮机中的叶片(图2-1-4)、起重机的吊钩,内燃机中的曲轴、连杆、活塞等。

综上所述,机械、机器、机构、构件和零件等基本概念之间的关系如图 2-1-5 所示。

图 2-1-4　汽轮机叶片

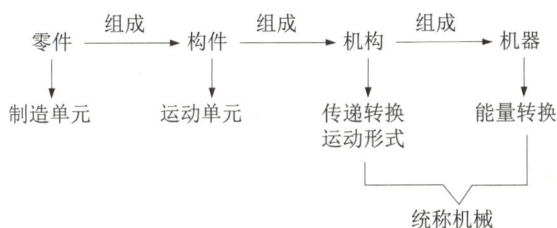

图 2-1-5　机械、机器、机构、构件和零件等基本概念之间的关系

2.1.2　常见的机械传动

原动机、传动装置和工作机(或执行机)是机械系统的三大基本构成。原动机提供基本的运动和动力,如电动机和内燃机。工作机是机械具体功能的执行系统。随着机械功能的不同,工作机的运动方式和结构形式也不同。由于原动机运动的单一性、简单性与工作机运动的多样性、复杂性之间的矛盾,需用传动装置将原动机的运动以及动力的大小和方向等进行转换并传递给工作机,以适应工作机的需要。由此可见,只要原动机的运动和动力的输出达不到工作机的要求,传动装置的存在就是必然的。

机械系统中的传动主要分为机械传动、流体传动和电力传动。在多数的机械系统中,机械传动是其主要的传动形式,用来传递运动或动力,同时可以进行增速或者减速。常见的机械传动有带传动、齿轮传动和链传动等。机构中始端主动轮与末端从动轮的角速度或者转速的比值称为传动比,也称速比。

图 2-1-6　拖拉机

1. 带传动

图 2-1-6 为拖拉机，其动力传递系统采用了带传动，借助摩擦力来传递运动和转矩。当要求机械装置中两个传动轴的中心距较大时，就可采用带传动来实现远距离传送。

（1）带传动的基本原理（图 2-1-7）

传动带套在主动轮和从动轮上，对带施加一定的张紧力，带与带轮接触面之间就会产生正压力；主动轮转动时，依靠带和带轮之间的摩擦力来驱动从动轮转动。带传动的基本原理是依靠带和带轮之间的摩擦力来传递运动与动力。

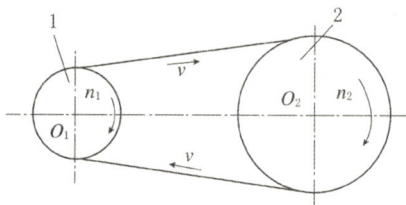

1—主动轮；2—从动轮。

图 2-1-7　带传动的基本原理

（2）带传动的类型

根据带的截面形状的不同，带传动可分为平带传动、V 带传动、多楔带传动和圆带传动等，如图 2-1-8 所示。

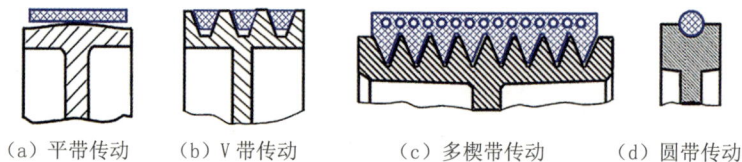

（a）平带传动　　（b）V 带传动　　（c）多楔带传动　　（d）圆带传动

图 2-1-8　带传动的类型

①平带传动：带的截面形状为矩形，内表面是工作面，如图 2-1-8（a）和图 2-1-9 所示。平带传动的抗拉强度较大，中心距大，价格便宜，但效率较低。

②V 带传动：又称三角带传动，带的截面形状为等腰梯形，两侧面是工作面，如图 2-1-8（b）所示。V 带传动传递功率大，传动能力强，结构紧凑。拖拉机（图 2-1-6）就采用了 V 带传动。为了提高传动能力，可使用多根 V 带，但是会出现多根 V 带之间载荷分布不均的现象。

图 2-1-9　平带传动应用——大理石切割机

③多楔带传动：多楔带是若干 V 带的组合，可避免多根 V 带长度不等、传力不均的缺点，如图 2-1-8（c）和图 2-1-10 所示。

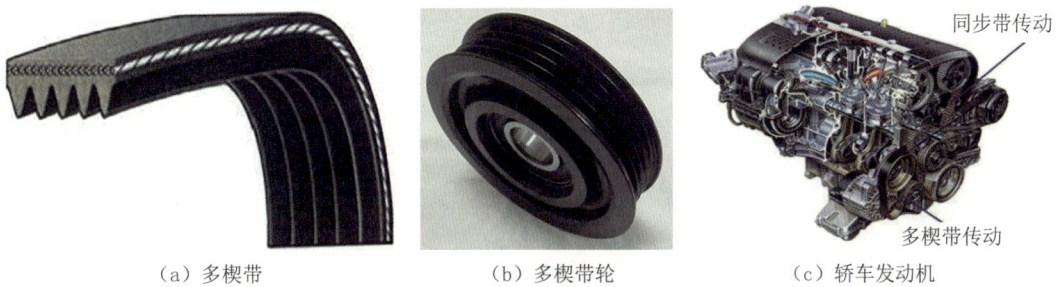

（a）多楔带　　　　　　　　　（b）多楔带轮　　　　　　　　（c）轿车发动机

图 2-1-10　多楔带传动应用

④圆带传动：带的截面形状为圆形，如图 2-1-8（d）所示。圆带传动结构简单，一般用于小功率传动的小型机械上，如试验装置、缝纫机等（图 2-1-11）。

（a）试验装置　　　　　　　　　　　　　（b）缝纫机

图 2-1-11　圆带传动应用

带传动在工作时，带与带轮之间需要一定的张紧力，使接触面间产生摩擦力。带在工作一段时间后，会产生磨损和塑性变形，使传动带松弛，初拉力下降。为了保证带的传动能力，须定期检查传动带的张紧程度，及时予以调整。常见的调整方法有：当中心距可调时，加大中心距，使传动带张紧；当中心距不可调时，可采用张紧轮装置，如图2-1-12所示。

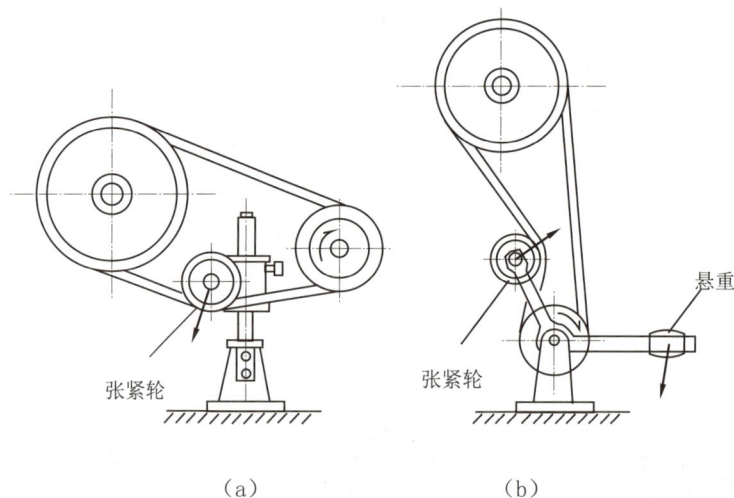

（a）　　　　　　　　　（b）

图 2-1-12　带传动的张紧

（3）带传动的特点

带传动的优点如下。

①带传动的结构简单，装拆方便，对制造要求不高。

②由于带富有弹性，可以缓冲和吸振，使传动平稳、噪声小。

③适用于中心距较大的传动。

但带传动也有一些缺点，主要体现在如下几方面。

①不能保证准确的传动比，传动效率低。

②轴及轴承上受力较大，带的使用寿命短。

③不宜在高温、易燃以及有油和水的场合使用。

④一定条件下，带与带轮之间产生的摩擦力是有限的。如果最大摩擦力小于带传动工作时所传递的圆周力，带与带轮间就产生剧烈的相对滑动（这种现象称为打滑），使传动失效。

2. 齿轮传动

很早以前，人们就已经利用齿轮的啮合来传递旋转的运动，这种传动方式称为齿轮传动。如我国古代的记里鼓车（图2-1-13），是一种用来记录车辆行驶距离的马车，其核心部件是一套齿轮减速系统，结构相当复杂，可以说是1 600年前的里程表，是现代汽车里程表和减速器的祖先。记里鼓车体现了我国古代劳动人民的巨大智慧和创造能力，显示了我国古代机械技术的卓越成就。

图 2-2-13　记里鼓车

　　齿轮传动是机械设备中应用最广泛的一种传动方式，用来传递空间任意两轴间的运动和动力。齿轮最重要的作用是为一些设备提供齿轮减速功能。这种功能之所以重要，是因为在通常情况下，虽然转速极高的小电动机能够为设备提供足够的动力，但它们不能提供足够的力矩。例如，电动螺丝刀具有非常大的齿轮减速比，这是因为它需要很大的力矩才能转动螺丝钉，但电动机在高速运转时只能生成较小的力矩。齿轮减速装置可以减小输出速度，同时增大力矩。

　　（1）齿轮传动的类型

　　齿轮传动的类型很多，分类的方法也有很多。

　　齿轮传动按轮齿的形态和两齿轮轴线的相互位置可分为以下几种。

　　①两轴线平行的齿轮传动：包括直齿圆柱齿轮传动、斜齿圆柱齿轮传动和人字齿轮传动，如图 2-1-14 所示。例如，机械设备中常用的齿轮减速器，就是利用小齿轮带动大齿轮来实现减速功能的（图 2-1-15）。

（a）直齿圆柱齿轮传动　　　　（b）斜齿圆柱齿轮传动　　　　（c）人字齿轮传动

图 2-1-14　两轴线平行的齿轮传动

　　图 2-1-14（a）为一对直齿圆柱齿轮啮合时的情况，轮齿齿面上的接触线都是平行于轴线的直线。可见，直齿轮的啮合沿齿宽同时开始、同时终止。由于上述原因，直齿圆柱齿轮在工作时冲击振动较严重，轮齿发生碰撞而发出噪声，承载能力也较低，不适合高速重载的场合。

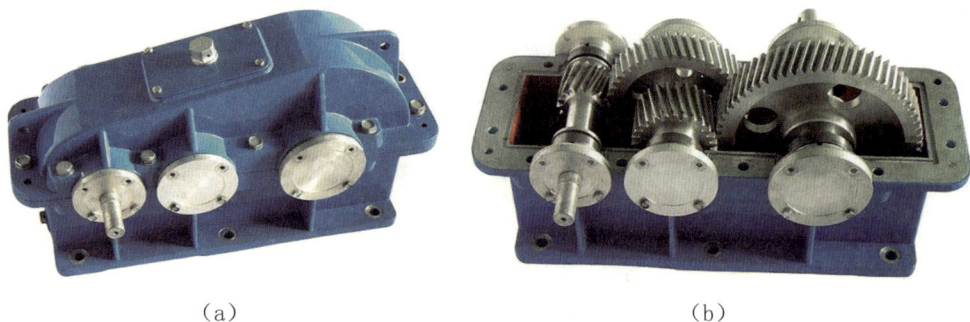

（a）   （b）

图 2-1-15　齿轮减速器

很多设备都使用了直齿圆柱齿轮，比如压面机（图 2-1-16）、电动螺丝刀、洗衣机和干衣机等。但汽车中则很少使用直齿圆柱齿轮，这是因为直齿圆柱齿轮的噪声很大，还会增加齿轮间的压力。

图 2-1-16　压面机

为了减少噪声并降低齿轮间的压力，汽车中使用的齿轮大都是斜齿圆柱齿轮。一对斜齿圆柱齿轮互相啮合时，轮齿接触线为斜直线，两轮齿接触线由零逐渐增大，到一定位置后又逐渐减小，直到脱离啮合，如图 2-1-14（b）所示。另外，由于轮齿倾斜，同时啮合的轮齿对数也多，重合度大，因此斜齿圆柱齿轮在运转时要比直齿圆柱齿轮平稳、安静得多。几乎所有汽车的变速器都使用斜齿圆柱齿轮。总之，斜齿圆柱齿轮具有逐渐啮合、传动平稳、重合度大、承载能力强、适合大功率高速传动的优点。图 2-1-15 中的齿轮减速器也采用了斜齿圆柱齿轮。

由于斜齿圆柱齿轮上的轮齿呈现一定的角度，因此当它们啮合时，齿轮将会承受一定的压力。使用斜齿圆柱齿轮的设备都装有能够承受轴向力的轴承，用来承受这种压力。消除轴向力的影响，除在轴和轴承设计时采取措施外，还可采用人字齿轮，如图 2-1-14（c）所示。人字齿轮常用于大功率的设备上，它的缺点是加工困难、成本高。

②两轴线相交的齿轮传动：有锥齿轮传动，包括直齿锥齿轮传动和斜齿锥齿轮传动等，如图 2-1-17 所示。

当需要改变轴的旋转方向时，可以使用锥齿轮，它们一般装在互相垂直的两个轴上，特殊情况下也可以将其设计为其他角度。例如，在汽车两个后轮之间的后驱动桥中（图 2-1-18），动力由汽车中心的传动轴传送而来，主减速器采用锥齿轮传动，将动力转动 90° 后施加给后轮，同时降低转速，增大转矩。

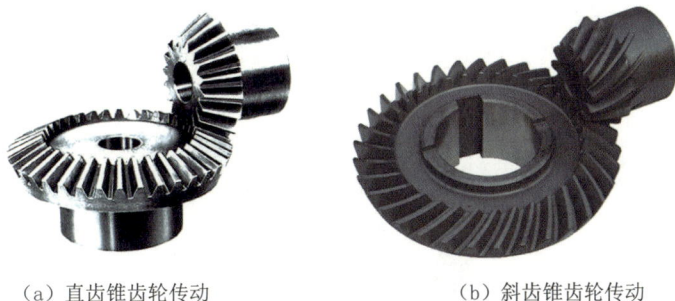

（a）直齿锥齿轮传动　　　　　　　　（b）斜齿锥齿轮传动

图 2-1-17　两轴线相交的齿轮传动

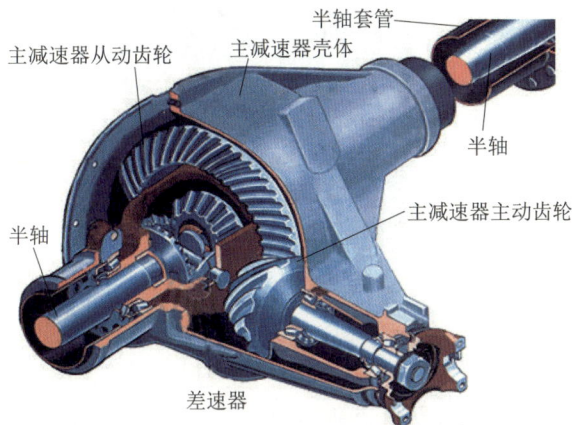

图 2-1-18　切诺基汽车后驱动桥

③两轴线交叉的齿轮传动：两轴线在空间上既不相交也不平行，如蜗轮蜗杆传动。

如果想获得较大的齿轮减速比，可以使用蜗轮蜗杆传动。蜗轮蜗杆传动由蜗轮和蜗杆组成，两轴线在空间上互相交错垂直成 90°。蜗杆为主动件，蜗轮为从动件，蜗杆带动蜗轮转动，传递运动和动力，如图 2-1-19 所示。常见的蜗轮蜗杆减速器就是采用这种传动（图 2-1-20）。

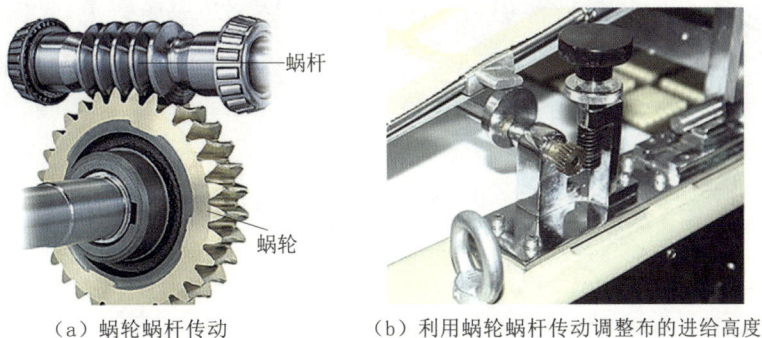

（a）蜗轮蜗杆传动　　　　　（b）利用蜗轮蜗杆传动调整布的进给高度

图 2-1-19　蜗轮蜗杆传动及应用

蜗轮蜗杆机构具有一个其他齿轮组所不具备的有趣特性：在一定条件下，蜗杆可以轻易转动蜗轮，但是蜗轮无法转动蜗杆，具有单向性，实现反向自锁，这一功能在传送系统等机械中十分有用。当原动机不再转动时，这种锁止功能可以充当传送装置的制动器，不会引起设备反转，一般称之为机械"自锁"。自锁功能增加了设备运行的安全性。

蜗轮蜗杆传动的传动比大、结构紧凑、传动平稳、噪声小。

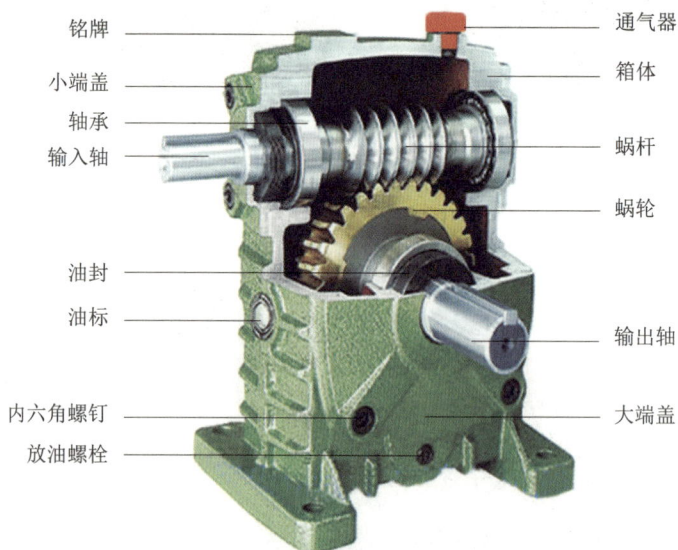

图 2-1-20　蜗轮蜗杆减速器

齿轮传动按啮合方式，可分为外啮合齿轮传动、内啮合齿轮传动和齿轮齿条传动，如图2-1-21所示。当要求齿轮传动两轴平行、回转方向相同且结构紧凑时，可采用内啮合齿轮传动。

（a）外啮合齿轮传动　　（b）内啮合齿轮传动　　（c）齿轮齿条传动

图 2-1-21　齿轮传动按啮合方式分类

图 2-1-22 所示的齿轮系统中，中心齿轮与行星齿轮的啮合为外啮合，行星齿轮与齿圈的啮合为内啮合。行星齿轮是指除了能绕着自己的转动轴的轴线转动之外，它们的转动轴还随着行星架绕其他齿轮的轴线转动的齿轮系统。绕自己齿轮轴线的转动称为"自转"，绕其他齿轮轴线的转动称为"公转"，就像太阳系中的行星那样，因此得名。行星齿轮传动现已被广泛应用于各种机械传动系统中的减速器、增速器和变速装置。尤其是因其具有"高载荷、大传动比"的特点而在飞行器和车辆（特别是重型车辆）中得到广泛应用。

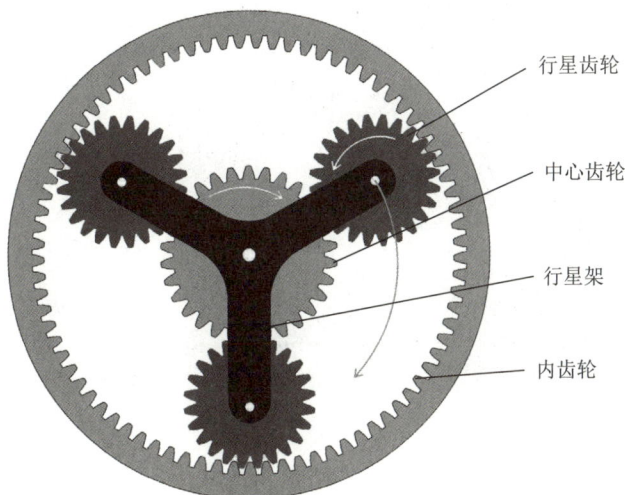

图 2-1-22 行星轮系

　　齿条是齿轮的一种特例，齿轮齿条传动可以实现旋转运动与直线运动的相互转化。如图 2-1-23 所示的弹簧秤，当测量重物时，物体重力带动齿条向下移动，使得与齿条相啮合的小齿轮及指针发生转动，从而在表盘上指示出相应的物体重力。齿轮齿条传动应用非常广泛，图 2-1-24 为自动搬送机中应用的齿轮齿条机构。

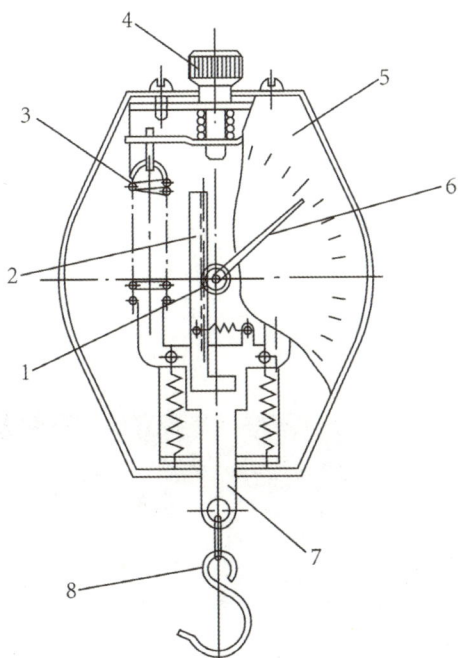

（a）弹簧秤简图　　　　　　　　　（b）弹簧秤中的齿轮齿条传动装置

1—小齿轮；2—齿条；3—拉力弹簧；4—调整螺钉；5—表盘；6—指针；7—支架；8—吊钩。

图 2-1-23 弹簧秤

图 2-1-24　自动搬送机中应用的齿轮齿条机构

（2）齿轮传动的特点

与其他传动相比，齿轮传动具有以下优点。

①齿轮传动比可以采用从动齿轮与主动齿轮齿数的比值来表示，它不宜过大，否则会使齿轮传动的结构尺寸过大，不利于制造和安装。

②能保证瞬时传动比的恒定。

③传动的功率范围大、适应的速度范围广，传动效率高，一般传动效率可达 0.94~0.99。

④结构紧凑、工作可靠、使用寿命长。

齿轮传动存在以下不足。

①制造和安装精度要求高，加工成本高。

②齿轮的齿数为整数，因此能获得的传动比受到一定限制，不能实现无级变速。

③不适合中心距较大的传动，若中心距过大，将导致齿轮传动机构庞大、笨重。

3. 链传动

链传动由两个具有特殊齿形的链轮和一条闭合的链条所组成。工作时主动链轮的齿和链条的链节相啮合，带动与链条相啮合的从动链轮传动（图 2-1-25）。链传动主要用于传动比要求较准确，且两轴距离较远，不宜采用齿轮的地方，广泛应用于矿山机械、冶金机械、运输机械、机床传动及轻工机械中。

（a）链传动　　　　　　　　　（b）链轮　　　　　　　（c）链传动的应用——自行车

图 2-1-25　链传动

与带传动相比，链传动具有下列特点。

①链传动可以保证准确的平均传动比。

②传递功率大，张紧力小，作用在轴和轴承上的力小。

③传动效率比带传动高，一般可达 0.95~0.98。

④能在低速、重载和高温条件下，灰尘大、有水、油等恶劣环境中工作。

⑤由于链节的多边形运动，所以瞬时传动比是变化的。瞬时链速不是常数，传动中会产生动载荷和冲击，振动和噪声较大，因此不宜用于要求精密传动的机械上。

⑥无过载保护作用。

⑦链节磨损严重，链条会伸长，传动中链条容易脱落。

4. 同步带传动

在一些高速度、高精度的设备中要求远距离传动和传动平稳的同时，还需要有准确的传动比。而上述的齿轮传动、带传动和链传动都不能同时满足这些要求，这时可以采用同步带传动（又称齿形带传动）。同步带传动将齿轮传动和带传动的优点集于一身，避免了由于齿轮传动带来的间隙对传动部件精度的影响，从而提高了传动件的传动精度，使传动平稳，降低了设备的噪声。

同步带传动是利用带的齿与带轮上的齿相啮合传递运动和动力的，带与带轮间为啮合传动，没有相对滑动，可保持主动轮与从动轮的线速度同步，如图 2-1-26 所示。汽车同步带是汽车发动机重要的零部件，主要应用于汽车发动机曲轴与凸轮轴间的传动上，此外也用于要求与发动机曲轴保持固定传动比的辅助系统上，如喷油泵、配电盘和水泵的传动上。同步带传动满足了高速度、高精度的定位传动、精密输送等方面的需要。

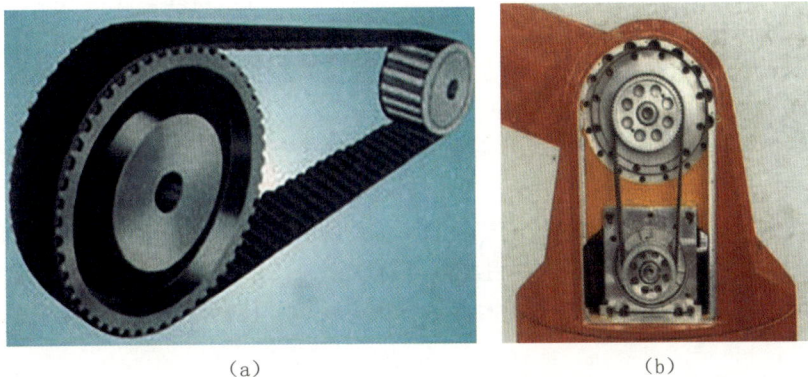

（a）　　　　　　　　　　　　（b）

图 2-1-26　同步带传动

5. 螺旋传动

螺旋传动是利用螺杆与螺母之间的相对运动将旋转运动转换成直线运动的机械传动，以实现测量、调整以及传递动力和运动的功能，广泛应用于仪器仪表及机械设备中，如台虎钳、螺旋千斤顶、千分尺和活动扳手等。螺旋传动具有传动平稳、增力显著、容易自锁、结构紧凑、噪声低等优点的同时，也存在效率较低，螺纹牙间摩擦、磨损较大等缺点。

图 2-1-27（a）、图 2-1-27（b）所示的台虎钳，当其螺杆按图示方向转动时，螺杆连同活动钳口向右移动，与固定钳口配合夹紧工件；当其螺杆反向转动时，活动钳口随螺杆左移，

松开工件；台虎钳的螺旋传动中，螺母固定不动，螺杆在做回转运动的同时做直线移动。而图 2-1-27（c）中的螺旋千斤顶则是螺杆连接在底座上固定不动，转动手柄让螺母回转并做上升或下降的直线移动，从而举起或放下托盘，产生高度变化。

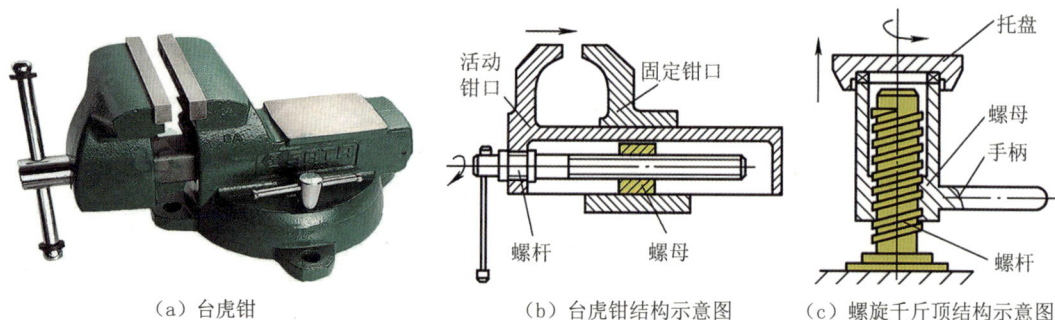

（a）台虎钳　　　　　　　（b）台虎钳结构示意图　　　　（c）螺旋千斤顶结构示意图

图 2-1-27　螺旋传动应用

2.1.3　常用机构

因机械功能的不同，工作机的运动方式和结构形式也不同，其运动复杂多样。很多机构都可以用来进行运动形式的转换，实现给定的运动规律或者运动轨迹。

1. 铰链四杆机构

图 2-1-28 所示的汽车窗雨刷机构，当主动件曲柄转动时，通过连杆，使与摇杆固结的雨刷在一定角度范围内往复摆动，以刷去雨水。早在 1903 年，玛丽·安德森就获得了手动雨刷器的发明专利。不过，当时的雨刷器需要依靠手动来完成刮拭功能，就是说驾驶员需要一边开车一边用手来转动雨刷器擦拭玻璃。1917 年，美国人欧谢在雨夜驾车，不慎撞伤一名少年。为了杜绝此类意外再度发生，他发明了一种金属杆上带着槽状橡胶条、以手拨摇的雨刷。不过以当时的手动挡汽车而言，一边开车一边手动摇着雨刷相当危险。于是，他又开发出随着汽车引擎转速驱动的帮浦式雨刷，解决了上述问题。可是新的问题又出现了，此雨刷是随着车速快慢而改变摆动速度的，车停止时雨刷也随之停下来。后来，他利用马达来驱动雨刷获得成功，成为现代雨刷的始祖。1927 年投放市场的奔驰 Type-S 车型，已经装配了相对简易的雨刷器（图 2-1-29）。

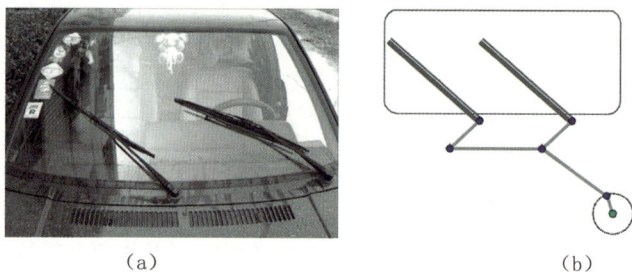

（a）　　　　　　　　　　（b）

图 2-1-28　汽车窗雨刷器

图 2-1-29　1927 年奔驰 Type-S 车型装配了相对简易的雨刷器

　　图 2-1-28 所示的汽车窗雨刷机构就是铰链四杆机构，四个构件用销子彼此铰接起来，各构件彼此可做相对转动。这种用铰销连接起来的四杆机构称为铰链四杆机构，它是最简单、最普遍的一种连杆机构，也是连杆机构的基础，其他形式的四杆机构和多杆机构都是在此基础上演化、发展起来的。

　　如图 2-1-30 所示，固定不动的构件 AD 称为机架，与机架相连的构件 AB 与 CD 称为连架杆，不与机架相连的构件 BC 称为连杆。可以做整周回转的连架杆称为曲柄；只能绕轴做往复摆动的连架杆称为摇杆。

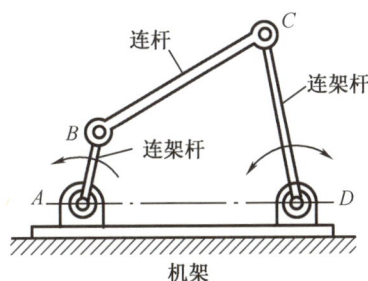

图 2-1-30　铰链四杆机构结构图

　　根据连架杆运动形式的不同，铰链四杆机构可分为曲柄摇杆机构、双曲柄机构和双摇杆机构三种类型。

　　（1）曲柄摇杆机构

　　在铰链四杆机构中，一个连架杆为曲柄，另一个连架杆为摇杆，这种机构就称为曲柄摇杆机构。

　　图 2-1-31 所示的腭式破碎机就是应用了曲柄摇杆机构。这里曲柄为主动件，它将曲柄的等速回转转换为摇杆的往复摆动。当主动轮绕固定轴心 A 转动时，其通过轮子上的偏心销 B 和杆 BC，使动腭板 CD 往复摇动。当动腭板摆向左方时，它与固定腭板间的空间变大，使煤块下落，随后，动腭板又摆向右方，煤块被压碎。

　　在缝纫机踏板机构中，摇杆为主动件，它将摇杆的往复摆动转换为曲柄的连续回转运动。缝纫机踏板可看成摇杆 CD，做往复摆动。缝纫机通过连杆带动曲柄即带动带轮转动，从而通过传动带带动缝纫机头工作，如图 2-1-32 所示。

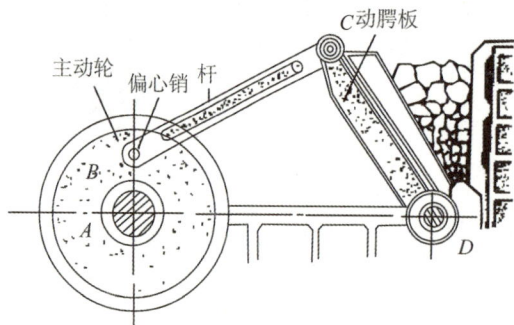

图 2-1-31 腭式破碎机

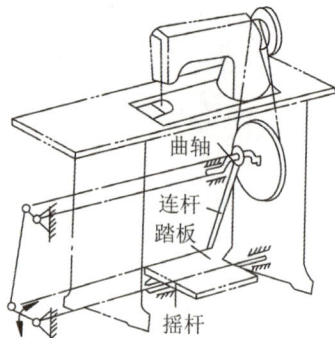

图 2-1-32 缝纫机踏板机构

曲柄摇杆机构有如下特性。

①急回运动

当曲柄匀速回转时，摇杆往复摆动的平均速度不同，即摇杆具有急回运动的特性。牛头刨床、往复式运输机等利用这种急回运动特性可缩短生产时间，提高生产效率。

②死点位置

缝纫机踏板机构中，踏板（即摇杆，为主动件）做往复摆动时，连杆与曲柄两处出现共线，致使曲柄不转或倒转，该位置称为死点位置，如图 2-1-33 所示。死点位置会使机构的从动件出现卡死或运动不确定的现象，出现死点对传动机构来说是一种缺陷，这种缺陷可以利用回转机构的惯性或添加辅助机构来克服。缝纫机踏板机构就是利用带轮的惯性作用使机构能通过死点位置，从而连续正常运转。

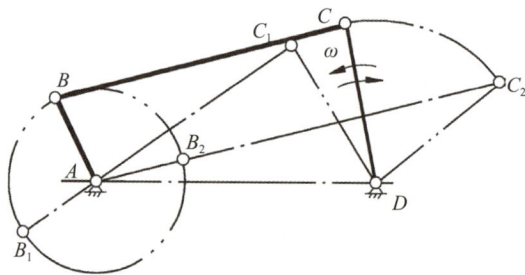

图 2-1-33 死点位置

工程上有时也利用机构死点位置的性质来实现某些特殊要求，如图 2-1-34 所示的飞机起落架机构。当飞机着陆时，机轮虽受力很大，但因曲柄 AB 和连杆 BC 共线，机构处于死点位置，机轮不能折回，从而提高了起落架的工作可靠性。

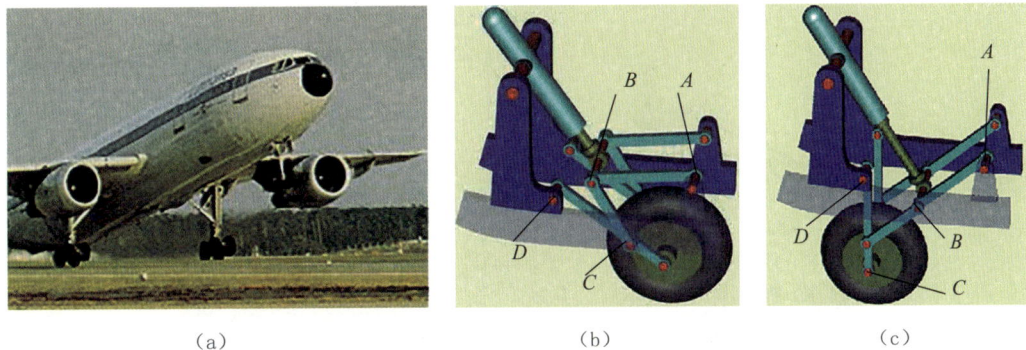

(a)　　　　　　　　(b)　　　　　　　　(c)

图 2-1-34　飞机起落架机构

（2）双曲柄机构

在铰链四杆机构中，两个连架杆均为曲柄，这种机构就称为双曲柄机构。

①双曲柄机构的两曲柄不等长

双曲柄机构的两曲柄不等长时有如下特点：主动曲柄 AB 等速回转一周时，从动曲柄 CD 变速回转一周。其可应用在把等速转动变为变速转动的场合，如惯性筛。把曲柄的等速转动转换为曲柄的变速转动，再通过连杆拉动筛子往复移动，产生具有较大变化的加速度，使被筛物料因惯性而被筛分，如图 2-1-35 所示。

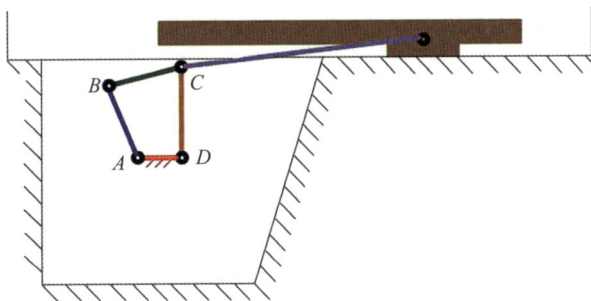

图 2-1-35　惯性筛机构

②双曲柄机构的两曲柄等长

在双曲柄机构中，如果组成的四边形的对边长度分别相等，也就是两曲柄的长度相等，连杆与机架的长度相等，而且两个曲柄转向相同，则称这个机构为平行四边形机构。如果两个曲柄转向相反，则称这个机构为反平行四边形机构。

a.平行四边形机构

图 2-1-36 所示的平台升降机构，利用平行四边形机构的连杆始终做平动的特点，使与连杆固结在一起的平台始终保持水平位置，其升降高度的变化也是通过采用两套平行四边形机构来实现的，即平行四边形 $ABCD$ 与 $EFGH$。摄影车的升降机构利用平行四边形机构使座椅始终保持水平位置，以保证摄影人员安全可靠地工作。

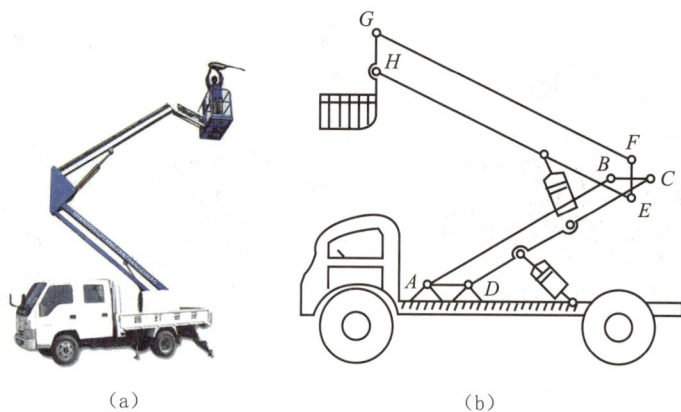

（a）　　　　　　　　　　　（b）

图 2-1-36　平台升降机构

当平行四边形机构的四个铰链中心处于同一直线上时，将出现运动的不确定状态，既可能形成平行四边形机构，也可能形成反平行四边形机构，如图 2-1-37 所示。为了克服运动的不确定性，可以在从动曲柄上附加一个有一定转动惯量的飞轮或添加辅助装置。图 2-1-38 为机车车轮联动机构，其中间车轮可以看作辅助曲柄。

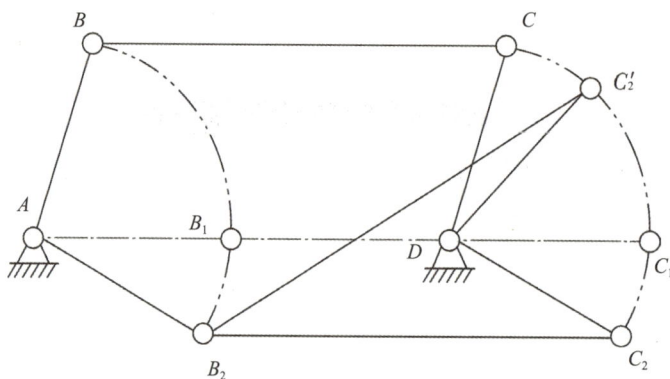

图 2-1-37　平行四边形机构的运动不确定

图 2-1-38　机车车轮联动机构

b. 反平行四边形机构

图 2-1-39 所示的车门开闭机构，利用反平行四边形机构，AB、CD 两曲柄长度相等，连

杆 *BC* 与机架 *AD* 长度相等但不平行，两曲柄转动方向相反，角速度不相等。当主动曲柄 *AB* 转动时，通过连杆 *BC* 使从动曲柄 *CD* 朝反向转动，从而保证两扇车门能同时开启和关闭到各自预定的工作位置。

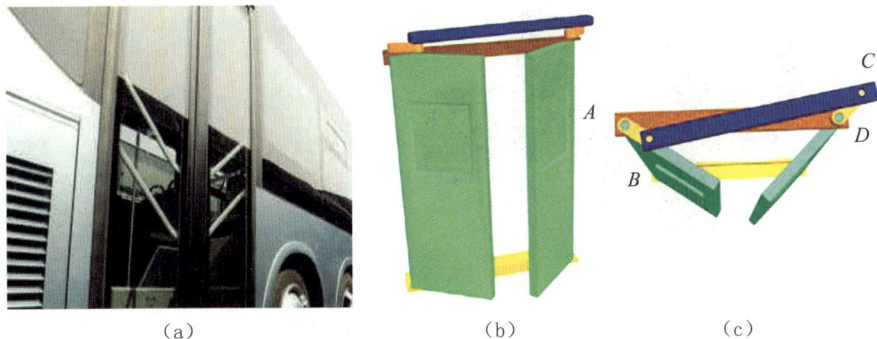

（a）　　　　　　　　（b）　　　　　　　　（c）

图 2-1-39　车门开闭机构

（3）双摇杆机构

在铰链四杆机构中，两个连架杆均为摇杆，就称这个机构为双摇杆机构。

图 2-1-40 所示的起重机机构中，当摇杆 1 摆动时，摇杆 2 随之摆动，可使吊在连杆 3 上 *E* 点的重物 *Q* 做近似水平移动，这样可避免重物在平移时产生不必要的升降，减少能量的消耗。

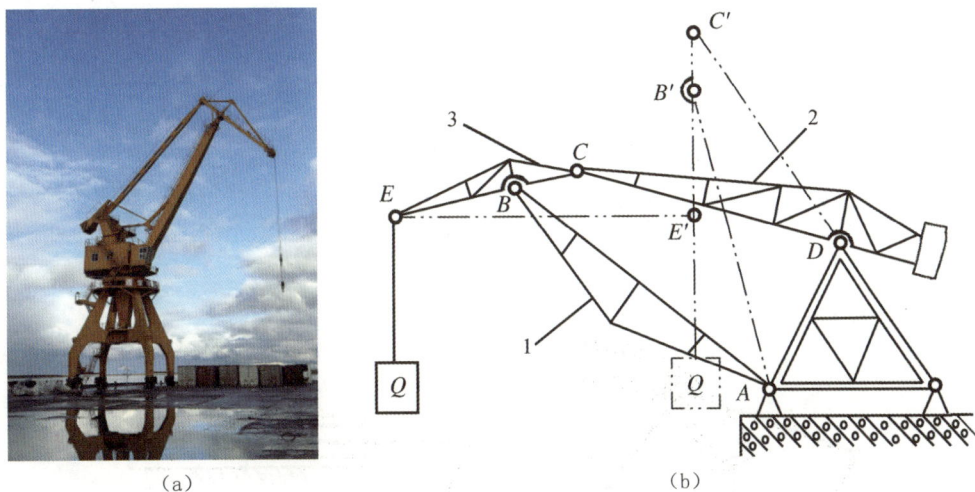

（a）　　　　　　　　　　　　（b）

1，2—摇杆；3—连杆。

图 2-1-40　起重机机构

图 2-1-41 所示的摇头电风扇机构，电动机坐落在摇杆 *AD* 上，铰链 *A* 处装有一个与连杆 *AB* 固结成一体的蜗轮，蜗轮与电动机轴上的蜗杆相啮合。电动机转动时，蜗杆和蜗轮迫使连杆 *AB* 绕点 *A* 做整周旋转。当主动件连杆 *AB* 转动时，带动两从动摇杆 *AD* 和 *BC* 做往复摆动，从而实现了风扇的摇头动作。

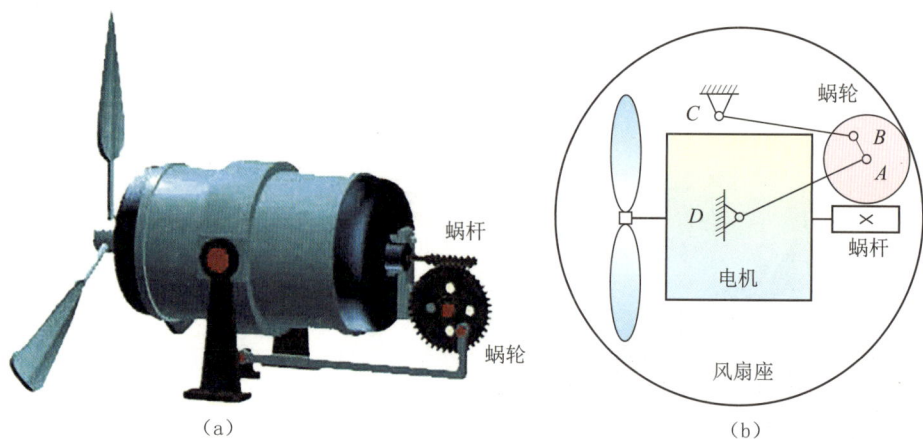

（a）　　　　　　　　　　　　　（b）

图 2-1-41　摇头电风扇机构

（4）铰链四杆机构的判别

铰链四杆机构的判别条件如下。

①若最短杆件与最长杆件长度之和小于或等于其余两杆件长度之和。

a. 取最短杆件为连架杆，则构成曲柄摇杆机构；

b. 取最短杆件为机架，则构成双曲柄机构；

c. 取最短杆件为连杆，则构成双摇杆机构。

②若最短杆件与最长杆件长度之和大于其余两杆件长度之和，则无论以哪一杆件为机架，均为双摇杆机构。

2. 其他平面四杆机构

（1）曲柄滑块机构

当曲柄摇杆机构的摇杆长度趋向于无穷大时，就演化为曲柄滑块机构。当曲柄转动时，滑块沿导路做往复直线移动，如图 2-1-42 所示。为了使曲柄滑块机构能够正常工作，曲柄的长度应该小于连杆的长度。

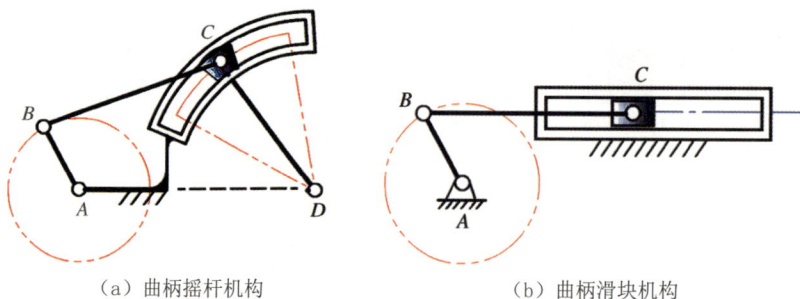

（a）曲柄摇杆机构　　　　　　　（b）曲柄滑块机构

图 2-1-42　曲柄摇杆机构演化为曲柄滑块机构

图 2-1-43（a）所示的内燃机，当燃气在缸体内腔燃烧膨胀而推动活塞移动时，通过连杆带动曲轴绕其轴线转动，这是以滑块为主动件的曲柄滑块机构。而机械压力机则是通过曲柄滑

块机构将电动机的旋转运动转换为滑块的往复直线运动，对坯料施加压力进行成形加工，如图 2-1-43（b）所示。

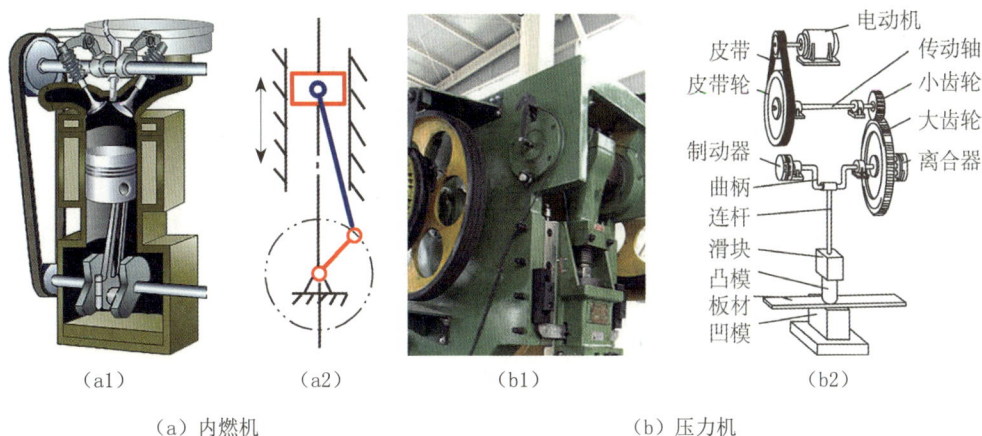

（a1）　（a2）　（b1）　（b2）

（a）内燃机　　　　　　　（b）压力机

图 2-1-43　曲柄滑块机构的应用

（2）转动导杆机构与摆动导杆机构

在曲柄滑块机构中，取构件 1 为机架时，得到转动导杆机构，杆件 2 和杆件 4 都在做旋转运动；当杆件 2 的长度小于机架的长度时，杆件 4 只能做往复摆动，这种机构称为摆动导杆机构，如图 2-1-44 所示。

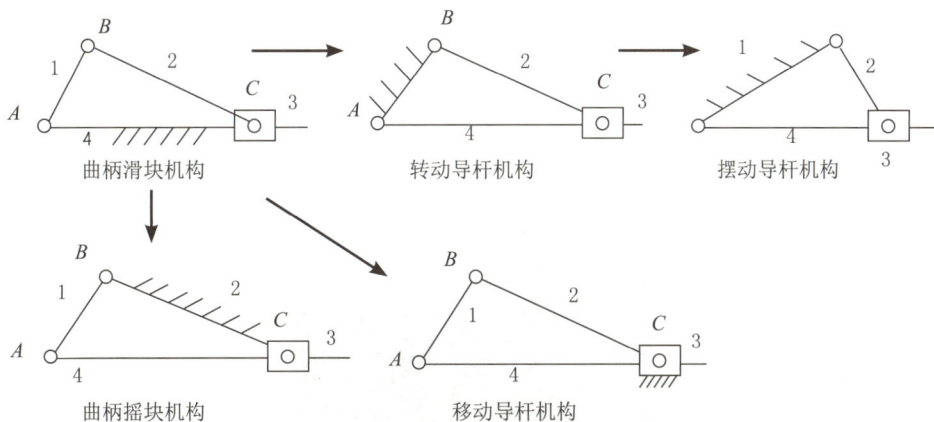

曲柄滑块机构　　　转动导杆机构　　　摆动导杆机构

曲柄摇块机构　　　移动导杆机构

图 2-1-44　曲柄滑块机构的演化

在牛头刨床的主运动机构中，经过变速后的齿轮半径可将曲柄看作主动件，通过滑块带动导杆摆动，并带动刨刀，使刨刀做往复直线运动，进行刨削加工，如图 2-1-45 所示。同时，刨刀的切削速度慢，而回程速度快。

（3）曲柄摇块机构

在曲柄滑块机构中，取构件 2 为机架时，得到曲柄摇块机构，如图 2-1-44 所示。具有一个曲柄和一个做往复摆动的摇块，能将曲柄的旋转运动通过连杆变换为摇块和连杆的相对滑动，或者做相反的运动变换。图 2-1-46 所示的自卸卡车，液压缸中的压力推动活塞杆 4 运动时，迫使杆件 1 绕 B 点转动，转动到一定角度时，货物就自动卸下。

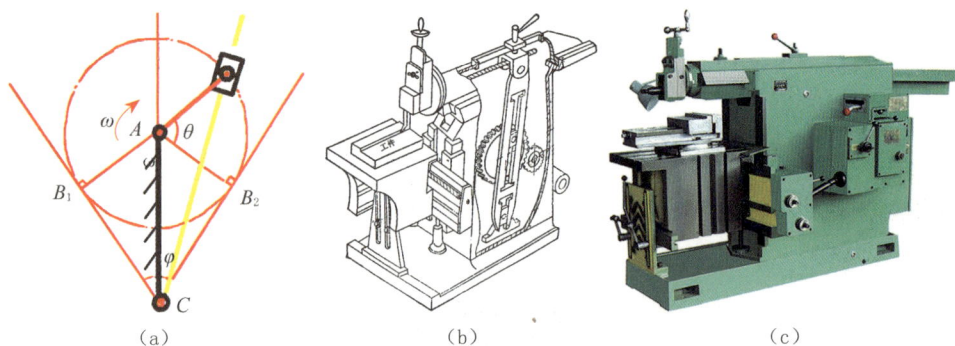

（a）　　　　　　　　　（b）　　　　　　　　　（c）

图 2-1-45　摆动导杆机构及其应用——牛头刨床

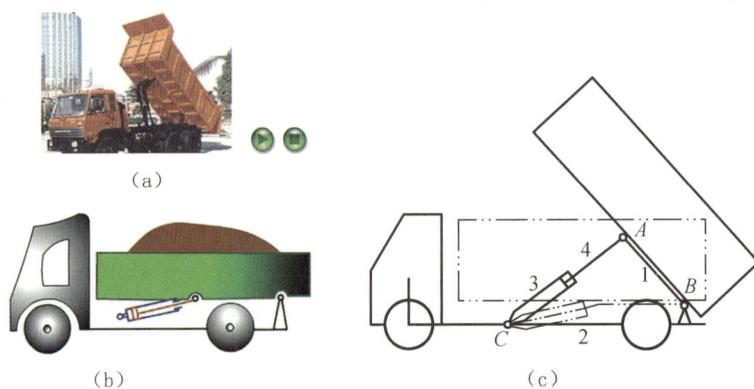

（a）

（b）　　　　　　　　　　　　（c）

图 2-1-46　自卸卡车中的曲柄摇块机构

（4）移动导杆机构

在曲柄滑块机构中，把滑块 3 固定作为机架时，就得到移动导杆机构。曲柄做匀速转动时，杆件 4 做变速移动（图 2-1-44）。手压抽水机采用了移动导杆机构（图 2-1-47）。

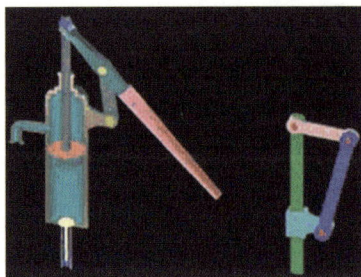

图 2-1-47　手压抽水机中的移动导杆机构

3. 间歇运动机构

在实际生产中，在主动件连续运转的情况下，有时需要从动件做有规律的时动、时停的运动，能够完成这种运动的机构称为间歇运动机构。许多自动化机械中，自动机床的进给、送料和刀架的转动机构，包装机械的送进机构等，都广泛应用各种间歇运动机构。

图 2-1-48 所示的内燃机配气机构，工作时要求在一个工作循环内，气门要迅速打开，随即迅速关闭，然后关闭不动。这就需要采用凸轮机构，凸轮机构是间歇运动机构的一种。

（1）凸轮机构

凸轮机构一般由凸轮、从动件（推杆或摆杆）和机架组成。其作用是将凸轮的连续等速转动转换为从动件的连续或间歇的移动或摆动，如图 2-1-49 所示。

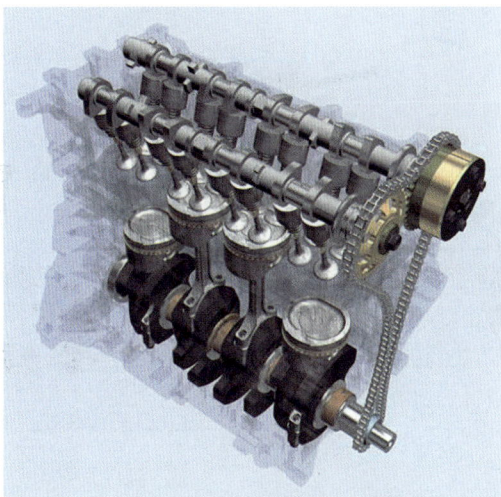

图 2-1-48　内燃机配气机构

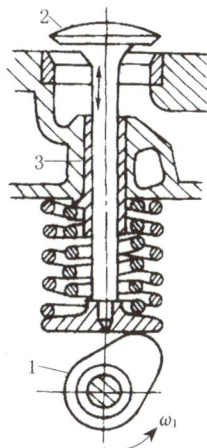

1—凸轮；2—从动件；3—机架。

图 2-1-49　凸轮机构

①盘状凸轮

图 2-1-49 所示的活塞式内燃机的进气机构，当气缸进气的时候，需要气门打开，而其余时间则需要气门关闭，不让气缸漏气。当凸轮从图示位置逆时针转动时，凸轮轮廓将推动气门推杆迅速上升至最高位置，使进气阀门在短时间内完全打开，从而满足对气缸的快速进气要求；凸轮继续转动时，气门推杆在弹簧力的推动下将下降到最低位置并保持一段时间，将气门关闭，直到下一个循环再进气前为止。这里采用的盘状凸轮，是一个绕固定轴线转动且直径变化的盘形构件。

②圆柱凸轮

图 2-1-50 所示的自动机床上的走刀机构，当具有凹槽的圆柱凸轮回转时，凹槽的侧面推动从动件（摆杆）末端的滚子，使摆杆绕轴 O 摆动，摆杆另一端的扇形齿轮与刀架下部的齿条相啮合，使刀架实现进刀和退刀运动。至于进刀和退刀的运动规律，则取决于凹槽的曲线形状。这里采用的是圆柱凸轮，是带有凹槽的圆柱体。

凸轮机构的特点：结构简单紧凑、工作可靠、设计方便，因此在自动和半自动机械中得到了广泛的应用。但是，从动件与凸轮之间容易磨损，故凸轮机构只适用于载荷不大的场合。

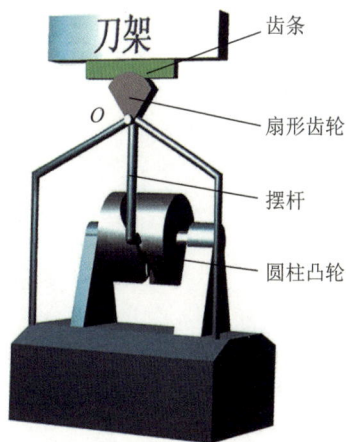

图 2-1-50　自动机床上的走刀机构

（2）槽轮机构

槽轮机构一般由主动拨盘、从动槽轮和机架所组成，如图2-1-51所示。槽轮上具有4个径向槽，拨盘上装有1个圆柱拨销。当拨盘转动一周时，拨销就拨动槽轮转动1/4周，并停留一定时间。这样，拨盘连续转动，使槽轮做间歇旋转运动。图2-1-52所示的自动灌装机，利用径向槽数为6的外槽轮机构实现转盘的间歇分度运动。当用槽轮控制的转盘将空盒转至灌装工位时，料斗内的物料在活塞泵的推动下挤入灌装头灌入空盒。

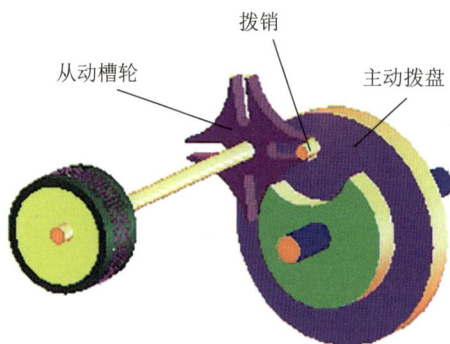

图2-1-51　槽轮机构

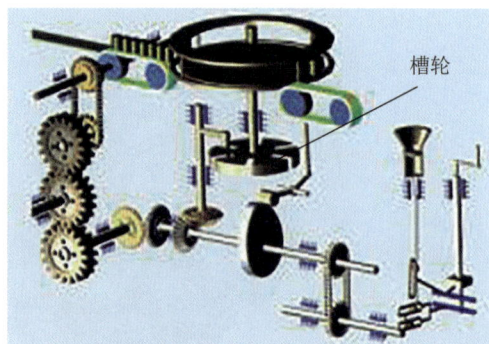

图2-1-52　自动灌装机

槽轮机构的特点：结构简单，工作可靠，传动平稳性比棘轮机构好。但槽轮的转角不能调整，转动时也会发生冲击。因此，槽轮机构一般用于转速较低、要求间歇地转过一定角度的装置和自动化机械中。

（3）棘轮机构

棘轮机构主要由棘轮、棘爪和机架组成，如图2-1-53所示。除了能实现间歇运动外，棘轮机构主要被用来实现超越和制动等功能。

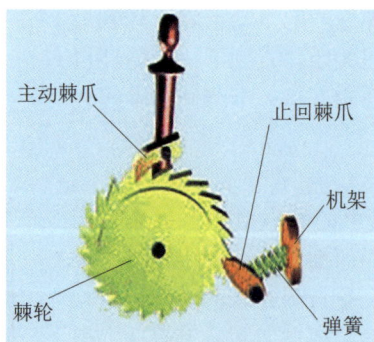

图2-1-53　棘轮机构

①超越机构

图2-1-54所示的自行车后轮轴的内啮合式棘轮机构（俗称飞轮），外周是一个从动小链轮，内周则为一个棘轮。当骑车者用力蹬转主动大链轮，并通过链条带动从动小链轮和棘轮顺时针方向转动时，棘爪推动后轮轴顺时针转动使自行车前进。当骑车者停止蹬车（如下坡）时，链轮停止转动，而后车轮借助惯性或坡度要继续转动，此时顺时针转动的棘爪在不转的棘轮齿背

上滑过,并不影响后车轮的转动,这种从动件超越主动件而运动的机构称为超越机构。

②防逆转棘轮机构

图 2-1-55 所示的用作制动器的棘轮机构,鼓轮和棘轮固定为一体。当动力装置(图中未示出)驱动鼓轮和棘轮一起顺时针转动时,重物就被提升,此时棘爪在棘轮的齿背上滑过。当在提升重物的过程中,由于设备故障或意外停电而造成动力源被切断时,棘爪将插入棘轮齿槽中,制止其逆时针转动,从而可防止重物失去控制从空中加速坠落而造成事故。

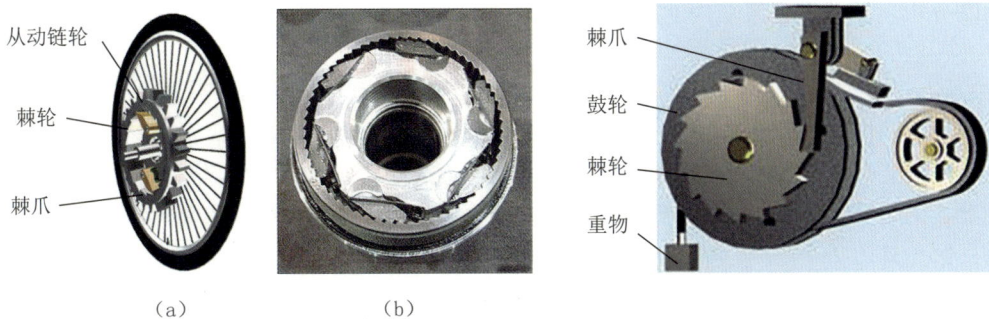

从动链轮
棘轮
棘爪

（a）　　　　　　　（b）

棘爪
鼓轮
棘轮
重物

图 2-1-54　自行车后轮轴的内啮合式棘轮机构　　图 2-1-55　起重设备防逆转棘轮机构

棘轮机构的特点:结构简单,转角调整较方便,工作安全可靠。但由于棘爪和棘轮开始接触的瞬间会发生冲击,故传动的平稳性差。因此,棘轮机构常用于低速、转角不大或需要调整转角的场合。

通过机构学等理论研究,人们能够精确地分析各种机构的运动,包括复杂的空间连杆机构的运动,进而能够根据需要综合出新的机构。通过巧妙的设计,工作机执行机械设备的具体功能并保证运行安全。

2.1.4　实践训练环节

任务 2.1.1　轴系部件装配

1. 目的及要求

①初步了解轴系部件与齿轮传动的基本组成。

②初步认识常用机械零部件。

③初步形成使用基本技术术语的表达意识。

2. 实践内容

初步了解简单的轴系部件装配图的读图方法,并完成以下轴系部件的装配。

①小直齿轮轴系装配。

②固游式蜗杆装配。

③锥齿轮轴装配。

3. 操作步骤

①读装配图，根据零件的结构形状和明细栏找出正确零件。

②试装零件，注意从内到外的装配顺序，确保没有遗漏和错装。

③轴系部件工作正常情况：转动轴，轴上零件做回转运动，不会沿轴线方向移动。

4. 实践思考题

①每个零件在齿轮传动时发挥的作用是什么？

②分析、总结出轴系部件的基本组成。

5. 常用零件

齿轮传动机构一般封闭在刚性箱体内，这个刚性箱体称为齿轮箱。通常情况下，转速极高的小电动机能够为设备提供足够的动力，但是它们不能提供足够的力矩。因此，需减小输出的速度，同时增大力矩。用来实现减速功能的齿轮箱又称齿轮减速器，在现代各种设备中应用非常广泛。如图 2-1-56 所示的齿轮减速器，电动机的运动和动力经联轴器传递给齿轮减速器的输入轴Ⅰ，再经齿轮传动传至轴端装有联轴器的齿轮减速器输出轴Ⅱ，通过联轴器带动工作机。在轴上安装有轴承、齿轮、键、联轴器等零件。

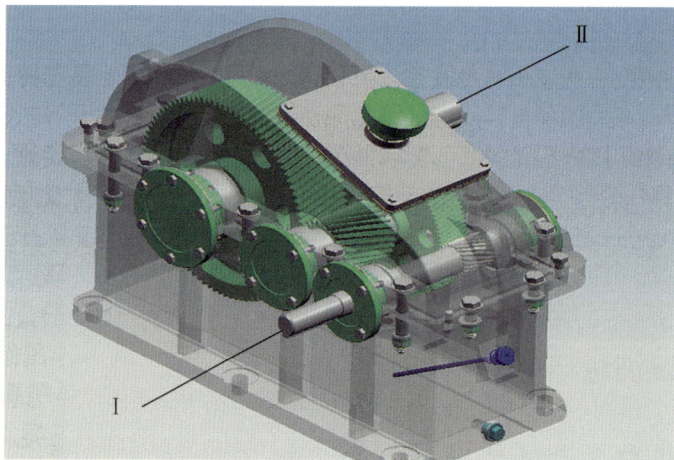

图 2-1-56　齿轮减速器

（1）轴

轴是组成机器的主要零件之一。它主要是支承旋转零件（如齿轮、蜗轮、带轮等），使其具有确定的工作位置，并传递运动和转矩。减速器中的轴一般为圆柱形，各轴段的轴线为同一直线，通常称这种轴为直轴。机器中大多数的轴都属于直轴。为了便于轴上零件的装拆，常将轴做成阶梯形，也称为阶梯轴或台阶轴，图 2-1-57 所示。

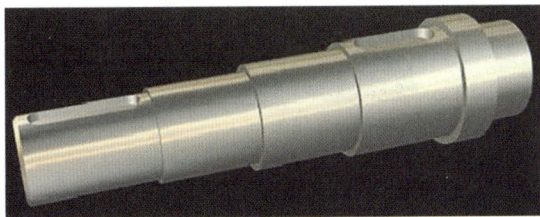

图 2-1-57　直轴（阶梯轴或台阶轴）

（2）轴承

轴是通过轴承来支承的。在汉代古墓的壁画上可以看到利用轴承原理制造的纺车，而纺车的轴承很简单，圆圆的木轴就在支架的圆孔中转动，由于轴与轴承间是滑动摩擦，人摇起来比较费力，还会发出吱吱呀呀的声响。为了减小摩擦和磨损，大约在商周时代，人们开始使用动物脂肪对车上的滑动轴承进行润滑。最简单的旋转轴承是轴套轴承，它只是一个夹在车轮和轮轴之间的金属衬套，用来减小摩擦力，提高耐磨性。这种设计随后被滚动轴承替代，即用很多圆柱形的滚子替代原先的衬套，每个滚动体就像一个单独的车轮。这种轴承的一个缺点是滚子之间会发生碰撞，造成额外的摩擦。但是如果把滚子放进一个个小笼里是否可以避免这种现象的发生呢？最早投入使用的带有保持架的滚动轴承是由钟表匠约翰·哈里逊于 1760 年发明的。

轴承的功用是支承轴及轴上零件，保持轴的旋转精度，减少转轴与支承之间的摩擦和磨损。根据支承处相对运动表面的摩擦性质，轴承分为滑动摩擦轴承和滚动摩擦轴承，分别简称为滑动轴承和滚动轴承（图 2-1-58）。这里主要介绍滚动轴承。

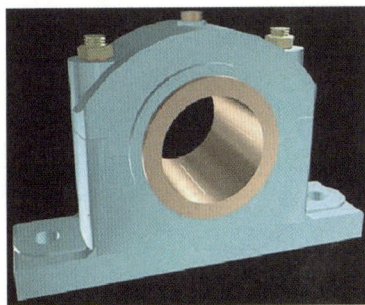

（a）滑动轴承　　　　　　　　（b）滚动轴承

图 2-1-58　轴承

滚动轴承是将运转的轴与轴座之间的滑动摩擦变为滚动摩擦，从而减少摩擦损失的一种精密的机械元件。绝大多数的滚动轴承由内圈、外圈、滚动体和保持架组成。外圈装在机座或者零件的轴承孔内；内圈装在轴上，内圈与轴采用过盈配合，也就是相对应的轴径大于孔径。工作时，外圈不转动，内圈与轴一起转动。当内外圈之间相对旋转时，滚动体沿着滚道滚动，形成滚动摩擦。保持架使滚动体均匀分布在滚道上，并减少滚动体之间的碰撞和磨损，如图 2-1-59 所示。

图 2-1-59　滚动轴承结构

　　滚动轴承有多种类型，按照滚动体的形状可分为球轴承、圆锥滚子轴承和圆柱滚子轴承等。如图 2-1-60 所示。

　　①深沟球轴承：主要承受径向载荷，也可承受一定的轴向载荷。其结构简单，价格低廉，使用方便，应用广泛。

　　②角接触球轴承：可同时承受径向负荷和单向轴向负荷，能在较高的转速下工作。

　　③圆锥滚子轴承：能同时承受轴向和径向载荷，承载能力大。内外圈可分离，间隙易调整，安装方便，一般成对使用。

　　④圆柱滚子轴承：能承受较大的径向载荷，不能承受轴向载荷。内外圈可分离。

　　实践训练用到的深沟球轴承、角接触球轴承和圆锥滚子轴承分别注明了装配图的画法，如图 2-1-60 所示。

（a）深沟球轴承及画法　　　　　　　　　（b）角接触球轴承及画法

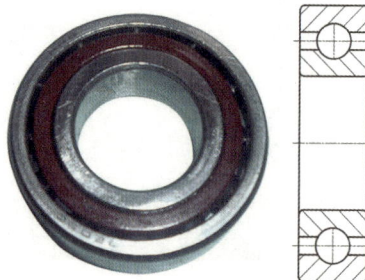

（c）圆锥滚子轴承及画法　　　　　　　　　（d）圆柱滚子轴承

图 2-1-60　常用滚动轴承

滚动轴承已经标准化，有专门工厂生产，使用方便，互换性强，效率高；与滑动轴承相比，其运转精度高，轴向尺寸小，结构紧凑。但是滚动轴承的承受冲击能力差，运转时有振动和噪声，工作寿命较短。

（3）轴承盖

轴承盖是轴承端面的盖子。图 2-1-56 所示的齿轮减速器中的轴承外圈就是用轴承盖来进行轴向定位的。另外，滚动轴承为了减小摩擦阻力和减轻磨损，需要使用润滑剂。因此，轴承盖除了有防尘和密封的作用外，还能阻止灰尘等异物侵入滚动体的滚道，防止润滑剂流失。它常和密封件，如羊毛毡圈（图 2-1-61）配合以达到密封的作用。轴承盖还在一定程度上可防止滚动体、保持架等易损件受外力作用而被损坏。

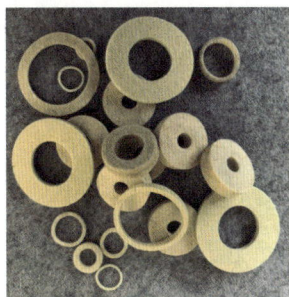

图 2-1-61　羊毛毡圈

根据轴是否外伸，轴承盖分为轴承闷盖和轴承透盖。常用的轴承盖有两种：凸缘式轴承盖（图 2-1-62）和嵌入式轴承盖（图 2-1-63）。

（a）轴承闷盖　　　　　　（b）轴承透盖

图 2-1-62　凸缘式轴承盖

轴承闷盖　　　　轴承透盖

图 2-1-63　嵌入式轴承盖

（4）套筒

①轴上零件的轴向定位

轴上零件的轴向定位与固定是保证零件有确定的位置，防止轴向移动，有些还承受轴向力。常用的轴向定位方法有：利用轴上截面尺寸变化的部位如轴肩、轴环等（图2-1-64）和阶梯套筒、套筒等零件，如图2-1-65（a）、图2-1-65（b）所示。

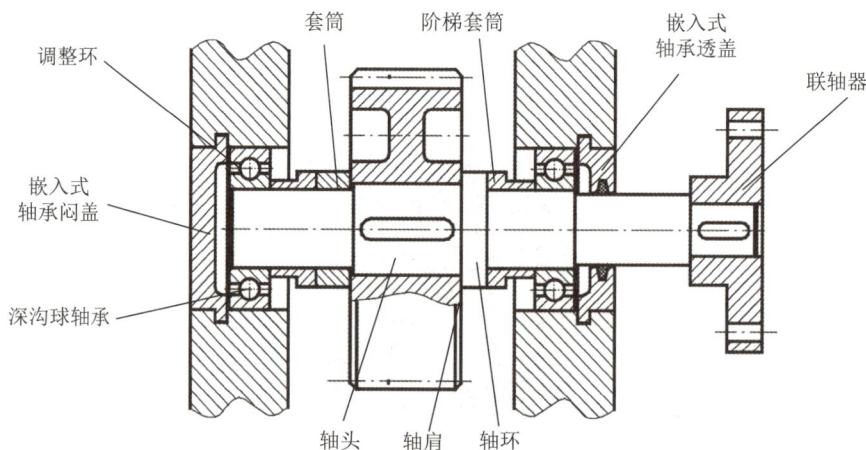

图 2-1-64　大直齿轮轴系装配图

（a）阶梯套筒　（b）套筒　（c）调整环　（d）挡油环　（e）轴端压板　（f）调整垫片

图 2-1-65　零件实物图

图 2-1-64 所示的大直齿轮轴系装配图中，深沟球轴承的内圈在内侧采用阶梯套筒进行轴向定位，外圈在外侧采用调整环（图2-1-65（c））及嵌入式轴承盖定位，齿轮采用了轴环和套筒定位；图2-1-76所示的小直齿轮轴系装配图中，角接触球轴承的外圈在外侧采用凸缘式轴承盖定位，内圈在内侧采用挡油环（图2-1-65（d））定位；实践训练中，安装在直齿轮传动的输出轴上的从动带轮（或从动链轮）采用轴肩与轴端压板（又称轴端挡圈，图2-1-65（e））进行轴向定位。定位时将螺钉穿过轴端压板的通孔，旋入轴端的螺纹孔内，拧紧即可。

图 2-1-64 中，为了避免制造及安装误差造成轴承盖与轴承外圈端面之间出现间隙或顶死，轴承盖与轴承外圈端面间设置了调整环，以便在装配时对轴承进行适当调整进而获得合适的预紧力及保持恰当的间隙；而图2-1-76中轴承的间隙则通过调整垫片（图2-1-65（f））进行调整。

大齿轮往往采用浸油润滑，即大齿轮下部浸没在润滑油中，通过大齿轮激溅作用使与小齿轮啮合得到润滑；而滚动轴承通常采用脂润滑，为避免油池中的润滑油被溅至滚动轴承内稀释润滑脂，降低润滑效果，在轴承内侧加一挡油环。挡油环在轴向定位下，与主动齿轮轴及轴承内圈一起旋转。

②轴上零件的周向固定

为了更好地传递运动和动力，防止轴与轴上零件产生相对转动，轴上零件必须有可靠的周向固定。最常用的周向固定方法是键连接，图 2-1-76 和图 2-1-64 中的齿轮与轴、联轴器与轴均采用了键连接。滚动轴承内圈与轴的周向固定则采用了过盈配合，即相配对的轴径大于孔径。

（5）连接件

最先出现的连接件大概是形如绳索的蔓、藤、芦苇、皮条或简易木钉之类的东西。后来，由于生活需要，人们又创制了一些略有改进的连接件，时至今日，已发展成了一个大家族——从简单的扣子、别针、拉链、回形针、钉子，到其他比较复杂或是为特殊需要制成的诸如高强度螺栓、螺母等。今天不用连接件的产品很少，它已经是日常生活中的一个重要部分，几乎在人类所制造或修理的每件物品中都会碰到它们。

现代机器结构复杂，不可能将很多元件或组件做成一体，必须分别制成两个或两个以上的部分，然后用连接件将它们连接在一起。连接件可以使得制造工作大为简化。而为了检修或换件，可通过拆去连接件的办法，将一个装置分解成几个独立的部分。很多连接件还当作安全设施来用，如锁紧垫圈、锁紧螺母、开口销、联轴器等，保证了一个总成一旦装成，其各部件将保持紧固连接不致分离。连接件拆卸容易，不会破坏轴、支柱等主要零件的完整性；还可以保证快速简便地把零件固定在任何位置，而不用拆开全部的设备或其个别的构成元件，这在安装和修理时极为重要。因此，连接是构成机器的重要环节。

最常用的连接方式有：螺纹连接、键连接、销连接等可拆连接和铆钉连接、焊接、黏结等不可拆连接。可拆连接，就是将连接拆开后，不会损坏连接中的任何零件。不可拆连接，是将连接拆开后，会损坏连接中的某些零件。这里主要介绍的是常用的、在轴系部件中可能用到的可拆连接。

①螺纹连接

具有螺纹的机械零件是一种应用广泛而又十分重要的零件。

a. 螺纹连接的类型

常见的螺纹连接有螺栓连接、螺钉连接、螺柱连接、紧定螺钉连接等。

（a）螺栓连接：通常由螺栓、垫圈和螺母组成，如图 2-1-66 所示。它的特点是被连接件上都不用切制螺纹，只需制成通孔，从孔中穿入螺栓，套上垫圈，拧紧螺母即可。螺栓连接主要用于被连接件都不太厚，并能在连接两边进行装配的场合，其优点是装卸方便。

（b）螺钉连接：如图 2-1-67 所示，被连接件之一加工有通孔，另一被连接件加工有螺纹孔。连接时，将螺钉穿过通孔，直接旋入被连接件的螺纹孔中。螺钉连接省去了螺母，结构比较简单、装拆方便，但受力不大，不宜经常装拆，以免被连接件的螺纹孔磨损而修复困难。

（c）螺柱连接：当被连接的机座零件的厚度太大，无法加工出通孔时，或者为了结构紧凑必须采用不通孔的场合，可采用螺柱连接。这种连接由螺柱、垫圈和螺母组成，如图 2-1-68 所示。被连接的机座零件上加工出不穿通的螺纹孔，另一被连接件上加工出通孔，螺柱两端均有螺纹。连接时，将螺柱的螺纹长度较短的一端全部旋入机座零件的螺孔中，再套上另一被连接件，然后放上垫圈，拧紧螺母，即实现连接。这种连接允许多次装拆而不损坏被连接件。

1—螺栓；2—垫圈；3—螺母。

图 2-1-66　螺栓连接

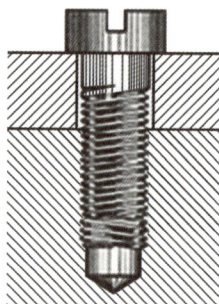

图 2-1-67　螺钉连接

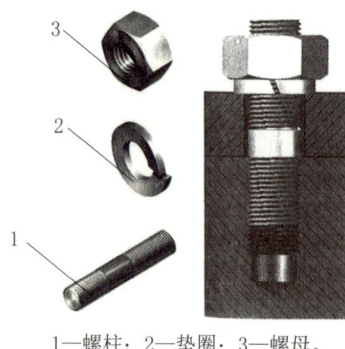

1—螺柱；2—垫圈；3—螺母。

图 2-1-68　螺柱连接

（d）紧定螺钉连接：多用于轮毂与轴之间的固定。通常在轴上加工出锥坑，在轮子的轮毂上加工出螺纹孔。连接时，将轮子套装于轴上，再将螺钉拧入轮毂上的螺纹孔中，使螺钉的锥形端部紧压在轴上的锥坑内，固定了轮子与轴的相对位置，并可传递不大的力或力矩，如图 2-1-69 所示。实践训练中从动带轮（或从动链轮）与工作机构的主动轴之间的连接即采用了紧定螺钉连接。

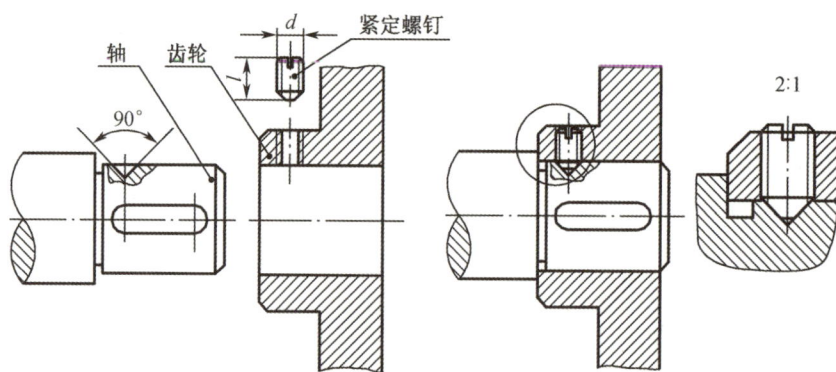

（a）连接组成件　　　　　　　　（b）连接装配图

图 2-1-69　紧定螺钉连接

与其他连接相比，螺纹连接具有结构简单、装拆方便、工作可靠、成本较低、互换性强等特点。

b. 螺纹连接的防松措施

受静载荷作用，采用标准螺纹连接件的螺纹连接，必然自锁而不会松动。但是在变载荷、振动、连续冲击载荷或工作温度较高的情况下，螺纹连接会松动。连接发生松动的危害很大，轻者使工作不正常，重者会引起严重事故。因此，用于变载荷的螺纹连接必须采取防松措施。常见的防松措施如下。

（a）弹簧垫圈防松：弹簧垫圈有 70°～80° 的翘开斜口，弹性较大，如图 2-1-70（a）所示。

这种防松方法的工作原理是：当螺母拧紧后，由于垫圈的弹力作用，螺纹之间互相压紧，摩擦力加大，起防松作用。而且垫圈的斜口尖角抵住螺母，使其回转困难，也起防松作用。弹簧垫圈防松简单方便，但在冲击、振动较大的工作条件下效果差，适合用在振动较小的设备上。

（b）圆螺母、止动垫圈防松：圆螺母、止动垫圈分别图 2-1-70（b）、图 2-1-70（c）所示。安装时，将止动垫圈的内舌插入轴上开出的槽中，拧紧圆螺母，再把止动垫圈的外舌折入圆螺母的槽中，使圆螺母锁紧。这种方法最适合用于轴上零件的防松。

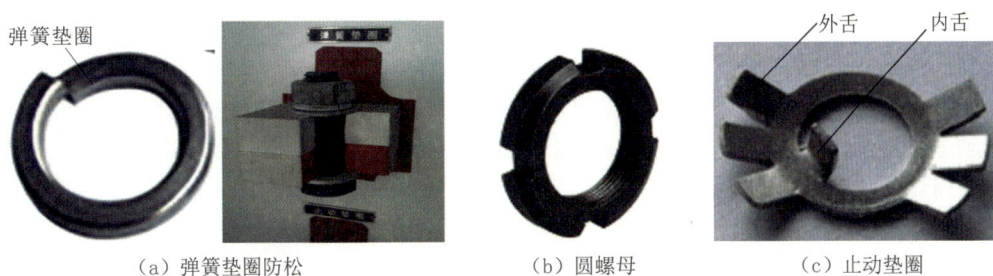

（a）弹簧垫圈防松　　　　　　（b）圆螺母　　　　　　（c）止动垫圈

图 2-1-70　弹簧垫圈防松及圆螺母和止动垫圈

c. 螺纹连接装配工具

常用的装配工具有螺丝刀、扳手等，如图 2-1-71 所示。

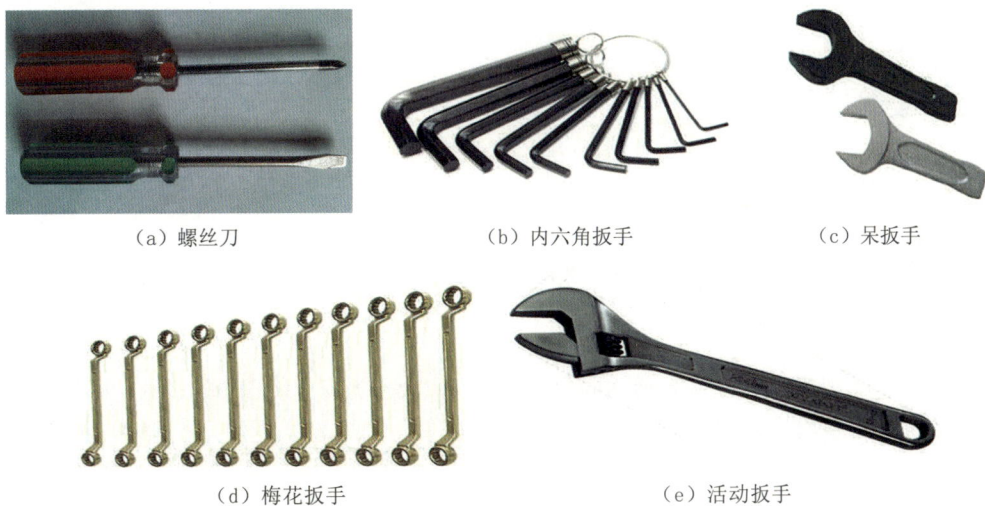

（a）螺丝刀　　　　　　（b）内六角扳手　　　　　　（c）呆扳手

（d）梅花扳手　　　　　　（e）活动扳手

图 2-1-71　常用装配工具

（a）螺丝刀：一种用来拧转螺钉以迫使其就位的工具。常用的有一字螺丝刀和十字螺丝刀。

（b）内六角扳手：用于装拆内六角螺钉的工具。

（c）呆扳手：又称开口扳手，有单头和双头两种。它的一端或两端带有固定尺寸的开口，其开口尺寸与螺栓头、螺母的尺寸相适应，并根据标准尺寸做成一套。一把呆扳手最多可能拧动两种相邻规格的六角头或方头螺栓、螺母，故使用范围较活动扳手小。

（d）梅花扳手：两端具有带六角孔或十二角孔的工作端，适用于工作空间狭小、不能使用稍大扳手的场合。

（e）活动扳手：简称活扳手，其开口宽度可在一定范围内调节，是用来紧固和起松不同规格的螺母与螺栓的一种工具。

②键连接

键连接是用来连接轴和轴上的旋转零件（齿轮、联轴器等），实现周向固定，并传递圆周运动和转矩。有的还能实现轴上零件的轴向固定或轴向滑动的导向，是一种应用很广泛的可拆连接。

a. 平键连接

首先在轴上和轮子孔壁上分别加工出键槽，并将键嵌入轴上的键槽内，再将轮子上的键槽对准轴上的键套到轴上，就构成了键连接，如图 2-1-72 所示。这样轴和轮子就可以通过键来传递圆周运动和转矩。普通平键结构简单、装拆方便、成本低廉、对中性好，适合高速、传动较平稳的场合。这种键的应用很广泛。

b. 花键连接

如果使用一个平键不能满足轴所传递的扭矩的要求时，可在同一轴毂连接处均匀布置多个平键，多个键与轴做成一体就形成了花键。花键连接由轴和毂孔上的多个键齿与键槽组成，如图 2-1-73 所示。

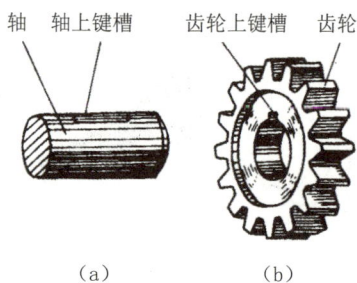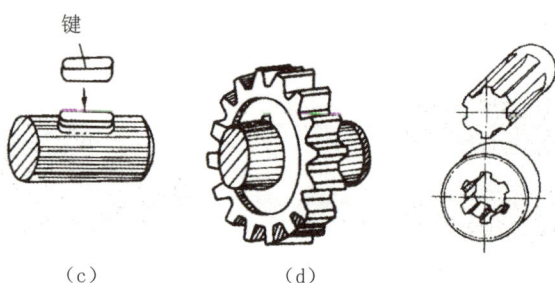

（a）　　　　　（b）　　　　　（c）　　　　　（d）

图 2-1-72　平键　　　　　　　　　　　　　图 2-1-73　花键

③销连接

销连接可以用来实现定位，传递横向力或转矩，以及作为安全装置中的过载切断零件。常用的销有圆柱销、圆锥销和开口销等（图 2-1-74）。

（a）圆柱销　　　（b）圆锥销　　　（c）内螺纹圆锥销　　　（d）开尾圆锥销　　　（e）销轴和开口销

图 2-1-74　常用的销

④联轴器

联轴器是将两轴连接在一起，只有在机器停止转动后，才能将两轴拆卸开的装置，常用的有凸缘联轴器，如图 2-1-75 所示。将两个凸缘联轴器分别装在两轴的轴端，利用螺栓连接两个联轴器来实现两轴的连接。凸缘联轴器与轴则采用键连接。

图 2-1-75　凸缘联轴器

6. 轴系部件

前面所述的轴、齿轮、轴承、轴承盖、键、联轴器、套筒等零件共同形成了一个以轴为基准，所有轴上零件都围绕轴心线做回转运动的组合体——轴系部件，用来传递旋转的运动和动力。

7. 认识装配图

装配图是用于表达机器或部件的工作原理——各零部件之间的装配关系、连接方式及结构形状的图样，它反映出设计者的设计思想。装配图包括总装配图和部件装配图，总装配图表示整台机器的图样；部件装配图则表示一个部件的图样。装配图是生产中的主要技术文件之一。在生产一部新机器或者部件的过程中，一般要先进行设计，画出装配图，再由装配图拆画出零件图，然后按零件图制造零件，最后依据装配图把零件装配成机器或部件。在对现有的机器和部件进行检修的工作中，装配图是必不可少的技术资料。

装配图一般应包括以下几部分。

①必要的视图：用于正确、完整、清晰、合理地表达机器或部件的工作原理、各组成零件间的相互位置、装配关系及主要零件的结构形状。

②必要的尺寸：装配图只需标注出反映机器或部件的规格、外形、装配、安装所需的必要尺寸和一些重要尺寸。

③技术要求：指的是用视图难以表达清楚的技术要求，通常采用文字或国家标准规定的符号等补充说明机器或部件的加工方式、装配方法、检验要点和安装调试手段、表面油漆、包装运输等。技术要求应该工整地注写在视图的右方或下方。

④零部件的编号（序号）明细栏和标题栏：为了便于查找零件，在装配图中，对每一种零件编写序号，并在明细栏中依次列出零件序号、名称、数量、材料等。注意相同的零、部件只编写一次序号。同时填写好标题栏，方便生产图样的管理。

8. 教学设备及实践成果展示

教学设备：轴系结构设计实验箱（图 2-1-77）。

实践成果展示：按照图 2-1-76 所示的小直齿轮轴系装配图完成的轴系部件（图 2-1-78）。

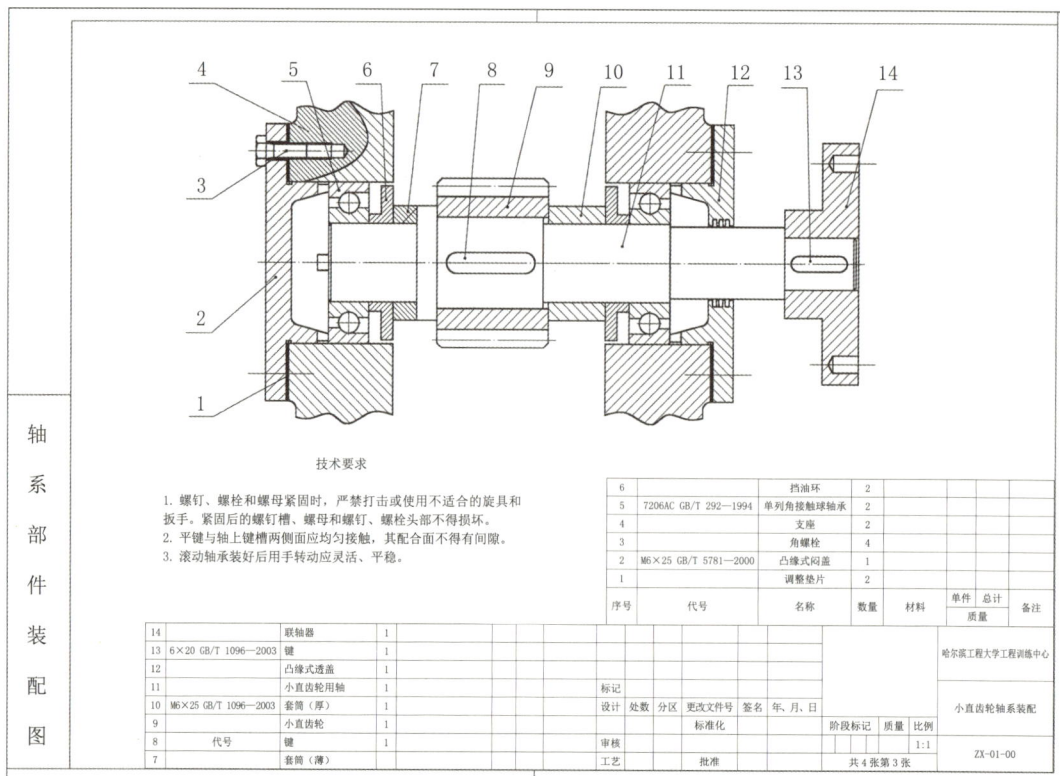

图 2-7-76　小直齿轮轴系装配图

技术要求

1. 螺钉、螺栓和螺母紧固时，严禁打击或使用不适合的旋具和扳手。紧固后的螺钉槽、螺母和螺钉、螺栓头部不得损坏。
2. 平键与轴上键槽两侧面应均匀接触，其配合面不得有间隙。
3. 滚动轴承装好后用手转动应灵活、平稳。

轴系部件装配图

6		挡油环	2			
5	7206AC GB/T 292—1994	单列角接触球轴承	2			
4		支座	2			
3		角螺栓	4			
2	M6×25 GB/T 5781—2000	凸缘式闷盖	1			
1		调整垫片	2			
序号	代号	名称	数量	材料	单件 总件 质量	备注

14		联轴器	1		
13	6×20 GB/T 1096—2003	键	1		哈尔滨工程大学工程训练中心
12		凸缘式透盖	1		
11		小直齿轮用轴	1	标记	
10	M6×25 GB/T 1096—2003	套筒（厚）	1	设计 处数 分区 更改文件号 签名 年、月、日	小直齿轮轴系装配
9		小直齿轮	1	标准化	阶段标记 质量 比例 1:1
8	代号	键	1	审核	ZX-01-00
7		套筒（薄）	1	工艺 批准	共 4 张第 3 张

图 2-1-77　轴系结构设计实验箱

图 2-1-78　小直齿轮轴系装配

任务 2.1.2　简单机械系统装配

1.目的及要求

①了解机械系统的组成及其作用。

②初步了解常用机械传动、常用机构的特点及应用，并能够初步识别和表达，为解决建造工程的复杂工程问题奠定工程思维基础。

③初步建立装配工艺与质量的概念，遵守安全操作规程，培养团队合作精神；养成耐心细

致、认真负责的工作态度和良好的劳动习惯。

④培养责任意识、工程素养和精益求精的工匠精神。

2. 实践内容

初步体验简单机械运动的设计并搭建如下简单机械系统。

手轮 + 蜗轮蜗杆减速器 + 直齿轮传动 + 带传动（或链传动）+ 工作机构（图 2-1-79）。

转动手轮，经过机械传动，完成以下产品的动作输出。

①汽车窗雨刷器的往复摆动。

②平移门的开或关。

③两扇旋转门的同时开启或关闭。

④起重机运输重物时的近似水平移动。

⑤实现间歇自动送料，每隔一定时间将工件送到流水线上（图 2-1-80）。

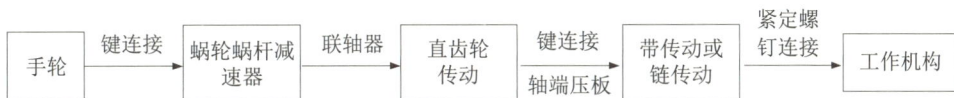

图 2-1-79　搭建简单机械系统

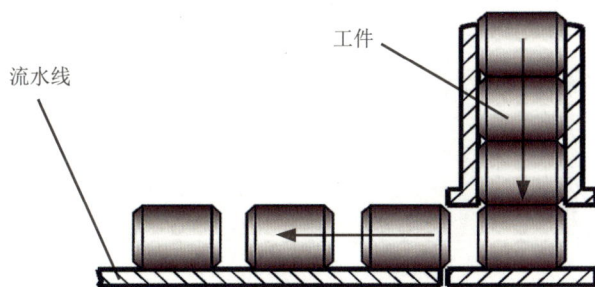

图 2-1-80　间歇自动送料示意图

3. 知识链接

①机构、构件和移动副等基本概念。

②常用的机械传动。

③铰链四杆机构与其他常用机构。

④常用零件。

4. 操作步骤

①装配直齿轮传动。

②阅读机构运动实验台操作说明书，了解零件安装方法，根据实践内容装配工作机构，详见表 2-1-1。

表 2-1-1　工作机构装配步骤

步　骤	装　配	备　注
1	移动主动轴和从动轴的支承滑块，调整机架的长度，如图 2-1-81 所示	支承滑块的水平移动：实验台机架中有 3 根铅垂立柱，旋松安装在上、下横梁上的立柱紧固螺钉，并用双手移动立柱到需要的位置后再旋紧
		支承滑块的上下移动：将支承滑块上的内六角螺栓旋松，将支承滑块移动至所需位置，再紧固即可
2	将主动轴或从动轴的尾端穿过支承滑块的孔，用螺母紧固，如图 2-1-81 所示	—
3	选取合适长度的连架杆，并与轴连接。将层面限位套和杆件一端的大孔依次插入轴的前端，并用螺钉（分压紧螺钉和非压紧螺钉两种）固定，如图 2-1-82 所示	①主动轴：主要用于提供主动力，两端均可安装零件，即尾端可与从动带轮（或从动链轮）装配；②主动轴需要带动连架杆一起转动：选用较长一些的层面限位套，采用压紧螺钉压到层面限位套上，并同时压紧连架杆
		①从动轴：只有一端可安装；②从动轴与连架杆可以自由转动：选用较短一些的层面限位套，采用的非压紧螺钉不能压到层面限位套上
		①压紧螺钉与非压紧螺钉的区分，如图 2-1-83 所示；②主动轴与从动轴的区分，如图 2-1-84 所示
4	连架杆与连杆的连接	①可用复合铰链进行连架杆与连杆之间的连接，如图 2-1-85 所示；②可用复合铰链沿固定的杆件形成移动副，将复合铰链插入杆件中间的槽，并用较短一些的层面限位套和非压紧螺钉（不能压到层面限位套上）固定，如图 2-1-86 所示

注意：　拼装时，应以机架铅垂面为参考平面，由里向外拼装。应保证各构件均在相互平行的平面内运动，这样可避免各运动构件之间的干涉，同时保证各构件运动平面与轴的轴线垂直

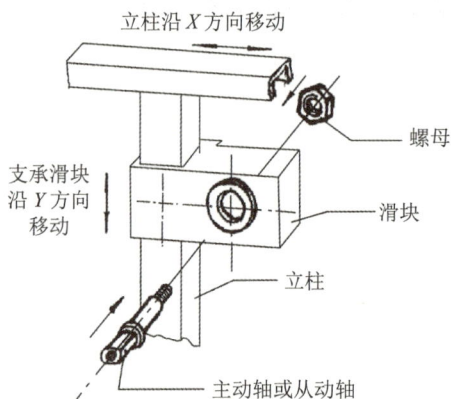

图 2-1-81　轴与支承滑块的连接　　　　图 2-1-82　轴与连架杆的连接

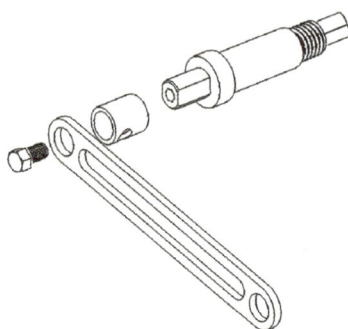

③装配带传动（或链传动），完成机械系统的搭建。

④转动手轮，经过机械传动输出要求的动作，各部分运转顺畅，不会卡住或掉落；直齿轮传动的零件不会沿轴向移动，没有遗漏或错装。

（a）压紧螺栓　　　　　（b）非压紧螺栓

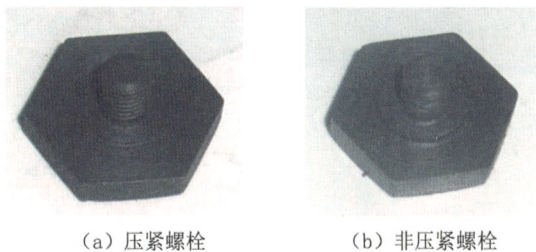

图 2-1-83　压紧螺钉与非压紧螺钉的区分

这一端可装配
带轮（或链轮）

（a）主动轴　　　　　　　　　　　　　（b）从动轴

图 2-1-84　主动轴与从动轴的区分

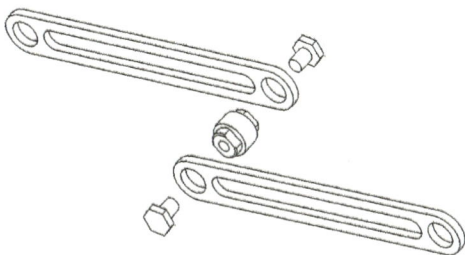

图 2-1-85　连架杆与连杆的连接　　　　　图 2-1-86　移动副的连接

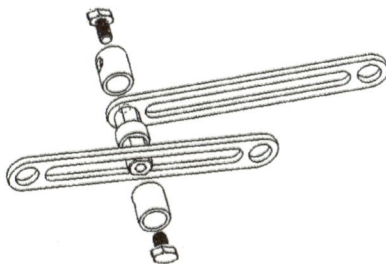

5. 项目思考题

①将旋转运动转换为直线运动，可以采用哪些机械结构实现？

②采用什么样的机械结构可以将旋转运动转换为往复摆动？

③采用什么样的机械结构可以改变旋转轴线的方向？

2.2　工程中的风险——以机械装置为例

徐匡迪先生说："工程是人类的一项创造性的实践活动，是人类为了改善自身生存、生活条件，并根据当时对自然规律的认识，而进行的一项物化劳动的过程……"从工程是造物活动的意义上讲，工程与生产相关。进入工业时代，机器生产代替了手工业生产，在极大地降低了成本、提高了生产效率的同时，也给人类社会带来了很大的风险。随着科学技术的迅速发展与应用，工程风险也进一步加剧。

产品全生命周期是产品从计划、设计、建造、使用到结束的整个时间。工程风险是在工程建造阶段和投入运行后，自然灾害和各种意外事故发生而造成的人身伤亡、财产损失和其他经济损失的不确定性的统称。

2.2.1　建造阶段的工程风险

1. 齿轮箱中典型零件加工危险源

（1）车削加工危险源概述

①轴的车削加工

齿轮箱中的轴一般为直轴。直轴的外圆、端面和中心孔可以采用车削加工。车削是指在车床上用车刀进行切削、加工工件的方法，其利用工件的旋转运动和刀具的直线运动或曲线运动来改变毛坯的形状和尺寸。车床是最基本、最常见的机械加工设备。车削适用于加工轴类、盘类、套类和其他具有回转表面的工件。

②车削加工危险源

使用车床进行车削加工的过程中，车床的旋转部分，比如钻头、车床旋转的工件、卡盘等，一旦与人的衣服、袖口、长发、围在脖子上的毛巾、手上的手套等接触，可能发生缠绕或卷入，人身体的某部位瞬间进入高速运转的机床，发生人身伤亡事故。车削过程中飞出的切屑可能割伤皮肤或者伤到眼睛，高温切屑还会导致烫伤。如果工具、工件没有夹紧，或者工具没有撤走，运转中甩出去可能导致人员受伤。

③机械伤害

在产品制造过程中使用大量的机械设备，容易发生机械伤害事故。这里的工程风险通常指的是机械伤害，是机械强大的功能作用于人体的伤害。机械性伤害主要指机械设备运动（或静止）部件、工具、加工件直接与人体接触引起的夹击、碰撞、剪切、卷入、绞、碾、割、刺等形式的伤害。各类转动机械的外露传动部分（如齿轮、轴、履带等）和往复运动部分都有可能对人体造成机械伤害。机械伤害人体最多的部位是手。

【案例 1】

某公司机械加工车间三级车工张某，在车床上加工零件。他用 185 转 / 分的车速，校好零件后，没有停车，右手就从转动零件上方跨过去拿千分表。由于人体靠近零部件，衣服下面两个衣扣未扣，衣襟敞开，被零部件的突出支臂勾住。一瞬间，张某的衣服和右部身体同时被绞入零部件与轨道之间，头部受伤严重，抢救无效死亡。

这是一起严重违反操作规定和护品穿戴不规范而引发的死亡事故。从事机械加工的人员必须穿戴好劳保衣物、护具等，上衣要求"三紧"，即领口紧、袖口紧和衣扣紧，防止工人俯身时，衣物被卷进机械，对人员造成伤害（图 2-2-1）。女工要戴好工作帽。同时规定不准跨过转动的零部件拿取工具。经验教训告诉我们，遵章守纪，安全才有保障。

图 2-2-1　机械加工事故

（2）铸造危险源概述

①箱体毛坯的铸造

齿轮箱的箱体毛坯一般采用铸造成形。铸造是将金属熔炼成符合一定要求的液体并浇进铸型型腔中，经过冷却凝固、清整处理后得到有预定形状、尺寸和性能的铸件的工艺过程。铸造适合生产形状复杂，特别是内腔复杂的零件，如复杂的箱体、发动机气缸体等。

②铸造危险源

在浇铸的过程中，如果违反技术流程，熔融状态的高温钢水或者铁水接触到水体、水气，就可能发生爆炸。2012 年 2 月 20 日，鞍钢重型机械有限责任公司铸钢厂铸造车间，在浇铸一大型钢件时发生爆炸，钢水向周围喷溅，喷溅区域半径有 40 米左右，高度在 36 米以上，温度超过 1 400 ℃，造成 13 人死亡、17 人受伤。事故的直接原因是型腔底部残余水分过高，钢水进入型腔后，残余水分受热，短时间内迅速膨胀，造成爆炸。

铸造过程中会产生有毒有害物，如有机黏结剂制芯与造型时会散发出游离甲醛、游离酚、三乙胺等，浇注后会产生 CO、CO_2、甲苯等有害气体，长期吸入人体会严重损害身体健康。铸造过程中还会产生大量的粉尘。粉尘是指悬浮在空气中的固态微小颗粒。工业生产中粉尘的产生不仅危害作业人员的身体健康，造成严重的职业病，而且会污染环境。粉尘达到一定浓度可能会发生火灾或爆炸。

【案例2】

2022年4月3日，广东某铸造厂铸造井发生爆炸事故，事故造成4人死亡、1人受伤。经初步调查判断，事故原因如下。

①现场工人违反操作规程，现场监护人员擅自脱岗。模盘右端其中一个结晶器铸穿导致铝液泄漏长达1分32秒没有被发现，也没有及时处置。大量高温铝水流入铸造深井，造成铸造深井的冷却水瞬间气化产生爆炸，爆炸再次引起邻近的铝加工铸造深井爆炸（图2-2-2）。

②企业本质安全水平低。固定熔炼炉高温铝水出口未设置机械式锁紧装置；深井铸造结晶器等水冷元件的冷却水系统仅配置报警装置，没有配置紧急切断联锁装置，不符合国家铝加工企业安全生产要求。报警设置存在缺陷，事故发生时没有报警。

③企业的高管、现场设备主管和工艺主管对国家铝加工企业安全生产要求一问三不知，安全生产管理十分混乱。

此次事故再次向铸造行业企业敲响安全生产警钟，只有做好安全防范工作，才能有效规避风险。

图2-2-2　铸造井发生爆炸事故

2. 建造阶段工程风险的来源及防范

（1）建造阶段工程风险的来源

工程在施工建造阶段会受到很多因素的影响，是一个复杂的过程，也是很容易出现工程风险的过程，可能给自然环境、特定人群和人类社会带来伤害。因此，必须强化安全生产意识，筑牢安全生产防线。安全是在人类生产过程中，将系统运行状态下对人类的生命、财产、环境可能产生的损害控制在人类能接受的范围内。安全的定义是：免除了不可接受的损害风险的状态。

由于工程类型的不同，引发工程风险的因素是多种多样的。总体而言，在工程建造阶段，施工风险的来源主要有以下四种。

①人的不安全行为

行为在现代汉语词汇中的基本含义是举止行动，指受思想支配而表现出来的外表活动。如做出动作、发出声音、做出反应。

人的不安全行为是指人员缺乏安全知识，疏忽大意或采取不安全的操作动作等而引起的事故，包括操作错误、忽视安全、忽视警告；造成安全装置失效；使用不安全设备；手代替工具操作；物体（指成品、半成品、材料、工具等）存放不当；冒险进入危险场所；攀坐不安全位置（如平台护栏等）；在起吊臂下作业、停留等违章指挥、违章操作、违反劳动纪律的行为。

人的不安全行为是主观的，同时人的不安全行为是动态的。

②物的不安全状态

在 GB 6441—86《企业职工伤亡事故分类》中，将物的不安全状态分为以下四大类。

a. 防护、保险、信号等装置缺乏或有缺陷，无防护，防护不当等。

b. 设备、设施、工具、附件有缺陷。设备生命周期中各环节的安全隐患都可能导致机械伤害的发生，如设计不当，结构不符合安全要求、强度不够，设备在非正常状态下运行、维修、调整不良等。

c. 个人防护用品、用具缺少或有缺陷。无个人防护用品、用具或所用的防护用品、用具不符合安全要求。个人防护用品用具包括防护服、手套、护目镜及面罩、呼吸器官护具、听力护具、安全带、安全帽、安全鞋等。

d. 生产（施工）场地环境不良。例如，照明光线不良、通风不良、作业场所狭窄、作业场地杂乱、交通线路的配置不安全、操作工序设计或配置不安全、地面滑、贮存方法不安全、环境温度和湿度不当等。

物的不安全状态是客观的，同时物的不安全状态是静态的。

③管理缺陷

安全生产管理是对安全生产工作进行的管理和控制。安全生产管理制度是为了保障安全生产、控制风险，将危害降到最小而制定的一系列条文。

技术和设计上有缺陷，对人的行为偏差、工作失误控制的缺陷，工艺过程、作业程序控制的缺陷，违反人机工程原理等引发工程施工风险的因素，必然存在着用人管理、生产管理、对相关方（供应商、承包商等）风险管理以及风险控制等方面的管理缺陷。

④环境的不安全条件

从法理上说，施工过程中环境的不安全条件一般局限于不可抗力。不可抗力事件主要包括波及的战争、波及的动乱事件、空中飞行物体坠落、恐怖事件、六级以上的地震、其他气候气象自然灾害等。

（2）建造阶段工程风险的防范

①预防与防范主要措施

预防为主指把预防生产安全事故的发生放在安全生产工作的首位，努力做到事前防范，而不是事后补救。按照系统化、科学化的管理思想，按照事故发生的规律和特点，千方百计预防事故发生，做到防患于未然，将事故消灭在萌芽状态。

a. 安全技术管理措施。必须在危险源识别、评估基础上，编制施工组织设计和施工方案，制定安全技术措施和施工现场临时用电方案；对危险性较大分部分项工程，编制专项安全施工方案。项目负责人、技术负责人和专职安全员应按分工负责安全技术措施与专项方案交底、过程监督、验收、检查、改进等工作；应对全体施工人员进行安全技术交底，并签字保存记录。

b. 安全教育与培训。职业健康安全教育是项目安全管理工作的重要环节，是提高全员安全素质、安全管理水平和防止事故，从而实现安全生产的重要手段。

c. 设备管理。设备管理是以设备为研究对象，追求设备综合效率与寿命周期费用的经济性，应用一系列理论、方法，通过一系列技术、经济、组织措施，对设备的物质运动和价值运动进行全过程（规划、设计、制造、选型、购置、安装、使用、修理、改造、报废直至更新）的科学管理，是企业管理的一个重要部分。

在企业中，设备管理搞好了，才能使企业的生产秩序正常，做到优质、高产、低消耗、低成本，预防各类事故，提高劳动生产率，保证安全生产。

d. 安全技术措施。安全技术措施是指运用工程技术手段消除物的不安全因素，实现生产工艺和机械设备等生产条件本质安全的措施。

防止事故发生的安全技术措施主要有消除危险源、限制能量或危险物质、隔离、故障 - 安全设计、减少故障和失误等。

减少事故损失的安全技术措施主要有隔离、设置薄弱环节、个体防护、避难与救援等。

②安全应急预防措施

a. 机械伤人事故预防措施。施工机械使用过程中应有定期检测方案；施工现场应有施工机械安装、使用、检测、自检记录；机械设备不用时立即拉闸关电；做好定期机械设备运转记录；建立定期维修检查制度。

b. 触电预防措施。做到电器设备的设置应符合要求并应做好防护；安全用电技术措施、保护接地、保护接零、设漏电保护器；建立电工岗位责任制、电器维修制度、安全检查和安全教育培训制度等。

c. 易燃、易爆危险品引起火灾、爆炸事故预防监控措施。施工现场易燃、易爆物品使用是引起火灾、爆炸的主要原因，所以施工现场在使用油漆、汽油等挥发性、易燃性的原料时，禁止使用明火作业或吸烟，同时应加强通风，使作业场所有害气体浓度降低。

2.2.2 运行阶段的工程风险

工程是根据人类需求创造出来的，自然界中并不存在的人工物，包含自然、科学、技术、社会、政治、经济、文化等诸多要素。由于工程活动的体系复杂、规模庞大、涉及因素众多，工程在某种程度上具有不确定性与不可控性。工程在建成投入运行后，如果对工程系统不进行定期的维护和保养，或者受到内外因素的干扰，工程可能出现难以预料的后果，给自然环境和特定人群甚至整个人类社会带来危险。

【案例3】紧急迫降——飞机起落架事故

1998年9月10日19时38分，一架注册号为B-2173的波音客机正在执行MU586次航班飞行任务，整机搭载120名乘客和17名机组人员。机长倪介洋、副驾驶严宝弟、机械师赵永亮和报务员鲁舸密切配合。倪介洋收起落架时，发现前起落架红色信号灯不灭，说明前起落架没有收好。飞机升到900米时，倪介洋按照检查单程序又做了一次收起落架动作，发现红色信号灯仍在闪亮。倪介洋意识到飞机故障的严重性，经地面塔台同意决定返航。

经地面塔台同意，倪介洋要采取在空中"甩放"的办法。一套急上升、侧滑、大坡度盘旋动作做完了，但离心力作用并未能把前轮"甩放"下来。赵永亮是一名有20多年经验的老机务，他二话没说，拿起一把斧子，用尼龙绳拴着腰部就钻进去了，使劲用斧子敲打前起落架被卡住的地方，费了很大的劲儿却不见松动。"甩放"不成，斧头又敲不下来，倪介洋决定采用"试着陆"的方法，即驾驶飞机按正常着陆，试图让起落架在跑道上接地时靠"足敦"的力量把前起落架"足敦"下来，飞机再升空。在地面人员的精心指挥下，倪介洋驾机转了两个大圈子，连续着陆"足敦"了两次，前起落架仍纹丝不动。唯一的办法只有迫降。

倪介洋通知主任乘务长徐焕菊组织乘客尽量坐在中部和尾部，反复教他们做好迫降的动作。严宝弟把持油门，并在旁边提醒倪介洋，待主轮一接地后立即拉第一发动机和第三发动机反喷至慢车位置，赵永亮负责拉下减速板和所有发动机总开关，并对发动机实施灭火，当飞机停稳后立即接通紧急撤离电铃。23 时 07 分，倪介洋驾驶飞机下滑，飞机以"轻两点"姿态着陆了，在机头擦地的一刹那，跑道上划出一道道闪亮的火星，令人心都提到嗓子眼儿上了（图 2-2-3）。在滑行 380 米之后，飞机稳稳地停在跑道上。"迫降成功了！"在所有乘客从应急滑梯上跳下去之后，机组人员才离开 B-2173 号飞机。这件事在 1999 年被上海电影制片厂拍摄成电影《紧急迫降》，这部电影也是我国第一部航空事故题材的电影。

图 2-2-3　飞机起落架事故

经过调查发现，故障原因是飞机前起落架的销子发生断裂导致起落架失控并卡住。经过鉴定后专家发现，该飞机销子中有一些金属成分过高，导致成分结构不能承受飞机运行时的压力，从而发生了断裂。

思考：
①此次起落架事故产生的原因是什么？
②我们在事故中得到了什么样的经验教训？

【案例 4】湖北荆州"7·26"自动扶梯事故

2015 年 7 月 26 日，湖北省荆州市安良百货集团有限公司自动扶梯发生故障，一名乘梯女士因踩到了松动的扶梯踏板，被卷入缝隙之中不幸遇难。事故电梯出厂日期为 2014 年 7 月 1 日，并于 2015 年 3 月 16 日经湖北省特种设备检验检测研究院检测合格。然而，在不到 4 个多月的时间，这部自动扶梯就发生机械伤害事故。

2015 年 7 月 29 日，官方公布首份湖北荆州"7·26"电梯安全生产一般事故技术调查报告。经专家现场勘查初步认定事故原因。

1. 直接原因

调查报告认定，事故的直接原因是前沿板与盖板之间连接出现松动。

自动扶梯两端分别为上机房和下机房。上机房为启动机房，下机房为转向机房，本次事故发生在上机房处。上机房盖板一共由3块组成，靠近梯级的第1块为前沿板，后面2块分别为盖板1和盖板2。正常运行情况下，前沿板与盖板1之间紧密连接。发生事故时，当事人踏在已松动翘起的盖板1最末端时，盖板发生翻转，当事人坠入上机房驱动站内防护挡板与梯级回转部分的间隙内。

2. 间接原因

调查报告认定，事故的间接原因是工作人员发现故障后应急处置措施不当；事故现场工作人员未能及时关停电梯。

据监控视频显示，发生事故5分钟前，该商场工作人员发现盖板有松动翘起现象，报告后未得到有效指令，未采取停梯等有效应急处置措施。湖北省荆州市安良百货集团有限公司安全生产主体责任未落实到位。公司在电梯安全监管大会战自查工作中未落到实处，并缺少对员工进行电梯的应急培训和演练，导致事故现场工作人员未能及时关停电梯。

3. 主要原因

调查报告认定，事故的主要原因是盖板结构设计不合理；产品安装成型后三盖板间水平活动范围过大。

申龙电梯股份有限公司的该类型产品涉及的盖板结构设计不合理，容易导致松动和翘起，安全防护措施考虑不足。

4. 次要原因

调查报告认定，事故的次要原因是湖北德富机电设备有限公司质量体系运行不够规范，维保记录填写不全。

调查结论：根据《中华人民共和国安全生产法》《中华人民共和国特种设备安全法》，事故调查组认为申龙电梯股份有限公司和湖北省荆州市安良百货集团有限公司对此次事故应负主要责任，湖北德富机电设备有限公司对此次事故负相关次要责任。

2.3 工程中的风险与安全保障

2.3.1 工程风险的来源

【案例1】燃烧的渡轮——挪威近代史上最大的船舶灾难

1971年建造的"斯堪的纳维亚之星"号是一艘大型客货两用渡船，从1990年开始，往来于挪威奥斯陆和丹麦法特里斯港之间。但由于航线运营计划的上马过于仓促，船上的许多船员都是刚招募的新手，他们仅仅接受了10天的海事安全培训。而按照国际惯例，船员应该接受5~6周的培训。此外。船员中不少是菲律宾人，他们既不会讲挪威语，也不会说英语。

1990 年 4 月 7 日凌晨 2 点，载有 383 名乘客的"斯堪的纳维亚之星"号在开往丹麦法特里斯港的途中，突然有两处火苗从第三层甲板的乘客区蹿出（根据事后调查，怀疑是有人故意放火）。虽然"斯堪的纳维亚之星"的舱壁带有防火石棉材料，但由于这些石棉都被裹上了一层易燃的塑料装饰物，所以火苗迅速转变为熊熊大火并在船舱内蔓延。最可怕的是，这些易燃塑料燃烧后产生大量有毒烟雾，不少还在睡梦中的乘客被毒烟呛死。此外，第三层甲板的排气扇也将有毒烟雾扩散至第四层和第五层甲板。当船长获悉火情后，下令关闭第三层甲板的舱门以阻止大火蔓延。但不幸的是，船上的舱门不是远程控制的自动门。面对当时的火势，任何人都不可能下到第三层甲板手动关闭舱门，大火逐步向各层甲板蔓延。由于火情已无法控制，船长下达了弃船令，并发出求救信号。此时，船上的乘客已乱作一团，他们无法与不懂挪威语和英语的菲律宾船员沟通，大量有毒烟雾使他们找不到紧急逃生口。在这样的混乱局面下，大火吞噬了许多乘客的生命。而船长及其船员却抛下乘客，先行从地狱般的渡船撤离。最终，"斯堪的纳维亚之星"号的残骸被赶来的救援船只拖往瑞典莱斯科海港，当地的消防队用了数小时才扑灭船上的余火（图 2-3-1）。大火带走了 159 条生命，根据法医鉴定，其中 125 人是因 CO 中毒而亡。

图 2-3-1 "斯堪的纳维亚之星"号渡轮事故

这次火灾直接导致了《国际海上人命安全公约》（SOLAS）的 1992 年修正案的实施。经过调查发现，乘客经常活动的咖啡馆、超市和修理部与载运汽车的甲板在同一层，造成人车处于同一区域，容易发生管理混乱；各层甲板的消防栓长期不使用，又疏于维护和保养，也没有专人定期检查，几乎都处于锈死的状态。而且，所有的救生艇因为上述同样的原因也形同虚设。另外所有出入口的门都没有自动关闭装置，发生火灾后不能将火灾限制在某一固定的区域。广播系统也长久失灵，未能将船长的指令迅速地通知给船上的所有乘客和船员。

在 SOLAS 1992 年版修正案中，针对以上各个问题，包括防火分隔、阻燃材料的使用等火灾抑制手段得到了强化，增加了"中央控制站"的定义，对客船的车辆处所的"剩余恢复力臂"做了详细说明。另外针对载客超过 36 人的客船增加了多项要求，例如，消防员装备的数量、A 类机器处所需要安装固定灭火系统、通风管道通过危险区域时应设有带自闭装置的防火风闸等。

最后，这版修正案中还增加了对驾驶室和机舱之间的通信要求，更新了主竖区的定义和消防栓的最低压力要求，对固定式探火系统和失火报警系统做了详细规定，增加了防火控制图的要求，提出了可燃材料的限制，并明令禁止新船安装卤代烷灭火剂等。

除此以外，国际海事组织（IMO）还发现，SOLAS 在履行中存在一系列不完善的方面，认识到仅制定和执行船舶的技术规范与标准，但缺乏一个行之有效的管理体系的支持，不能保证船舶安全和防止船舶污染。1992 年 4 月，IMO 制定了《国际安全管理规则》（ISM）。1994 年 5 月 24 日，IMO 正式通过决议，将《国际安全管理规则》纳入 SOLAS 第九章。根据 ISM 规定，负责船舶营运的公司和其营运的船舶应建立一套科学、系统和程序化的安全管理体系。

ISM 旨在提供一份船舶安全操作和防污染管理的国际标准。它要求各国政府采取措施，保障船长正当履行其安全职责、要求有适当管理组织以满足船上高标准安全需要；强调良好的安全管理基础来自领导层的重视；要求公司必须建立规范化的安全管理系统（SMS），由主管机关或其认可机构验收，给合格公司签发相关证书，给该公司合格船舶签发安全管理证书，以便将不合格的船公司或船舶排挤出国际航运市场，确保海上安全。

思考：
结合本案例，分析工程在建成投入运行后的风险来源，以及如何防范？

由于工程类型的不同，引发工程风险的因素多种多样，总的来说，工程风险主要由以下三种不确定因素造成：工程中的人为因素的不确定性、工程外部环境因素的不确定性和技术因素的不确定性。

①工程设计缺陷、施工质量缺陷和操作人员失误、渎职等人为因素是导致工程风险的重要因素。如在"斯堪的纳维亚之星"号渡轮事故中人为因素是导致事故发生的主要原因。

②良好的外部环境是保障工程安全的重要因素。

工程的外部环境因素可以分为意外气候条件和自然灾害等因素。

气候条件是工程运行的外部条件。任何工程在设计之初都有一个抵御气候突变的阈值。在阈值范围内，工程能够抵御气候条件的变化，而一旦超过设定的阈值，工程安全就会受到威胁。以水利工程为例，当遇到汛期，严重的洪水可能导致大坝漫顶甚至溃坝事故，使得洪水向中下游蔓延，给中下游造成巨大的经济、人员等损失。

自然灾害对工程的影响也是巨大的。2011 年 3 月 11 日，日本东北海域发生 9.0 级地震，并引发高达 10 米的强烈海啸。地震导致东京电力公司下属的福岛核电站运行机组失去场外交流电源，紧接着，海啸又导致其内部应急交流电源及柴油发电机组失效，反应堆冷却系统的功能全部丧失并引发事故。2011 年 4 月 12 日，日本经济产业省原子能安全保安院认为，福岛核电站大范围泄漏了对人体健康和环境产生损害的放射性物质，核泄漏事故等级确定为最严重的七级。核电站的选址是非常关键的，重要的一点是要尽可能远离地震活动带和易发生地质灾害的地质构造环境。由于日本国土狭窄，本身就处在环太平洋火山带上，地震威胁不容忽视，尽管很多专家和公众曾强烈反对日本建造核电站，但是，出于经济利益考虑，日本仍然建造了大量核电站。有相关业内人士表示，福岛核电站是一个目前在技术上已经落后的单层循环沸水堆，只有一条冷却回路，安全性本身就存在着一些问题。一旦冷却系统出现故障，即使停堆，反应堆的温度也会快速升高，进而引发燃料熔化等事故发生。对于日本这一地震频繁的国家，使用这样的结构非常不合理。事故暴露出日本福岛核电站的安全设计理念，未能充分考虑自然界的演变和发展规律，对自然灾害小概率事件缺乏足够的认识，没有充分估计其危害性。

③人类认识事物的局限性和科学技术的不成熟也可能带来工程风险。

在工程设计和风险评估中未曾预料到的，或忽略掉的因素，最终会产生对环境和人类社会的危害。在工程建造完成并投入运行后的漫长时间里，我们会发现，许多负面影响是在设计时没有考虑完善，甚至是根本没有考虑到的。

双对氯苯基三氯乙烷(DDT)是第一个被人工合成的高效有机杀虫剂。第二次世界大战期间，其在疟疾、痢疾等疾病的治疗方面大显身手，救治了亿万生命；以 DDT 为代表的有机农药的使用成为粮食增产必不可少的重要手段，每年减少的损失约占世界粮食总量的 1/3。但是，20 世纪 60 年代，科学家们发现，DDT 在环境中很难降解，DDT 进入食物链，是导致一些食肉和食鱼的鸟接近灭绝的主要原因。DDT 由于其累积性和持久性导致对人类健康与生态环境的潜在危害，而遭到禁用。

2000 年 7 月，世界著名科学杂志《自然》药物学分册发表了一篇由英、美两国科学家共同撰写的文章，指出目前全世界有 3 亿疟疾患者，每年死亡人数超过 100 万，其中绝大多数是地处热带地区的发展中国家儿童。世界卫生组织于 2002 年宣布，重新启用 DDT 用于控制蚊子的繁殖以及预防疟疾，以防登革热等在世界范围内卷土重来。2006 年 5 月，联合国环境计划总署召开会议，决定将 DDT 的生产和使用限于控制疟疾等疾病，如果用作生产除虫剂的生产原料，则需要登记豁免。世界上不存在无害的化工产品，却普遍存在着有害的使用方法。任何滥用、高度依赖化工产品的做法，获得了近期利益，却牺牲了长远利益。围绕 DDT 出现的一波又一波纷争，说明了自然科学和社会科学都是复杂的系统工程，简单的判断对与错都可能付出巨大的代价。

2.3.2　可接受的风险与风险评估

1. 工程风险的可接受性

风险是一种不确定性，它其实是一个概率问题。100% 无风险就是绝对的安全，但在现实中，这样的工程几乎是不存在的。由于工程系统内部和外部各种不确定因素的存在，无论工程规范制定得多么完善和严格，仍然不能把风险的概率降为零。因此，在对待工程风险的问题上，人们不能奢求绝对的安全，只能把风险控制在人们可接受的范围之内，安全其实是可接受的风险。可接受的风险取决于以下几个因素。

（1）这个风险是否是随机的、不可控制的

技术风险具有必然性，而非"异常事故"。高技术系统各部分之间的紧密结合性和复杂相关性使技术系统充满风险，不仅使事故发生成为可能，而且也使事故难以预测和控制。化工厂、核电站、太空站、核武器系统等都是复杂相关和紧密结合的技术系统。

如果一个过程是一个环节影响另一个环节，并且通常这种影响是在很短时间内实现的，那么这样的过程就是紧密结合的。在这样的紧密结合体中，通常没有时间留给我们去排除故障，并且，几乎不存在把故障局限在系统的某个部分内的可能性，所以整个系统都会遭到破坏。一家化工厂就是一个紧密结合体，因为工厂某个部分的失效将会迅速地影响到工厂的其他部分。

如果系统的各个部分以非预期的方式交互作用，那么这种过程也就具有复杂相关性。人们没有想到，当甲出现失误时，它会影响到乙。化工厂的各个部分彼此相互作用的反馈方式，具有复杂相关性，我们并不是总能预料。

在实践中，试图通过改变具有紧密结合性和复杂相关性的系统来减少事故的发生是有困难的。操作者能够独立地、创造性地对非预期的事件做出反应，要求分散系统来减少复杂性；同时操作者能够迅速地、准确无误地遵循指令，防止失误的发生或减小其影响，又要求聚集系统来解决紧密结合性，这是不可能的。一个既复杂又紧密结合的系统发生事故是不可避免的，在这个意义上说，事故是"正常的"。

在某种程度上，可以采取局部和自主的自动控制方法来防止复杂性所导致的失误，同时，用手工控制的方法来防止紧密结合性所导致的失误。

（2）这个风险是否是心甘情愿的

福特平托是福特汽车公司20世纪70年代生产的一种小型车，在问世7年中有近50场有关车尾爆炸的事故。设计师与管理者意识到油箱设计有安全隐患，容易在事故时自燃起火，福特公司知道这个缺陷，但是选择了隐瞒事实。福特平托汽车自燃事故的风险是消费者不能心甘情愿接受的，因为这是可以预测和避免的风险，是设计缺陷以及明知会发生伤害事故的情况下依然不更改设计而产生的风险。

（3）相关人员是否对相关的工程项目产生怀疑

1986年1月28日，"挑战者"号航天飞机在发射后的第73秒解体，机上7名宇航员全部遇难。发射前，一位工程师就已经发现由于气温过低，造成固定右翼燃料舱的O形环硬化，如果强行发射，可能发射失败。但是，公司最终还是决定发射。在这次事故中，工程师已经对项目的安全提出质疑，美国国家航空航天局（NASA）不愿意等到有风险的天气结束，管理者最后还是带着侥幸心理决定发射，因此，这就不是可接受的风险。

工程风险的可接受性具有相对性。面对同一工程风险，人们的主观风险判断不同。工程风险的可接受性也是人们对安全和危险的相对体验。10个亲友中可能有1个受到伤害，那么受到伤害的概率是1/10=10%，1 000人中可能有100个陌生人受到伤害，受到伤害的概率也是10%。客观的比例是相同，但是人们对前者感到更大的风险，因为亲友的伤害很容易形成记忆，很容易产生鲜明的图像，因此亲友受到伤害的风险就被夸大了。

既然没有绝对的安全，那么在工程设计的时候，就要考虑"到底把一个系统做到什么程度才算是安全的"这一现实问题。这就涉及工程风险的可接受性，也就是人们在生理和心理上对工程风险的承受与容忍程度。

要使工程系统更安全，一般意味着成本增加，这可能造成不必要的浪费，也可能让消费者负担不起；而成本降低，又会增大工程风险的概率。如果在任何条件下都要满足所有人或组织对安全的要求，既不可能也负担不起。因此，工程师必须在满足成本约束的条件下，在可接受的安全范围内设计和操作工程系统，预期的风险事故的最大损失程度在单位或个人经济能力和心理承受能力的最大限度之内。安全是一种可接受的风险程度。

2. 风险评估

为了确定工程系统的可接受安全水平，必须识别出风险，并把它量化。风险是一种含有负面效果或伤害的可能性和强度的一种测量，可以将风险定义为危害发生的概率和危害量级的乘积。

工程风险成为现代社会风险的一个重要来源，同时，由于工程的实施还可能引起其他社会风险，如工程移民问题、工程的成本与收益分配不合理而引起的社会公平问题等，因而，在工程实施前必须仔细地评估工程可能带来的负面影响。

工程的技术评估是指从技术可行性的层面来考察工程是否具有可行性，也就是说从技术层面上能够做到有把握避免工程失败，确保工程成功，因而评估工程的第一个指标必然是技术因素。技术的可行性和可靠性是工程的首要问题。

对于工程，不能仅仅考虑技术上可行，"能够"并不意味着"应当"。工程活动在创造丰富的物质财富、造福于人的同时，也可能危害于人，给人类带来难以想象的风险，使得当下的世界变得越来越复杂与不确定。正如原子能既可以用于发电，也能用于制造毁灭性的武器威胁人类的生存。为了有效规避工程风险，有必要进行全面的项目可行性论证和风险评估，全面分析项目该不该做以及怎么做。一个好的工程，必然经过前期周密调研，充分考虑经济、安全、效益、环保、地理等相关因素，并针对一些不可控的意外风险事先制定相应的预警机制和应急预案。

2.3.3　工程风险的防范与控制

【案例 2】美国花旗银行大厦的补救

威廉·勒曼歇尔生平的得意之作是他于 1977 年设计的，坐落于纽约市中心曼哈顿区的花旗银行大厦。在这幢大厦的结构设计中，他以极富创造力的方式解决了一个令人困扰的设计难题。一座教堂坐落于街区的一角，需要在教堂之上再建造 59 层的大楼。为了解决这个难题，威廉·勒曼歇尔设计的大厦凌空跨越教堂，与传统办法不同的是，4 根凌空支柱位于大厦底边中点而非顶点，第一层相当于普通建筑的 9 层，为旁边的教堂留有足够的空间。

不过，大厦在设计之初遗漏了风暴冲击所造成的危险，没有计算从斜对角方向吹来的楼群风对大厦的影响。当他接到当地一所大学的学生打来电话之后，开始意识到该问题的严重性，当他计算出，若一些部位压力增加 40%，钢结构的应力将导致某些接口部位的压力增加 160% 时，他感到更加不安。这意味着，如果大厦某些部件遭遇"16 年一遇的风暴"（这种风暴每 16 年袭击曼哈顿地区一次），那么大厦就很可能会整体垮塌。

威廉·勒曼歇尔意识到，如实地公开他的研究结果将会把他的公司工程声誉置于非常危险的境地。不过，他迅速而果断地采取了行动。他先拟订了一份补救计划，对所需要的时间和花费做了预算，并立即将所有情况通知了花旗银行的业主。业主们的反应同样是果断的。威廉·勒曼歇尔提出的修复规划获得认可，并立即得到实施。当修复工程接近完工的时候，有一股飓风正沿海岸线向纽约袭来，幸运的是，这次飓风并没有给工程造成实质性的影响（图 2-3-2）。

图 2-3-2　美国花旗银行大厦的补救

虽然修复工程最终花费了数百万美元，但是各方面反应却是迅速而负责的。面对责任保险率增加的压力，威廉·勒曼歇尔让保险公司确信，因为他负责任的善后工作，防止了一个工程风险的发生，作为结果，责任保险率实际上是降低的。

工程总是伴随着风险，保障安全是工程师在工程活动中的基本义务和责任。所有的工程规范都把安全置于优先考虑的位置，都要求工程师必须把公众的安全、健康和福祉放在首位。

1. 在设计上必须重视安全

（1）工程设计思路是决定工程成败的关键

一份好的工程设计首先要经过充分考察，在考虑了各方各种要素后，经过专家和参与者多次商讨后得出。港珠澳大桥的总体设计理念包括战略性、创新性、功能性、安全性、环保性、文化性和景观性几个方面。大桥设计使用寿命 120 年，可抵御 8 级地震、16 级台风、30 万吨撞击以及珠江口 300 年一遇的洪潮。在港珠澳大桥岛隧项目中，工程师与工程共同体严格遵守设计标准规范，以严肃、严格、严谨的态度开展工程设计与创新，并在科学、系统的试验论证后得以实施，为工程的质量和安全提供技术标准保障，避免出现工程失败，造成重大的工程损失。

产品设计时，在满足使用功能和经济性要求的同时，还必须满足安全性和可靠性的要求。为了保证机械装备的安全运行，必须在结构设计、材料性能、零部件强度、刚度及摩擦学性能、运动及其动态稳定性等方面按照一定的设计理论和设计标准规范来完成设计，另外，可以采取安全技术措施，如设置安全防护和各种安全有效的安全装置来防止事故发生。

（2）风险分割设计

如果在设计中很难将风险降低到零，那么应该将风险分割设计，将风险控制在适当范围内。如在建筑内部采用防火隔墙、防火卷帘和防火门等防火分隔设施，将风险控制在适当的范围内。防火分隔设施是指在一定时间能把火势控制在一定空间内，防止火灾蔓延的分隔设施，不但可以在发生火灾的时候起到有效控制火势的作用，而且还可以在最大限度上降低火灾对人民生命和财产的威胁，减小火灾造成的损失，有利于人员的安全疏散，为消防救援提供重要条件和安全通道。满足消防疏散要求的防火分隔单元越多，建筑的防火安全性能越好。

（3）安全出口

提供安全出口是完善的工程项目的有机组成部分，如建筑物需要可用的火灾逃生出口；轮船需要救生艇，其空间要满足所有乘客和船员的需要；核电站的运行要求有疏散周围社区居民的现实方法；产生有害废弃物的工厂需要安全地处理危险产品和材料。世界上没有绝对安全的产品，或者永远不出故障的产品，工程师在产品设计时应该有预防措施，保证产品可以安全的失效、产品可以安全的抛弃、用户可以安全地逃离产品，这三个条件就叫作安全出口。"挑战者"号航天飞机由于所谓的技术复杂，避免过多的金钱花费以及日程紧张等原因，并没为宇航员准备逃生系统，最终导致宇航员全部牺牲。航天飞机在设计上是没有安全出口的。

2. 在建造阶段严格的质量控制

保证施工质量是工程的基本要求，是工程的生命线。施工质量的好坏是影响工程风险的重要因素。一旦出现施工质量问题，就可能留下安全隐患。相关人员必须严把质量关，避免出现工程施工缺陷。

2012 年 6 月，我国自行设计、自主集成研制的"蛟龙"号载人潜水器，在马里亚纳海沟创造了下潜 7 062 米的中国载人深潜纪录，也是世界同类作业型潜水器最大下潜深度纪录（图

2-3-3）。"蛟龙"号的观察窗与海水直接接触，面积大约 0.2 平方米的玻璃窗承受的压力有 1 400 吨重。将观察窗的玻璃与金属窗座之间的缝隙控制在 0.2 丝以下，是不容降低的设计要求，0.2 丝约为一根头发丝的 1/50。同时，观察窗玻璃不能用任何金属仪器接触测量，因为一旦摩擦出细小划痕，在深海重压之下就可能成为引发玻璃爆裂的起点。只有钳工顾秋亮能够实现这个精密度要求，他靠着眼睛观察和手上的触摸感觉，能够判断 0.2 丝的误差，这的确是神技，也是新时代工匠精神的集中体现。人们只有充分发扬工匠精神，才能打造高质量的产品。

图 2-3-3　"蛟龙"号载人潜水器

所有的工程施工规范都要求把安全置于优先考虑的地位。企业严格执行国家安全标准，以工程规范为施工建设准则开展工程作业，依据法律法规有效控制工程风险。

3. 完善的运行管理

（1）制定并严格遵守安全工作规程或安全规定

切尔诺贝利核事故被认为是历史上最严重的核电事故，也是首例被国际核事件分级表评为第七级事件的特大事故。1986 年 4 月 25 日，切尔诺贝利核电站 4 号反应堆计划关闭，以做定期的维修和测试，并借此机会来测试反应堆的蜗轮发电机能力，检查在电力损失的情况下是否仍有充足的电力供应给反应堆的安全系统。为了在更安全、更低功率情况下进行测试。操作人员断开了反应堆的安全系统，以保证安全系统不会因为实验操作而自动触发。1986 年 8 月出版的政府调查委员会报告指出，操纵员从反应堆堆芯抽出了至少 205 只控制棒，这类型的反应堆共需要 211 只，只留下了 6 只，而技术规范是禁止操作时在核心区域使用少于 15 只控制棒的，这严重违背了操作规程。

（2）建立工程预警系统是预防事故发生的有效措施

预警，就是在危险发生之前，根据观测的预兆信息或以往经验，向有关单位发出警告信号，并报告危险情况。通过工程预警系统的建设，可以在一定程度上提前预判工程风险的发生概率，从而提前做好应对风险的准备。

（3）万一出现某种风险时有恰当的应急预案

要有效应对工程事故，不应该是等到事故发生之后才临时组织相关力量进行救援，而是事先就应该准备一套完善的事故应急预案，这为保证迅速有序地开展应急与救援行动、降低人员伤亡和经济损失提供了坚实的保障，如为了加强消防安全工作制定的灭火和应急疏散预案。

日本福岛核电站爆发严重的核泄漏事故，地震和海啸的影响固然是重要因素，但是东京电力公司和日本政府在应急管理上指挥混乱，缺乏面对危机的应急预案，是造成严重核事故的最主要原因。没有科学、及时预测污染范围，安全疏散半径以福岛第一核电站为中心，半径从3千米逐渐扩大到10千米、20千米、30千米，整个疏散过程存在侥幸心理。对核事故应急救援工作没有做好充分的准备，接受国外援助迟缓，缺乏一支专业的、装备精良的核电消防应急救援队伍，更没有针对事故情况制定相应的应急预案。2011年4月12日，日本原子能安全与保安院将福岛第一核电站的核泄漏等级由5级提高到7级。

只有按照科学规律，及早研究和制定应急救援预案，在事故发生时采取及时、正确、有效的应急措施，才能确保公众安全。

2.3.4 保障工程安全的伦理责任

1. 伦理责任的含义

伦理责任不等于法律责任，它属于"事先责任"，其基本特征是人本性的善良，既依据责任，又出于责任而行动；而法律责任属于"事后责任"，是对已发事件的事后追究，而非在行动之前针对动机的事先决定。

伦理责任也不等同于职业责任，它是为了维护社会和公众利益所需的公平正义等伦理原则的责任。而职业责任是工程师履行本职工作时应尽的岗位（角色）责任。

工程伦理责任的主体，包括工程师个人和工程共同体。现代工程活动日益复杂化，涉及更多的利益团体，相应的工程事故和风险的责任承担问题也显得更为复杂，这些责任只应由工程师来承担吗？工程师自身能够承担得起吗？关注工程风险，维护工程安全，作为工程活动主体的工程师，在工程建造和生产、工程维护和保养阶段都扮演着重要角色。同样，其他工程共同体也扮演着不可替代的角色，承担着无可推卸的责任，他们与工程师一起共同维护并促进工程安全，这是他们责任相一致的一面。然而，工程师与其他工程共同体在对工程风险的关注上，也存在着不一致，甚至相互冲突的一面。

2. 安全保障方面的责任冲突与伦理困境
（1）在工程建造和生产阶段

工程师关注的是工程材料的选取、技术方案的选择、监督施工进展，保证工程的质量和安全。工程师一方面需要对雇主负责并履行职业义务，监督工程是否按照标准规范实施，保证工程施工质量；另一方面，雇主或者管理者为了降低成本或加快工程进度，可能要求工程师降低工程施工标准或修改进度计划，造成施工质量问题。这时，工程师面临这样的冲突：是应服从雇主的命令和要求，还是忠诚于职业规范和工程标准？服从前者，可能得到加薪或晋升，但同时可能违反职业准则；服从后者，会得到职业认可或认同，但可能面临失业。

（2）在工程运行维护和保养阶段

工程师有义务和责任关注工程产品对社会或环境造成的影响，向管理者报告可能存在的风险，要求管理者采取措施消除工程产品的缺陷。但是，管理者或者雇主可能出于资金、收益等方面的考虑，对工程师的建议置之不理，甚至要求工程师保守秘密。这时，工程师就可能面临尖锐的冲突：一方面，为了降低风险，应向管理者报告工程产品可能造成的危害，尽可能消除缺陷，回收产品；另一方面，这种行为伤害了雇主的利益，可能遭到雇主或管理者的反对和质疑。工程师需要在遵守职业规范、保护公众安全与遵从雇主要求之间再一次做出选择。

工程师从技术观点来认识风险，管理者则考虑成本与风险、收益与风险的平衡。工程师与管理者对于风险认识的差异，导致对风险态度的不同，也促使了伦理困境的产生。工程师是服从和忠诚于管理者的规定与命令，还是遵循把公众的健康、安全和福祉置于首要地位的伦理责任呢？这需要工程师在职业责任和伦理责任之间进行权衡。

在"挑战者"号航天飞机爆炸事件中，虽然存在说实话的工程师，但最终对安全的关注还是屈服于管理者的决策。从中可以看出，工程师反对发射的专业技术判断没有得到足够的重视。如果那些同意发射的工程师和管理者具有严谨的工作态度，防微杜渐，在重大决策前谨小慎微，而不是碰运气，也许就能够避免事故发生。

3. 工程师在保障工程安全中的伦理责任

工程师应树立强烈的伦理责任意识，在工程活动中把人类的健康、安全和福祉放在首要位置。工程师拥有大量的专业工程知识，能够比普通人更加全面、深入地了解某一工程项目对社会公众、自然环境和人类发展带来的影响。另外，作为工程实践的参与人员，工程师能够进一步了解工程的细节方面，并对潜在风险进行相关评估。合格的工程师，应该对工作有强烈的责任感和事业心，具有严谨、精确和勤勉的工作态度，面对各种选择，时刻保持严谨，否则很容易因为一个选择的失误造成巨大损失。工程师的伦理责任在防范工程风险上具有至关重要的作用。

【案例 3】工程师之戒

工程师之戒，是一枚仅授予北美顶尖几所大学工程系毕业生的戒指，用以警示、提醒他们，谨记工程师对于公众和社会的责任与义务。这枚戒指起源于加拿大魁北克大桥的悲剧。1900 年，横贯圣劳伦斯河的魁北克大桥开始修建，为了建造当时世界上最长的桥梁，工程师在设计时将主跨的净距由 487.7 米增加到了 548.6 米。1907 年 8 月 29 日，桥梁即将竣工之际发生了垮塌，造成桥上的 86 名工人中 75 人丧生、11 人受伤。事故调查显示，这起悲剧是由工程师在设计中一个小的计算失误造成的。1913 年，大桥的设计建造重新开始，可人们并没有吸取血的教训。1916 年 9 月，由于某个支撑点的材料指标不到位，悲剧再一次重演。这一次是中间最长的桥身突然塌陷，造成 13 名工人死亡。事故原因仍然是设计缺陷。1917 年，在经历了两次惨痛的悲剧后，大桥终于建成通车，成为迄今为止最长的悬臂跨度大桥。

1922 年，加拿大的七大工程学院出资将建桥过程中倒塌的残骸全部买下，并决定把这些亲临过事故的钢材打造成一枚枚戒指，发给每年从工程系毕业的学生。这一枚枚戒指就成了后来在工程界闻名的工程师之戒，它们被戴在工程师的小指上。年轻的工程师佩戴工程师之戒，这是一种警示，也是一种告诫。随时提醒着工程师身上担负着他人生命的责任！

管理者应加强对于风险问题的认识，努力避免意外情况发生。重视工程安全制度和组织文化，促进工程安全文化的发展，尊重公众对风险的知情同意的权利，促使公众参与到对工程安全的关注中来。协商参与可以尽可能消除风险，更好地促进工程安全。

工程在运行中能充分发挥出应有的功能，追求高质量和高度安全性，工程共同体需应对更多挑战。在传统工艺、工程技术不能满足工程建设需要，不能解决工程与自然、工程与人、工程与社会的矛盾时，要勇于开展工程创新。

4. 工程共同体在保障工程安全中的伦理责任

现代工程在本质上是一项集体活动。不仅有科学家、设计师、工程师、建设者的分工协作，还有投资者、决策者、管理者、验收者、使用者等利益相关者的参与，他们会在工程活动中努力实现自己的目的和需要。因此，保障工程安全的责任不仅限于工程师个人，而是需要包括诸多利益相关者的工程共同体共同承担。

5. "尊重生命，以人为本"的伦理原则

尊重生命，以人为本是工程活动中处理工程与人关系的基本原则。工程应该尊重生命，尽可能避免给他人造成伤害。无论何种工程都强调"安全第一"，即必须保证人的健康与人身安全。

2.4 参 考 案 例

【案例1】"华龙一号"——安全标准最高的核电站

2022年3月25日，"华龙一号"示范工程全面建成投运，这是我国核电发展取得的重大成就，标志着我国核电技术水平和综合实力跻身世界第一方阵。

"华龙一号"是在我国30余年核电科研、设计、制造、建设和运行经验基础上，研发设计的具有完全自主知识产权，先进百万千瓦级压水堆核电站（图2-4-1）。"华龙一号"以"177组燃料组件堆芯""多重冗余的安全系统"和"能动与非能动相结合的安全措施"为主要技术特征，采用世界最高安全要求和最新技术标准，满足国际原子能机构的安全要求，满足美国、欧洲三代技术标准。

"华龙一号"采用单堆布置，配有应急供水设计，设置了独立的安全厂房和厂区附加电源。采用双层安全壳设计，仅外层安全壳就设置了4层钢筋防护层，整体容积高达8万立方米，可以抵御17级台风、9级烈度地震和大型商用飞机的撞击。中国核工业集团公司"华龙一号"总设计师邢继说："'华龙一号'具有目前人类对核电最高级别的安全防护，能够确保不会发生类似于福岛核电站这样的核事故。"

"华龙一号"的发电能力也不容小觑。目前，"华龙一号"福建福清核电5、6号两台机组，每年能发电接近200亿度，相当于每年减少标准煤消耗624万吨、减少CO_2排放1 632万吨，相当于植树造林1.4亿棵，对实现我国双碳目标意义重大。

"华龙一号"凝聚了中国核电建设者的智慧和心血，实现了先进性和成熟性的统一、安全性和经济性的平衡、能动与非能动的结合，具备国际竞争比较优势，有望短时间内填补我国国内技术空白，具备参与国际竞标条件。

（a）　　　　　　　　　　　　　　　（b）

图 2-4-1　"华龙一号"核电站

【案例 2】"复兴"号列车——安全保障技术更先进

"复兴"号列车，是中国标准动车组的中文命名，由中国铁路总公司牵头组织研制，具有完全自主知识产权，达到世界先进水平的动车组列车（图 2-4-2）。

（a）　　　　　　　　　　　　　　　（b）

图 2-4-2　"复兴"号动车组列车

安全保障技术更先进。"复兴"号动车组设有智能化感知系统，并建有强大的安全监测系统。全车部署了 2 500 余项监测点，能够对走行部状态、轴承温度、冷却系统温度、制动系统状态、客室环境进行全方位实时监测。"复兴"号中国标准动车组还增设碰撞吸能装置，以提高动车组被动防护能力。为适应我国地域广阔、环境复杂、长距离、高强度运行的需求，"复兴"号动车组按最高等级（设计寿命 30 年或 1 500 万千米）考核动车组主要结构部件，整车进行 60万千米运用考核（欧洲一般 40 万千米）。

感知系统智能化。感知系统更加智能化，出现异常自动限速或停车。"复兴"号中国标准动车组采集各种车辆状态信息多达 1 500 余项，能够全面监测列车运行状况，实时感知列车状态，包括安全性能、环境信息（如温度）等，并记录各部件运用工况，为全方位、多维度故障诊断、维修提供支持。列车出现异常时，可自动报警或预警，并能根据安全策略自动采取限速或停车措施。此外，"复兴"号动车组还采用远程数据传输，可在地面实时获取车辆状态信息，提升地面同步监测、远程维护能力。

阻力减小、能耗降低、噪声下降。车体低阻力流线型、平顺化设计，不仅能耗大大降低，车内噪声也明显下降。"复兴"号动车组列车阻力比既有 CRH380 系列降低 7.5%~12.3%，350

千米／时速度级人均百千米能耗下降17%左右，有效减少了持续运行能量消耗。在车体断面增加、空间增大的情况下，"复兴"号动车组按时速350千米试验运行时，列车运行阻力、人均百千米能耗和车内噪声明显下降，表现出良好的节能环保性能。

从"中国制造"跨越至"中国标准"。作为具有完全自主知识产权、达到世界先进水平的中国标准动车组，"复兴"号在京沪高铁时速可达400千米以上，研制过程中的254项标准中，"中国标准"占84%。从"中国制造"到"中国标准"，从跟跑到超越，中国高铁这张"国家名片"愈发熠熠生辉。

知识拓展

第3章

工程中的利益伦理
——以机电一体化产品为例

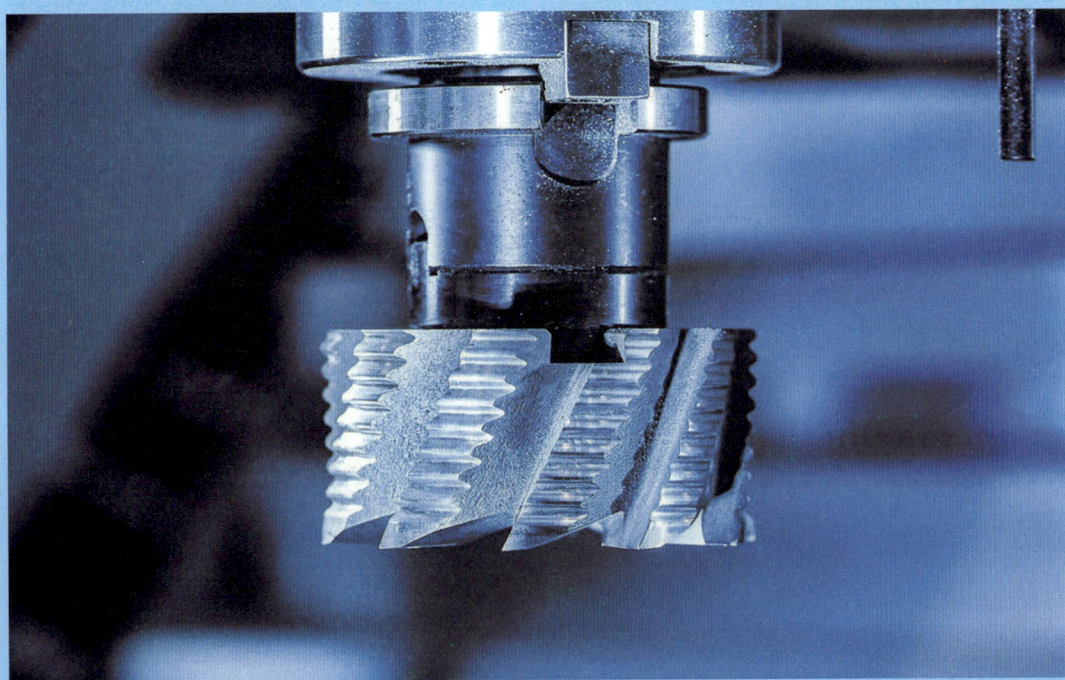

3.1　机电一体化基础知识

　　随着人们对生活品质的追求越来越高，现有的需人工操作的各种机械化产品也越来越难以满足人们的需求，机电一体化就在这一背景下诞生了。机电一体化是机械工业在电气化和智能化过程中逐渐形成并发展起来的一门综合性新兴技术学科，正日益得到普遍重视和广泛应用。

　　传统的机械产品一般由动力源、传动机构及工作机组成。机电一体化系统是在传统的机械产品的基础上发展起来的，是机械、电子与信息技术相互结合的产物。它除了包含传统机械产品的组成部分以外，还含有与电子技术和信息技术相关的多个组成要素。

3.1.1　机电一体化

1. 机电一体化的定义

　　机电一体化一词最早由日本提出，英文译名为"Mechatronics"。这一名词的构成有两种提法：一种认为由"Mechanism"的前半部分和"Electronics"的后半部分拼合而成；另一种认为是由"Mechanics"的前半部分和"Electronics"的后半部分拼合而成。前一种应理解为"机械电子化"，后一种则应理解为"机械电子学"。不论是哪种理解，"Mechatronics"所着重强调的都是机械技术与电子技术的结合。我国一般称之为"机械电子学"或"机电一体化"，后者更为流行。

　　迄今为止，机电一体化尚没有公认统一的定义。

　　1981 年，日本机械振兴协会经济研究所给出的机电一体化的解释："机电一体化是在机械主功能、动力功能、信息功能和控制功能上引进微电子技术，并将机械装置与电子装置用相关软件有机结合而构成的系统的总称。"

　　20 世纪 90 年代，国际机器理论与机构学联合会（IFToMM）成立的机电一体化技术委员会给出了这样的定义："机电一体化是精密机械工程、电子控制和系统思想在产品设计与制造过程中的协同结合。"

　　1991 年，在英国创刊的国际性学术期刊 *Mechatronics* 提出：机电一体化的基本形式可以视为在现代工程技术中机械与电气的结合。它是一种相对新的概念，涉及系统、部件和产品的设计，其目的是在基本机械结构及其总体控制之间求得最佳平衡。

　　1996 年 3 月，电气电子工程师学会（IEEE）与美国机械工程师学会（ASME）联合创编的《机电一体化学报》（*IEEE / ASME Transactions on Mechatronics*），在第 1 卷第 1 期"编者的话"中，将机电一体化定义为"在工业产品及其设计与制造过程中，机械工程与电子和智能计算机控制的协同集成"。

　　我国学者对机电一体化的定义为"以电子技术，特别是微电子技术为主导的多种新兴技术与机械技术交叉、融合而成的综合性高新技术"。

2. 机电一体化系统的构成

目前对于机电一体化系统的构成主要有以下三种看法。

（1）五块论

德国的达姆施塔特工业大学的 Rolf Isermann 提出，机电一体化系统是由控制装置、检测装置、动力装置、执行机构及机械本体五大部分组成的，如图 3-1-1（a）所示。从机电一体化系统的功能看，人体是机电一体化系统理想的参照物。如图 3-1-1（b）所示，将机电一体化系统通俗地类比于人的大脑、内脏、五官、四肢及躯体。

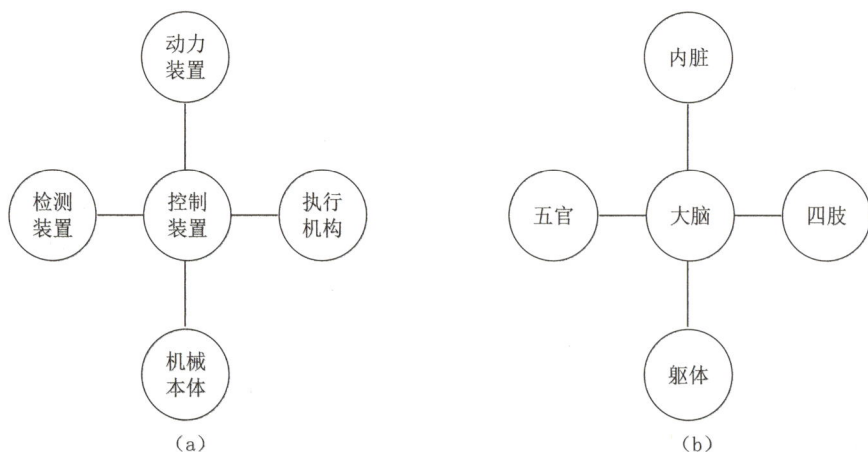

图 3-1-1　机电一体化系统的构成——五块论与人的构成要素及对应功能关系

①机械本体，其相当于人的躯体。机械本体包括机架、机械连接、机械传动等，起着支撑系统中其他功能单元传递运动和动力的作用。它应能满足产品总体功能的要求，而不是简单地将机械部件照搬过来。对机械本体的要求是尽量采用新材料、复合材料以代替传统的钢铁，尽量做到小型化、轻量化；要提高刚性，实现组合化、标准化和系列化；努力提高整体的可靠性。

②检测装置（传感器），其包括各种传感器及其信号检测电路，犹如人的五官。它的作用是将机电一体化系统工作过程中自身和外界环境有关数据的变化进行实时检测，并反馈给信息处理或控制部分，经过处理后作为下一步装置运行的依据。

③执行机构（器），其如同人的四肢。它根据控制器部分指令驱动机械部件的运动，来完成规定的机械动作。执行机构部分按其能源形式可以分为气动、液动和电动三大类。

④控制装置（器），其相当于人的大脑和神经系统。它是机电一体化系统的核心，将传感器检测到的信号，根据一定算法，对数据及信息进行存储、变换、计算等处理。根据信息处理结果，其通过接口向执行机构发出作业命令，以完成规定动作，进而控制整个系统有目的地进行。这一部分多选用各种类型的微处理器或微型计算机及不同规模的集成电路来完成。

⑤动力装置，其相当于人的内脏。它是机电一体化产品能量的供应部分，作用是按照系统控制要求向机械系统提供能量和动力，使系统正常运行。提供能量的方式包括电能、气能和液压能，一般以电能为主。

（2）三环论

丹麦理工大学的 Jacob Baur 等提出机械学、电子学、信息技术三个相关圆环，以此表示机电一体化系统的组成和相互关联。三环论中电子学含义比较含糊，信息技术是指实现信息处理和控制的程序，如图 3-1-2 所示。

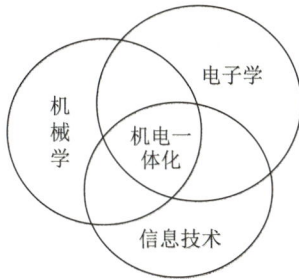

图 3-1-2　机电一体化系统的构成——三元论

（3）两个系统

挪威科技大学的 Bassam A. Hussein 提出，将机电一体化系统划分为物理系统与控制系统两大子系统。物理系统包括各种驱动装置、执行机构、传感器等；控制系统包括软件、硬件两大部分。

我国学者提出的两个系统是由受控系统与控制系统两部分组成的。受控系统包括所有传感器和执行器在内的机械过程。控制系统则由认知、信息处理和规划控制三部分构成，如图 3-1-3 所示。

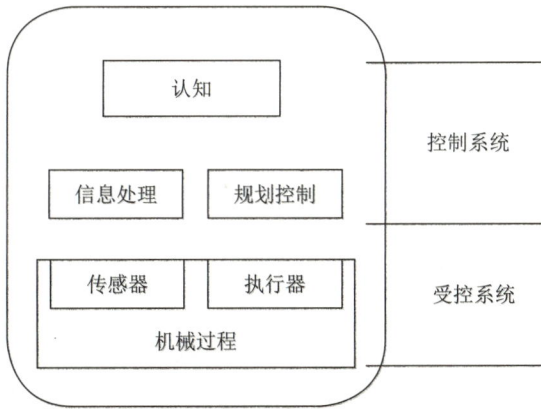

图 3-1-3　机电一体化系统的构成——两个系统

需要注意的是，构成机电一体化系统的几个组成部分并不是并列的。它以机械部分为主体，产品的主要动作由机械部分来完成，否则就不能称其为机电一体化产品。例如，电子计算器、计算机等，因其缺少机械运动部分，所以这类产品应归属于电子产品，而不属于机电一体化产品的范畴。同时，机电一体化的核心应是自动控制技术。不与自动控制技术相结合的产品也不能称其为机电一体化产品。如传统机床，虽然现在均为电动机驱动，但缺少自动控制系统的加持，也不属于机电一体化产品。

3. 机电一体化系统的关键技术

发展机电一体化技术所面临的共性关键技术包括传感检测技术、信息处理技术、自动控制技术、伺服驱动技术、接口技术、精密机械技术等。

（1）传感检测技术

在机电一体化产品中，内部工作过程的各种参数、工作状态及与工作过程有关的外部相应信息都要由传感器进行检测、接收，然后送入信息处理装置并最终反馈给控制装置，以实现产品工作过程的自动控制。机电一体化产品要求传感器能快速和准确地获取所需信息，并且能有效屏蔽外部工作条件和环境的干扰，同时检测装置能否高保真地对信息信号进行放大、传输和转换。

根据用途，传感检测技术可以分为检测系统自身的内部信息传感技术和检测对象的外部信息传感技术两类。信息传感方式有光、电、流体和机械类等多种。传感器技术主要集中体现在鲁棒性、灵敏度和精度上。传感器未来的发展方向是功能元件化和智能化。

（2）信息处理技术

在机电一体化产品工作过程中，与工作过程各种参数和状态及自动控制有关的信息输入、识别、变换、运算、存储、输出和决策分析等技术可统称为信息处理技术。信息处理得是否及时、准确、可靠，将直接影响机电一体化系统或产品的工作质量和效率，因而信息处理技术是机电一体化的关键技术之一。

在机电一体化技术中，实现信息处理技术的主要工具有计算机、可编程控制器（PLC），以及与主机配套的输入输出接口设备、各种显示器和外部存储器等。在机电一体化产品中，计算机信息处理装置是信息处理的核心，它负责控制和指挥整个机电一体化产品的运行。人工智能、专家系统、神经网络等技术都属于计算机信息处理技术。

（3）自动控制技术

机电一体化系统中的自动控制技术包括高精度定位控制、速度控制、自适应控制、校正、补偿等。通过自动控制，机电一体化产品在工作过程中能够及时发现故障，并按照预先设定的程序自动实施故障处理，从而减少了停机时间，提高了设备的有效利用率。

（4）伺服驱动技术

伺服驱动技术指机电一体化产品中的执行元件和驱动装置设计的技术问题，是涉及设备执行操作的技术。机电一体化产品中的驱动装置主要有电动、气动和液压等三种驱动类型，其中多采用电动式执行元件。驱动装置主要是各种动力装置的驱动电源电路，目前多由电力电子器件及集成化的功能电路构成。驱动装置一方面通过接口电路与计算机相连，接受控制系统的指令；另一方面通过机械接口与执行机构相连，以完成规定的动作。伺服驱动技术直接影响着机电一体化产品的功能执行和操作，对产品的动态性能、稳定性能、操作精度和质量控制等会产生决定性的影响。

（5）接口技术

接口的作用是将机电一体化产品中的各个组成部分进行有机的连接，接口技术就是各组成部件之间的连接技术，接口设备的优劣关系着被连接设备发挥作用的程度。从系统外部看，输入输出是机电一体化系统与人、环境或其他系统之间的接口；从系统内部看，机电一体化系统是通过众多接口将系统各组成要素的输入输出串联成一体的系统。

（6）精密机械技术

精密机械技术是机电一体化的基础，因为机电一体化产品的主功能和构造功能大都以机械技术为主来得以实现。高新技术被引入机械行业后，对精密机械技术提出了许多新的要求。在机电一体化产品中，它不再是单一地完成系统间的机械连接，而是要减小质量、缩小体积、提高精度和刚度、改善性能等。机电一体化产品对机械部分零部件的静、动态刚度，热变形等机械性能有更高的要求。特别是关键零部件，如导轨、滚珠丝杠、轴承、传动部件等的材料和精度对机电一体化产品的性能及控制精度影响极大。因此，在设计时要考虑采用新型复合材料和新结构。为了便于维修，要使零部件模块化、标准化、规格化，以便快速调换零部件，提高维修效率，减少停工时间。

3.1.2　机电一体化在工程中的应用

在人们的生产生活中，在办公室、生产制造现场，常常见到或用到激光打印机、全自动洗衣机以及机器人等各种各样的自动化、智能化设备（图 3-1-4）。它们操作便捷、安全耐用，给人们的生活和生产带来了极大的便利与快捷，这些产品都属于机电一体化产品。那么，机电一体化是怎么发展起来的？它有什么优点？它能为人们的生活带来什么样的改变？本节将简要介绍这些内容。

（a）激光打印机　　　　（b）全自动洗衣机　　　　（c）机器人

图 3-1-4　常见的机电一体化产品

1. 机电一体化技术的产生与发展

（1）萌芽阶段（20 世纪 50 年代到 60 年代末）

在这一时期，虽然机电一体化的概念还没有正式提出来，但将机械技术和电子技术结合起来的思想和实践由来已久，早在电子计算机问世不久，科学技术界就已经在酝酿。在这种思想指导下，1952 年美国麻省理工学院和帕森斯公司合作研制成功了第一台数控机床，1954 年美国人乔治·德沃尔研制成功了第一台可编程机器人。这些设备可称为当今典型机电一体化产品的鼻祖。

这一时期的特点如下。

①实践证明机械技术和电子技术的结合是可行的，是能够实现的。

②研制和开发从总体上看还处于自发状态。

受限于当时电子技术的发展尚未达到一定水平，机械技术和电子技术的结合还没有达到预期的程度，因而当时研发的产品多处于实验验证阶段，还不能大规模推广。

（2）初创阶段（20 世纪 70 年代到 80 年代）

103

20世纪70年代到80年代为初创阶段。在这一阶段，日本在推动机电一体化技术的发展方面起了主导作用。日本安川电机公司在20世纪60年代末进行商业注册时首先创用了"mechatronics"一词。1971年日刊工业新闻社发行了原载于日刊《机械设计》副刊上的《装有微型机的机械设计——PART3》一书，这时的理解是将利用机械装置进行信息处理的机器改变成利用电子电路进行信息处理的机器，进而使机械具有比过去更强的功能和柔性。在这一时期，人们只是把机电一体化简单看成机械与电子的结合，还没有达到使彼此相互融合的程度。当时主要是利用伺服技术，所开发的产品有自动门（图3-1-5（a））、自动售货机（图3-1-5（b））、自动对焦照相机和车辆自动控制等。

马达系统
变速系统及控制系统　启动感应器　防夹感应器
华盖
固定弧玻璃　顶部照明灯
立柱　液晶显示屏
外弧壁下夹　立柱防挤感应器
急停开关
伤残人按钮

（a）自动门　　（b）自动售货机

图3-1-5　机电产品应用

总结起来，这一时期的特点如下。

①"mechatronics"一词最先在日本被提出。

②将机电一体化简单看成机械与电子的结合，还没有达到使彼此相互融合的程度。开发的产品一般结构和功能比较简单。

（3）发展时期（20世纪80年代）

1981年，日本机械振兴协会经济研究所给出了业界普遍接受的机电一体化的解释："机电一体化是在机械主功能、动力功能、信息功能和控制功能上引进微电子技术，并将机械装置与电子装置用相关软件有机结合而构成的系统的总称。"

进入20世纪80年代，信息技术开始崭露头角，微处理器的性能得到显著提升，其应用开始向各个领域渗入，其中就包括机电一体化产品。这一时期，数控机床、工业机器人和汽车的电子控制系统都得到了充分的发展。

总结起来，这一时期的特点如下。

①"mechatronics"一词在日本首先被普遍接受。大约到20世纪80年代末，在世界范围内得到广泛承认。

②机电一体化技术和产品得到极大发展。

（4）深入发展阶段（20世纪90年代至今）

进入20世纪90年代，通信技术开始进入机电一体化领域，通信和计算机网络的发展促进了分布式系统的形成。计算机控制的网络化的机电一体化系统日益普及，而且往往和虚拟现实以及多媒体技术紧密联系起来。

同时，随着模糊逻辑、人工神经网络等技术的出现，机电一体化技术也开始向智能化方向迈进。模糊逻辑与人的思维过程相类似，用模糊逻辑工具编写的模糊控制软件与微处理器构成的模糊控制器，广泛地应用于机电一体化产品中，进一步提高了产品的性能。例如，采用模糊逻辑的自动变速箱，可使汽车的性能与驾驶员驾驶手动挡汽车的性能相媲美；应用人工神经网络技术可使机器人的智能程度进一步提升。

这一时期的特点如下。

①机电一体化这一新兴技术引起众多学者的关注，一些有影响的国际性学术刊物相继问世，关于机电一体化技术的学术性国际会议定期召开是其主要标志。

②机电一体化产品开始具备网络通信功能并向智能化方向迈进（图 3-1-6、图 3-1-7）。

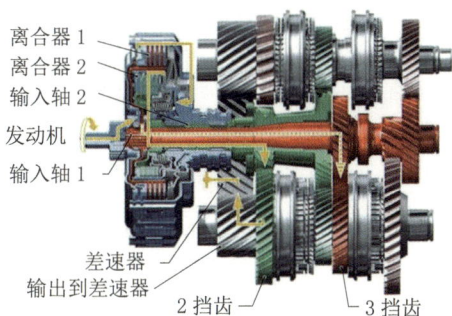

图 3-1-6 自动变速器

图 3-1-7 美国波士顿动力公司设计的机器人

2. 机电一体化的优点和效益

与传统的机电产品相比，机电一体化使产品具有很好的性能、很强的功能和高附加值，它给用户带来了多种效益。

（1）从生产部门的角度来看

①调整和维护方便，缩短产品开发周期

为了满足市场的需求，产品的结构及加工工序需做出相应的调整。如果是非机电一体化的机加设备就需要更换零件或设备，开发周期长且维护困难。如果是机电一体化的机加设备就需要修改加工程序，无须（或小部分）设备的改装。

②提高产品质量和生产效率

机电一体化产品一般都具有记忆、运算、信息处理、自动控制等功能，使其能严格地按照程序设计要求完成加工任务，很大程度上降低了加工过程中受操作人员主观因素的影响程度，容易保证和提高产品质量与生产效率。例如，数控机床加工工件的质量一致性及其生产效率要比普通机床高几倍甚至几十倍。

③改善劳动条件，有利于自动化生产

机电一体化产品自动化程度高，是知识密集型和技术密集型产品，是将人们从繁重体力劳动中解放出来的重要途径。例如，在汽车生产流水线上的喷漆机器人可以完全替代喷漆工人来完成整车的喷漆工作，从而避免了油漆中有害气体对喷漆工人身体的伤害。

④增强企业的市场竞争能力

机电一体化产品的柔性加工特性使产品的更新和升级换代变得更容易，且因为其加工效率高，生产周期短，使得生产成本大幅下降；同时，通过自动控制系统可精确地保证机械的执行机构按照程序设计的要求完成预定的动作，使之不受机械操作者主观因素的影响，保证了产品质量的一致性，进而使得应用机电一体化设备生产的产品对市场的响应时间更短，更容易抢占市场。

（2）从用户使用的角度来看

①操作简便，使用安全可靠

机电一体化产品在设计和制造时，充分考虑到用户操作的方便性，一般都将功能"模块化""傻瓜化"，使用户无须掌握专业知识即可轻松地掌握产品的使用方法。家庭中常见的全自动洗衣机就是一个很好的例子，使用时只需将功能旋钮旋转到所洗衣物的材质位置后，按下启动按钮，机器就可完成洗涤、漂洗、甩干，甚至烘干等全部操作。整个洗涤过程，无人操作。

机电一体化产品一般都具有自动监视、自动报警、自动复位等功能。机电一体化产品在使用过程中如遇到过压、过流、短路、漏电之类的情况，能根据预先设定的程序自动采取保护措施，避免或减少人身和设备事故发生。例如，电梯门的防夹功能。

②节约能源，绿色环保

机电一体化产品通过最优化的调节控制和采用低能耗元器件，提高设备的能源利用率，可有效地达到节能的目的。以工业锅炉为例，我国工业锅炉年耗煤量占全国原煤产量的1/3左右。由于多数是人工控制，燃煤利用率低，浪费很大。采用机电一体化的控制设备后，平均热效率可提高5%左右。

3. 机电一体化技术的应用

（1）数控机床

①数控机床的产生及发展

随着科学技术和社会生产的快速发展，机加产品的外形和结构不断更新，这一特点对机床设计者提出了更高的要求。如何使适合同批次大批量零件加工的传统机床能克服在生产单件、小批量（10~100件）或改型频繁，零件形状复杂而且精度要求高的零件时，遇到的机加设备改造难度大、资金需求高、生产周期长及人员操作熟练度要求高等难题，就显得尤为重要。

第二次世界大战以后，这种要求越来越迫切，尤其是在飞机制造业。第一台数控机床就是为了适应航空工业制造复杂工件的需要生产的。1952年美国麻省理工学院和帕森斯公司合作研制成功了世界上第一台具有信息存储和处理功能的数控机床，成功地解决了多品种小批量的复杂零件加工的问题。1958年，美国研制成能自动更换刀具，以进行多工序加工的加工中心。

英国的毛林斯机械公司于1968年研制成功了第一条数控机床组成的自动生产线。1970年，在美国芝加哥国际展览会上，第四代由计算机作为控制单元的数控产品首次展出。1974年，美、日等国首先研制出第五代以微处理器为核心的微型计算机数控产品。1978年后，加工中心迅速发展，各种加工中心相继问世。20世纪80年代，国际上出现了以1~4台加工中心或车削中心为主体，再配上工件自动装卸和监控检验装置的柔性制造单元。

我国在20世纪70年代初期为了满足针对航空工业等加工复杂零件的需求，开始研制相关数控机床。我国在1975年研制出第一台加工中心。改革开放以来，由于引进国外的数控系统与伺服系统，使我国的数控机床在品种、数量、质量等方面都得到了迅速发展。20世纪80年代初，我国除了能够设计和生产常规的数控机床外，北京机床研究所于1984年成功研制出FMC-1和FMC-2柔性加工单元。

目前，我国在数控技术领域虽然取得了非常不错的成绩，但我国同先进国家之间仍然存在着不小的差距，不过，这种差距正在缩小。特别是国家将高端装备制造业作为战略性新兴产业培育，"十二五"期间将持续加大该项重大专项的投入，都将有力地促进数控机床的发展。

②数控机床的特点

a. 适应性强

数控机床采用简单的组合夹具装夹工件，当加工不同结构、外形的工件时，不需要向传统机床那样制作专用的夹具，更不需要重新改造机床，只需要重新编写新工件的加工程序，就可以实现新工件的加工了。因而，数控机床特别适合单件、小批量（10~100 件）及产品更新快等工件的加工。

b. 加工精度高

数控机床的脉冲当量普遍可达 0.001 mm／脉冲，而且由于数控机床的加工过程是全自动无人操作，这就消除了操作者主观误差的产生，使得同一批次工件的加工精度及加工质量一致性好。

c. 生产效率高

数控机床的主轴转速和进给速度的调速范围比普通机床大，机床刚性好，快速移动和停止采用了加、减速措施，因而在提高运动速度的同时，又能保证定位精度，有效地缩短了加工时间。此外，数控机床更换工件时，不需要调整机床，同一批工件加工质量稳定，一般无须停机检验，只需随机抽查即可。还可以在一台机床上实现多工序连续加工，大大提高了生产效率。

d. 劳动强度低

数控机床加工是按照预先设定的程序自动完成的，工件在加工过程中是不需要人工干预的，加工完毕后自动停车，这就使得机床操作工人的劳动强度大为降低。

e. 良好的经济效益

虽然数控机床相对普通机床采购价格昂贵，一次性投入的设备费用相对较大。但是使用数控机床在日后的生产过程中相对普通机床可节省许多其他费用，如工件的安装、调试所花费的时间和费用少，特别是不需要重新设计制造专用的工装夹具，加工精度稳定，废品率低，减少检验环节等。另外数控机床具有很高的稳定性，故障率低，使用效率高，使用周期长，更由于能快速响应市场要求，容易抢占市场份额。所以总体成本将有所下降，因而可获得良好的经济效益。

f. 有利于生产管理的现代化

数控机床使用数字信息与标准代码处理，为计算机辅助设计、制造及管理一体化奠定了基础。同时在加工工件时，可准确地计算零件加工的工时和费用，有效地简化了产品加工的管理。

③数控机床举例

a. 数控车床

数控车床又称 CNC 车床，即计算机数字控制车床，是目前国内使用量最大，覆盖面最广的一种数控机床，约占数控机床总数的 25%，如图 3-1-8 所示。

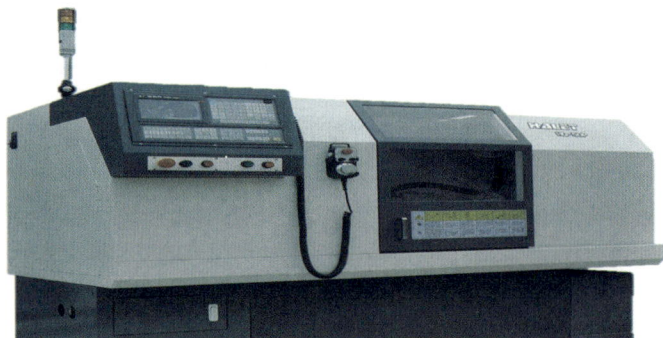

图 3-1-8　数控车床

　　b. 加工中心

　　加工中心，简称 CNC，是由机械设备与数控系统组成的使用于加工复杂形状工件的高效率自动化数控机床，如图 3-1-9 所示。

图 3-1-9　加工中心

　　c. 柔性加工单元

　　柔性加工单元（FMC）是加工中心配上工件托盘库及托盘自动交换装置的数控加工设备，如图 3-1-10 所示。

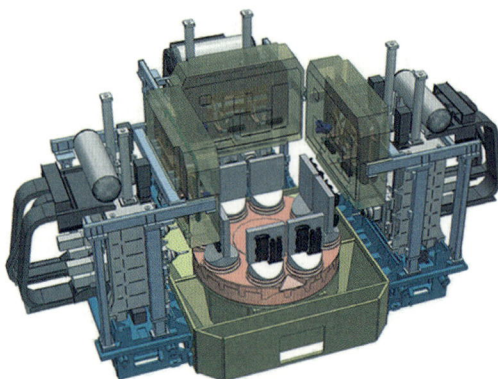

图 3-1-10　柔性加工单元示意图

（2）汽车

20 世纪 60 年代以前，收音机是汽车上唯一的电子元器件，其他的设备都是机械设备。随着微电子技术和传感器技术的应用，机电一体化使汽车焕然一新。现在和未来的"汽车"逐步向满足人类需求的"舒适、安全、操纵简便以及节油、污染小"等方向发展。据专家预测，未来十年内机电一体化发展最为迅速的部门之一将是汽车工业。

①电子点火系统

在引入传感器和微控制器之前，汽车点火系统的工作过程是：当混合油气被压缩时，用机械式分配器选择特定的火花塞来点火。机械式点火系统的缺点是燃油效率较低，为了解决这一难题，在 20 世纪 70 年代后期，发明了电子点火系统，这是在汽车上应用最早的机电一体化系统之一，如图 3-1-11 所示。

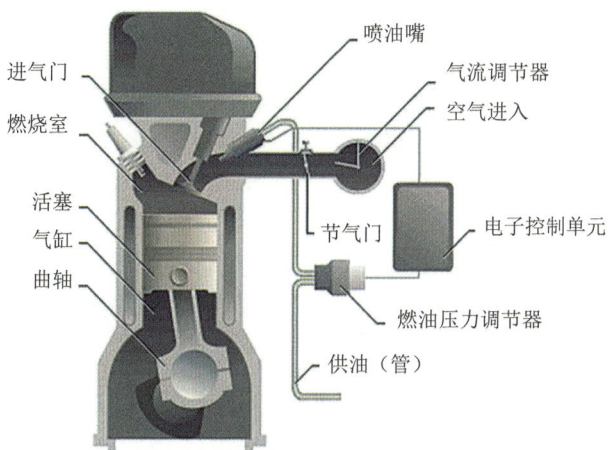

图 3-1-11　电子点火系统示意图

②防抱死系统（ABS）

在湿滑路面、冰雪路面或者高速转弯时，有经验的司机都知道，刹车绝对不能一脚踩死，而应分步刹车：一踩一松。否则，车轮容易因制动力超过轮胎与地面的摩擦力而完全抱死。如果是前轮抱死则会引起汽车失去转弯能力；如果是后轮抱死则容易发生甩尾现象，极易造成安全事故。

为了解决上述难题，20 世纪 70 年代末期，汽车引进了防抱死系统（antilock braking system, ABS）。安装 ABS 就是为解决刹车时车轮抱死这个问题，其工作原理也像上面所说的"一踩一松"。不过，ABS 是通过安装在各车轮或传动轴上的转速传感器（"眼睛"）不断检测各车轮的转速，由计算机（"大脑"）计算出当时的车轮滑移率（由滑移率来了解汽车车轮是否已抱死），并与理想的滑移率相比较，做出增大或减小制动器制动压力的决定，命令执行机构（"四肢"）及时调整制动压力，最终代替人完成"一踩一松"的刹车过程，使得车轮处于理想的制动状态，如图 3-1-12 所示。

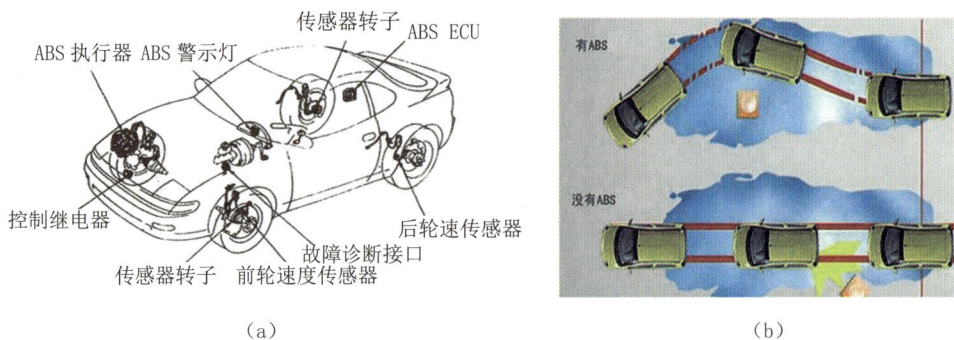

图 3-1-12　ABS 防抱死系统示意图

③主动防御安全系统

在没有现代的主动防御"智能安全系统"之前，仅能通过增加保险杠或结构件，例如安全带等来保护驾驶员的安全。虽然被动防御措施可以在一定程度上保护车内人员的安全，但毕竟是在交通事故已经发生后，其相应防护措施才能起到保护作用。

为了更好地提供行车安全，降低人员伤亡率，减少维修车辆的时间与成本，沃尔沃公司于2008 年推出了一项汽车主动防御安全系统——城市安全系统（City Safety System），如图 3-1-13 所示。城市安全系统利用内置在风挡玻璃顶部，装于后视镜高度的一个激光传感器监测前方 10 米以内的行人、车辆等交通状况。以与前方车辆的距离和汽车本身的车速为基础，利用处理器每秒进行 50 次计算，从而确定避免碰撞所需要的制动力。如果与前车的车距小于系统内设定的安全距离，而驾驶员仍然没有做出任何避让或减速的动作，则城市安全系统会自动减小油门同时进行制动，来避免或者减小碰撞的严重程度，同时打开"双闪"以警示其他车辆。

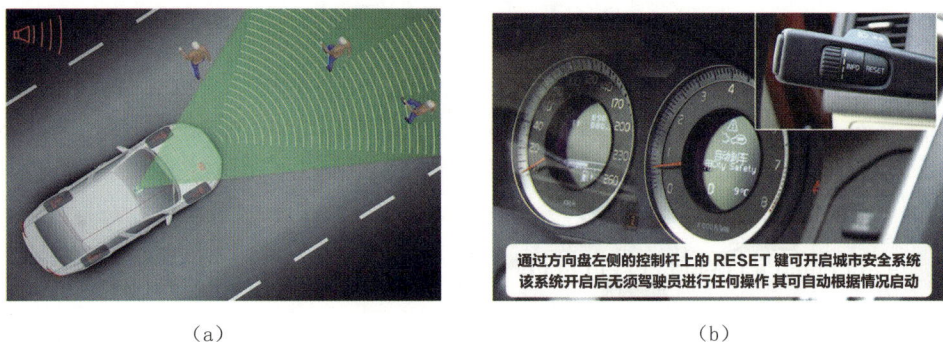

图 3-1-13　城市安全系统工作示意图

④自动泊车系统

随着社会的快速发展，大城市的停车空间有限，将汽车驶入狭小的停车位置已成为一项必备技能，对于许多新驾驶员来说，每次顺列式驻车都是一种痛苦的经历。在驻车的过程中很可能导致交通阻塞或与前后车发生碰撞等情况。为了解决这个难题，世界各大汽车厂商相继推出了自动泊车系统。

自动泊车系统包括环境数据采集系统、中央处理系统和机械系统。其中环境数据采集系统包括一套图像采集系统和一套车载距离探测系统。自动泊车系统工作时，通过环境数据采集系统采集图像数据及周围物体距车身的距离数据，并传输给中央处理系统。中央处理系统将数据分析处理后，计算出汽车的当前位置、目标位置以及周围的环境参数，依据上述参数制定出自动泊车的方案。机械系统依据中央处理系统发出的指令完成泊车的动作。

例如，汽车行驶角度、方向及动力支援方面的操控，如图 3-1-14 所示。

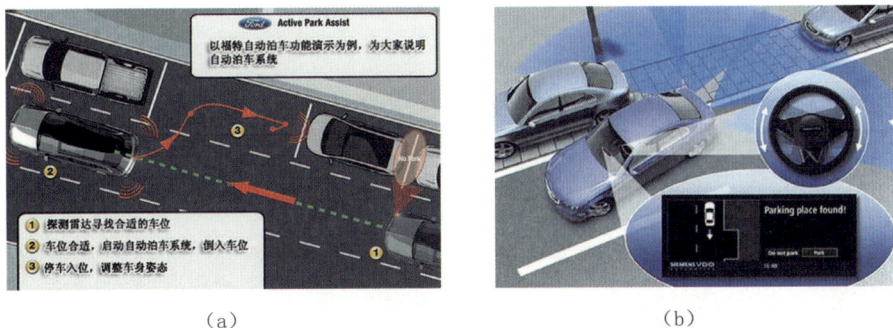

（a）　　　　　　　　　　　　（b）

图 3-1-14　自动泊车系统工作示意图

（3）机器人

我国科学家对机器人（Robot）的定义为：机器人是一种自动化的机器，所不同的是，这种机器具备一些与人或生物相似的智能能力，如感知能力、规划能力、动作能力和协同能力，是一种具有高度灵活性的自动化机器。机器人一词由捷克斯洛伐克剧作家卡雷尔佩克（Karel Capek）在戏曲《R.U.R：人造人》中首次使用。

现代机器人的研究始于第二次世界大战之后。1954 年，美国人乔治·德沃尔制造出世界上第一台可编程的机器人（Universal Automation），并注册了专利。这种机械手能按照程序指令所确定的动作步骤工作，因此具有通用性和灵活性。1959 年德沃尔与美国发明家约瑟夫·英格伯格联手制造出第一台工业机器人（Unimate），如图 3-1-15 所示。随后，成立了世界上第一家机器人制造工厂——Unimation 公司。由于英格伯格对工业机器人的研发和宣传，他也被称为"工业机器人之父"。20 世纪 60 年代，利用传感器反馈来增强机器人柔性的趋势已经越来越明显了。1962 年，美国 AMF 公司生产出可做点位和轨迹控制的柱坐标型"VERSTRAN"机器人，这是世界上第一种用于工业生产上的机器人，并出口到世界各国。同一年，一台名为 MH-1 的带有触觉传感器的计算机控制机械手由 H.A.厄恩斯特研制成功，MH-1 可在传感器的帮助下将块状材料堆起来，无须人工帮助。

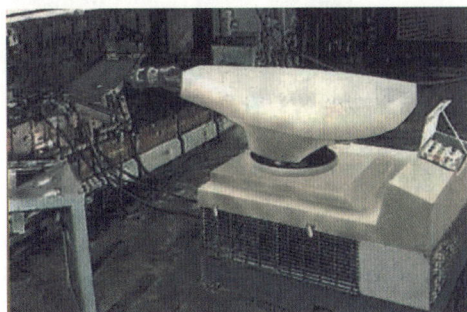

图 3-1-15　世界第一台工业机器人

111

20 世纪 90 年代，以丹麦乐高和德国慧鱼公司生产的家庭机器人实验套件为代表，让机器人的"组装"过程变得像搭积木一样相对简单又能任意拼装，使得儿童、学生等非专业人员也可以开始"设计，组装"机器人，从而使机器人开始走入个人家庭世界。

2002 年丹麦 iRobot 公司推出了吸尘器机器人 Roomba，它能自动避开障碍，自动设计行进路线，在电量不足时，会自动寻找充电座的位置，并开始充电，这是目前世界上销量最大、最商业化的家用机器人。

①焊接机器人

焊接机器人是具有三个或三个以上可自由编程的轴，并能将焊接工具按要求送到预定空间位置，按要求轨迹及速度移动焊接工具的机器。其包括弧焊机器人、激光焊接机器人、点焊机器人等，如图 3-1-16 所示。

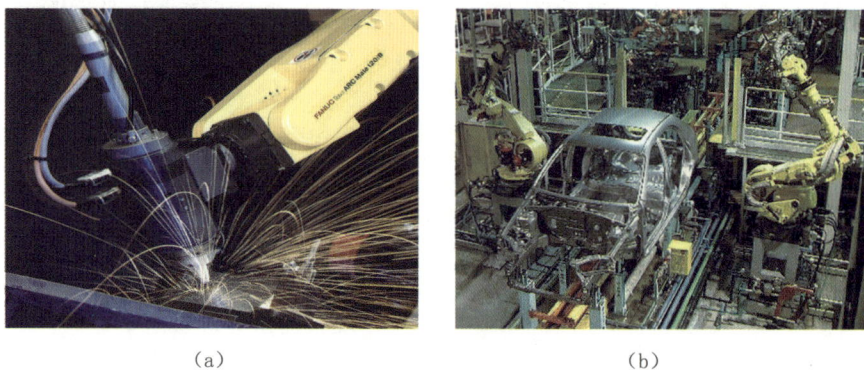

（a）　　　　　　　　　　　　　　（b）

图 3-1-16　发那科（FANUC）焊接机器人

②自动插秧机器人

日本中央农业综合技术中心研发了一种可以自动插秧的机器人。该机器人由计算机系统进行控制，并通过全球卫星定位系统进行导航，最后通过感应器和其他一些装置来计算出动作的角度和方向，进而实现稻田工作的精确定位，如图 3-1-17 所示。

图 3-1-17　自动插秧机器人

③警用机器人

警用机器人通过自身安装的图像、烟雾、温度、湿度等传感器，一旦发生异常状况，中央处理系统就会按照预先设定的程序，做出正确的动作反馈，并通知相关警务人员，如图 3-1-18 所示。

（a）　　　　　　　　　　　　　　（b）

图 3-1-18　警用 5G 巡逻及排爆机器人

④清洁机器人

清洁机器人可无人操作，自动清洁屋内的卫生。国内厂家米家生产的洗扫拖机器人 PRO，利用灰尘识别传感器可自动识别路面灰尘，采取不同清扫路线，提高清洁效率。当工作完毕或机器人电量不充足时，它会自动返回充电座充电，如图 3-1-19 所示。

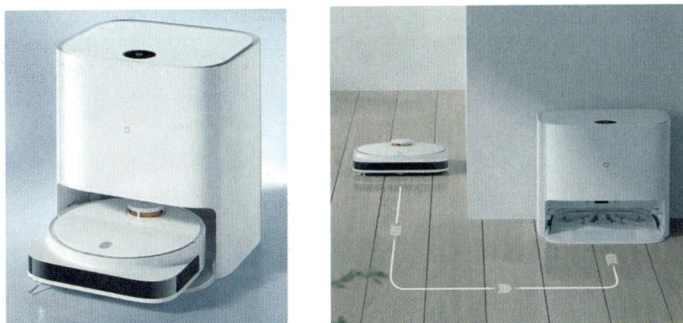

（a）　　　　　　　　　　　　　　（b）

图 3-1-19　米家洗扫拖机器人 PRO

⑤娱乐机器人

索尼（SONY）公司设计了世界上第一款超智能化的电子宠物，如图 3-1-20 所示。最高版本 AIBO ERS-7 拥有强大的 CPU 和人工智能程序，因此，具有 5 岁小孩的智商。它体内有超声波距离、图像、震动、静电、触觉、加速度、红外线与温度等传感器，使它具有相当强的感知能力，可以自动寻找自己喜欢的东西，躲避不利的东西。它可以在很多人中认出自己的主人，然后凑过去撒娇。它具有多种情感，你惹它生气的时候它就委屈地叫，有时候还在地上打滚，你哄哄它，它又可能会开心地围着你转。不小心摔倒了，如果你不在，它就自己爬起来，要是你在，它就会撒娇让你扶它，就像小孩子一样。

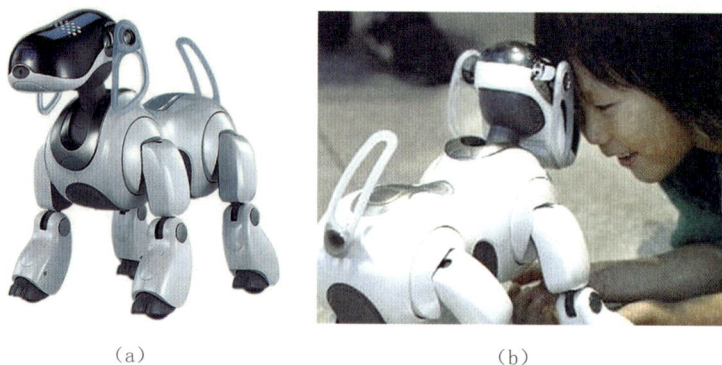

（a）　　　　　　　　　　　　　　（b）

图 3-1-20　SONY 机器宠物狗

⑥智能双足步行机器人

步行机器人是具有人形的仿人形机器人。日本本田公司研制的双足智能双足步行机器人"ASIMO"是目前世界上最先进的仿人行走的智能机器人，如图 3-1-21 所示。ASIMO 装载的大量传感器，既包括传统人类的传感器，也拥有一些超越人类的特殊感应器，能够迅速地了解周围情况，在复杂的环境下也能快速顺畅地移动。

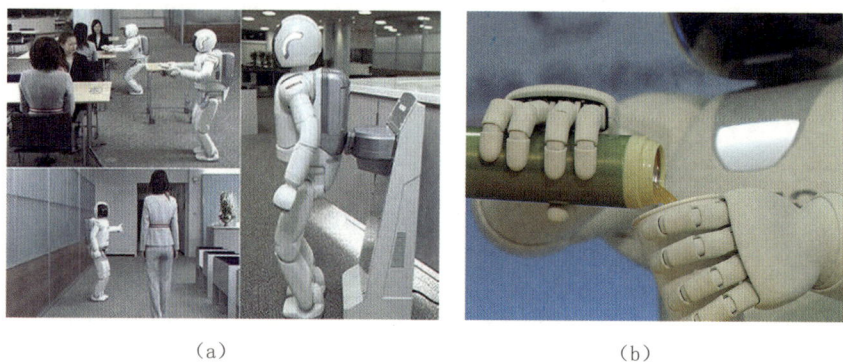

（a）　　　　　　　　　　　　　　（b）

图 3-1-21　日本本田公司智能双足步行机器人 ASIMO

ASIMO 可以行走自如，进行诸如"8"字形行走、上下台阶、弯腰等各项"复杂"动作；并可以随着音乐翩翩起舞，并能以每小时 9 千米的速度奔跑，此外，ASIMO 还能与人类互动协作进行握手、猜拳等动作，将科幻电影中的情节变成了现实。

4. 机电一体化技术的发展趋势

机电一体化技术是将机械、电子、光学、控制、计算机、信息等多学科交叉融合的综合性技术，其发展和进步依赖并促进相关技术的发展与进步。因此，机电一体化的主要发展方向有如下几方面。

（1）智能化

智能化是 21 世纪机电一体化技术发展的一个重要发展方向。这里所说的"智能化"是对机器行为的描述，是在控制理论的基础上，吸收人工智能、运筹学、计算机科学、心理学、生理学和混沌动力学等新思想与新方法，模拟人类智能，使它具有一定的学习、自适应、决策以及一定的容错性、稳定性及实时性等能力。通过智能化系统的应用，即能够有效提升层次结构复杂性，且将有效提升系统兼容程度。未来的 L5 甚至 L6 级无人驾驶汽车，完全具备自主能力的仿人形机器人都是其代表。可以说，在机电技术的发展过程中，智能化技术具有非常重要的意义，是未来机电技术不断发展的一项重要趋势（图 3-1-22）。

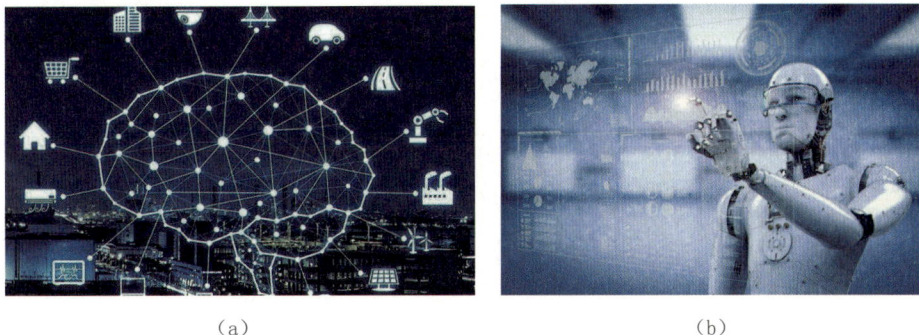

(a)　　　　　　　　　　　　　　　　(b)

图 3-1-22　未来科技畅想

（2）模块化

模块化是一项重要而又艰巨的工程。由于机电一体化产品种类和生产厂家繁多，研制和开发具有标准化机械接口、电气接口、动力接口、环境接口的机电一体化产品单元是一项十分复杂但又是非常重要的工作。如研制集减速、智能调速、电动机于一体的动力单元，具有视觉、图像处理、识别和测距等功能的控制单元，以及各种能完成典型操作的机械装置。机电一体化产品的各组成元件模块化可简化开发新品的难度，缩短开发周期，扩大生产规模。显而易见，模块化将给机电一体化企业带来更大的收益。

（3）网络化

20 世纪 90 年代，计算机技术的突出成就是网络技术。由于网络的普及，基于网络的各种远程控制和监视技术方兴未艾。现场总线和局域网技术使机电一体化产品网络化已成大势，利用专用网络将各种机电一体化产品连接成以计算机为中心的计算机集成机电系统，使人们在家里、办公室里即可远程操控机电一体化产品，充分享受各种高技术带来的便利和快乐。因此，机电一体化产品正在朝着网络化方向发展。

（4）微型化

微型化起源于 20 世纪 80 年代末，在国外将其称之为微机电一体化系统（micro electro mechanical system，MEMS），泛指几何尺寸不超过 1 cm³ 的机电一体化产品，并向微米、纳米级发展。微机电一体化产品体积小，能耗低，运动灵活，在生物、医疗、军事和信息等方面具有不可比拟的优越性，例如正在研制的纳米胶囊机器人，可在人体内部工作。

（5）绿色化

绿色化是指机电一体化产品在工作时不污染生态环境，产品报废时不成为机电垃圾。在进行机电技术应用及技术更新的同时，也要平衡性能、成本及环保等约束条件间的关系，尽量将对环境及其他负面效应影响降到最低。绿色化产品在其设计、制造、使用和销毁的生命周期中需符合环境保护和人类健康的要求，产品应该对生态环境无害或危害极少，资源回收可利用率高。

3.1.3　程序设计

本节采用 ROBO PRO 编程软件作为程序设计的载体。ROBO PRO 编程软件可以理解为图形化的 C 语言，使用者无须掌握复杂的计算机语言格式，仅需了解计算机编程逻辑，即可顺利地编写出想要的程序。这一点对于初学者非常友好。

ROBO PRO 编程软件提供了 Level1~4 级的编程功能，读者可根据由浅入深的学习过程或自身编程需要进行选择。下面重点介绍 Level1 常用的编程模块。

1. 常用编程模块

（1）开始模块

程序流程都是由"开始"模块作为开头。假如一个程序由几个流程组成，每个流程必须由"开始"模块开头。各个不同的流程同时开始，如图 3-1-23 所示。

图 3-1-23　开始模块

（2）结束模块

结束模块用于程序的结束，但是也有可能这个程序是一个没有终结的循环，如图 3-1-24 所示。

图 3-1-24　结束模块

（3）数字量输入模块

在数字量模块上点击鼠标右键即弹出如图 3-1-25 所示的属性窗口，在该窗口对此模块进行定义。

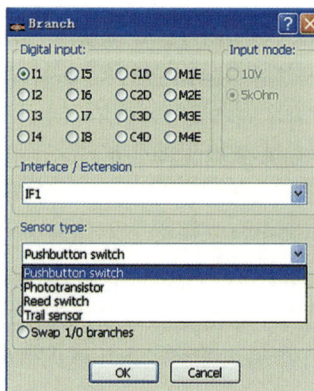

图 3-1-25　数字量输入模块属性窗口

"Digital input"（数字量输入）一栏选择要查询的接口板并输入端口编号。

"Interface / Extension"（接口板 / 扩展板）一栏选择当前编辑模块是由接口板还是由扩展板控制。

"Sensor type"（传感器类型）一栏可选择连接到输入端的传感器图示。除了微动开关这个最常用的数字量输入传感器，还常用光电传感器和路径跟踪传感器，如图 3-1-26 所示。

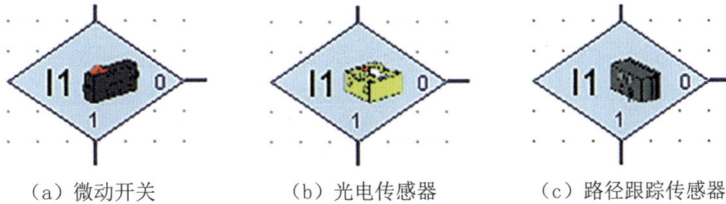

（a）微动开关　　　　　　（b）光电传感器　　　　　　（c）路径跟踪传感器

图 3-1-26　常用传感器类型

（4）延时模块

延时模块如图 3-1-27 所示。在延时模块上点击鼠标右键即弹出如图 3-1-28 所示的属性窗口，在该窗口对此模块进行定义。

图 3-1-27　延时模块

图 3-1-28　延时模块属性窗口

用动力输出时模块可以使流程执行延时一个使用者所设定的持续时间。延时时间范围可以从 1 秒到 500 小时。不过需要注意的是，延时时间越长，控制精度就越低。

（5）动力输出模块

在动力输出模块上点击鼠标右键即弹出如图 3-1-29 所示的属性窗口，在该窗口对此模块进行定义。

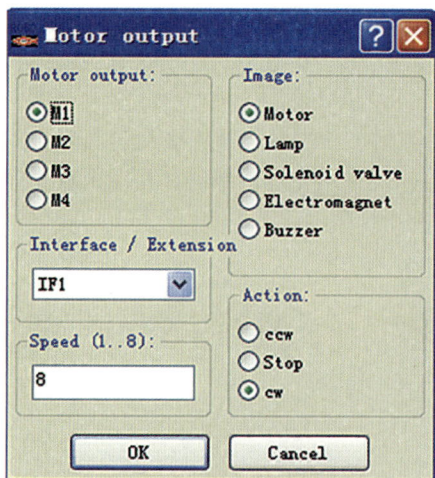

图 3-1-29　动力输出模块属性窗口

用动力输出模块可以改变控制器的两极输出 M1~M4 中某一个的状态。控制器的输出设备包括以下几项：

① "Motor" 马达，可以设置它的转向和速度；

② "Lamp" 灯，可以设置它的亮度；

③ "Solenoid valve" 电磁气阀，可以设置它的灵敏度；

④ "Electromagnet" 电磁铁，可以设置它的灵敏度；

⑤ "Buzzer" 蜂鸣器，可以设置它的音量大小。

常用动力输出类型如图 3-1-30 所示。

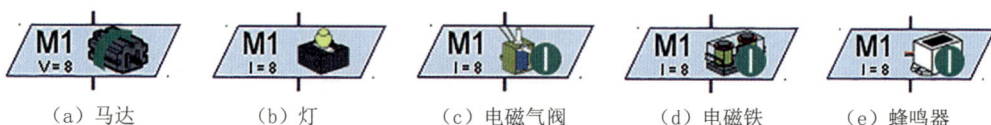

（a）马达　　　（b）灯　　　（c）电磁气阀　　　（d）电磁铁　　　（e）蜂鸣器

图 3-1-30　常用动力输出类型

（6）输入等待模块

输入等待模块的作用是等待直到控制器的某个输入信号变为特定状态或者其状态由某个特定方式改变。在输入等待模块上点击鼠标右键即弹出如图 3-1-31 所示的属性窗口，在该窗口对此模块进行定义。

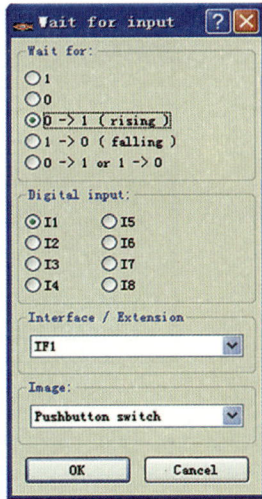

图 3-1-31　输入等待模块属性窗口

"Wait for"（等待）一栏可以选择信号变化的类型或者所等待的信号状态。如 0 → 1 表示开关从"0"状态跳变到"1"状态，也叫作上升沿触发；同理 1 → 0 表示开关从"1"状态跳变到"0"状态，也叫作下降沿触发。

"Image"（类型）一栏可选择连接到输入端的传感器图示。除了微动开关这个最常用的数字量输入传感器，我们还常使用光电传感器，如图 3-1-32 所示。

图 3-1-32　输入等待传感器类型

（7）脉冲计数模块

许多慧鱼模型都用到了脉冲齿轮。这些齿轮每转一圈碰触传感器 4 次，使用这些脉冲齿轮可以使马达运行精确定义的圈数，而不是一段定义的时间，如图 3-1-33 所示。

图 3-1-33　脉冲
计数模块

（8）循环计数模块

用循环计数模块可以方便地让程序的某一部分执行多次，如图 3-1-34 所示。"循环计数"有一个内置的计数器。如果循环计数从"=1"端口进入，计数器初始值则设置为 1。如果循环计数从"+1"端口进入，计数器则加 1。根据计数器的值是否大于预定的值的循环计数来选择"Y"或者"N"出口。

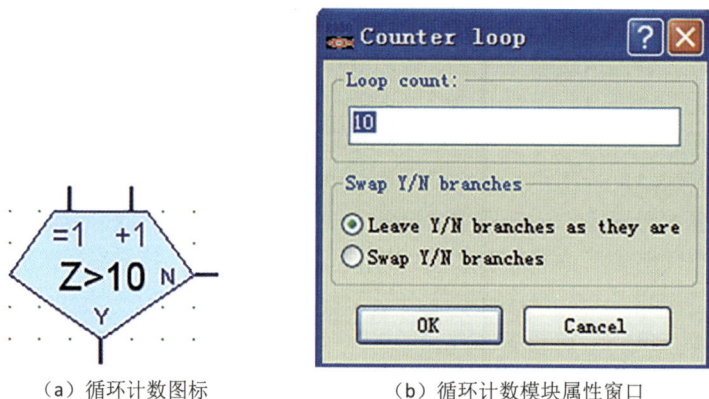

（a）循环计数图标　　　　（b）循环计数模块属性窗口

图 3-1-34　循环计数模块

"Loop count"（循环计数）一栏表示计数累加的临界值，输入在"Y"出口激活之前"循环计数"从"N"出口执行的次数，且输入值必须为正。

2. 常用操作

在 ROBO PRO 软件中，把放在一起形成流程图的各个模块称之为程序模块。我们可以在程序左手边的模块窗口中找到所需的各种程序模块，如图 3-1-35 所示。要想将各个程序模块组合成一个完成的程序模组，需要用到以下操作。

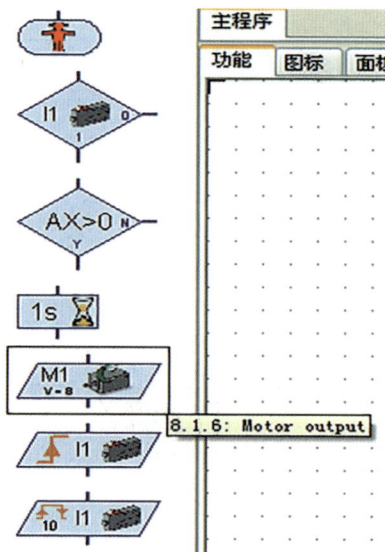

图 3-1-35　模块窗口

（1）插入程序模块

插入程序模块的方法有以下两种。

方法①：把鼠标移动到想调用的程序模块的符号上，并单击左键；然后把鼠标移动到程序窗口内（即图 3-1-35 中白色的大区域），再单击一次。

方法②：通过按住鼠标键把程序模块拖入程序窗口。

（2）移动程序模块

通过按住鼠标左键，将一个已插入的程序模块移动到理想的位置。

如果想将一些模块合并成一组同时移动，可以按住鼠标，沿着这些模块的外围画出一个框。具体做法：在空白区域单击左键，并按住左键不放，用鼠标画出一个包含了所需模块的矩形区域。在此矩形区域中的模块将会显示为有红色的边框。只要用鼠标左键移动这些红色模块之中的一个，所有的红色模块都被同时移动。

如果想取消组内的某个模块，可以按住 Shift 键的同时用左键单击单个要取消的模块。如果要取消全部选择的模块，只需将左键在空白区域单击，所有红色标记的模块全部都会再次回到原来的正常状态。

（3）复制程序模块

复制程序模块和组的方法有以下两种。

方法①：和移动模块一样，只是在移动前必须先按住键盘上的 "Ctrl" 键不放，直到移到指定位置再松开鼠标左键。这样，模块并未被移动，而是被复制了。

方法②：如果希望将模块从一个程序复制到另一个程序中，要选中需复制模块，然后同时按下键盘上的 "Ctrl+C" 键，或者在编辑菜单中选择 "复制"，这样所有的已选模块都会被复制到窗口中的剪贴板上。接着切换到另一个程序中，同时按下键盘上的 "Ctrl+V" 键，或者在编辑菜单中选择 "粘贴"，再次在新程序中插入模块。

（4）删除程序模块

首先用鼠标左键点击/圈选所要删除的模块或模组，然后通过按下键盘上的 "Delete"（或 Del）键，删除所有标记为红色的模块。同样也可以用 "删除" 功能删除单个模块。具体做法：首先在工具栏中点击按钮 " "，然后在要删除的模块上点击一下。

（5）连接各程序模块

连接各个模块的方法有以下两种。

方法①：把鼠标放在需连接模块的连线端口处，鼠标会变成手状 " "，然后按住鼠标左键，并拖拽至需连线的位置。

方法②：用鼠标拖拽两个需连接的模块，当两个模块的接线端比较接近的时候，程序可自动将两个模块建立连接。

3. 实践与思考

了解了上面几个程序模块的功能及常用操作后，就可以尝试创建所需的程序了。

（1）智能传送带

①功能描述

尝试设计一个可以自动工作的传送带。当传感器 I1 检测到有人将货物放到传送带指定位置时，控制器根据预先设置好的程序启动电机，将货物运送到指定位置并触发 I2 传感器时，控制器控制电机停止运行。传送带结构如图 3-1-36 所示。

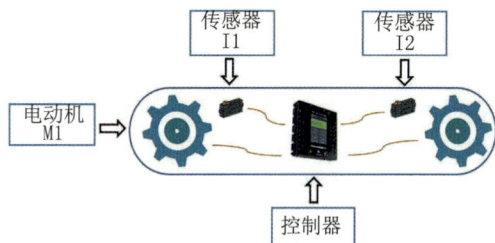

图 3-1-36 传送带结构示意图

②建立控制流程图

用文字很难形象地描述一个控制程序，因此可尝试应用"流程图"来帮助我们描述这一系列将被执行的动作及完成这些动作所需的条件。在我们所需设计的程序中，"启动或停止电机"的条件是按下按钮。知道了这个条件，显而易见，"流程图"也就建构完成了，如图3-1-37所示。

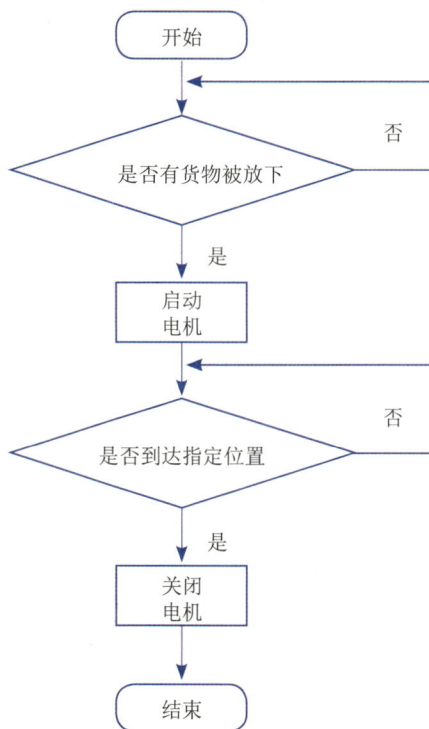

图 3-1-37 程序流程草图及对应程序

"流程图"展示了系统的工作过程——每一个步骤都只能沿着箭头所指的路径完成，而不是任何其他路径。

③编写程序

根据前面建立的流程草图，我们可以通过货物触发按钮来启动电机，一旦货物到达指定位置，电机应该能自动关闭。在硬件搭建中，这是由微动开关来实现的。可以把微动开关I1、I2分别安装到传送带的两端，当货物放到传送带的瞬间，触发I1开关，将信号传送给控制器，启动电机。同理，当货物到达另一端时，控制器通过I2开关状态的变化，控制电机停转。

因此，在程序中插入两个"判断"输入模块，用鼠标右击此模块，对输入模块I1、I2分别进行设置（见备注）。一旦货物到达指定位置，并且压住了检测开关，传送带就应该停下来。通过使用"电机"模块就可以做到这一点，这与启动电机用的是同一个模块。用鼠标右击电机模块，可以通过改变模块的功能来使电机启动或停止。程序在"开始"模块开始，在"停止"模块结束，程序如图3-1-38所示。

备注：开关状态的变化"翻译"成二进制可以看成 0 → 1，或 1 → 0。

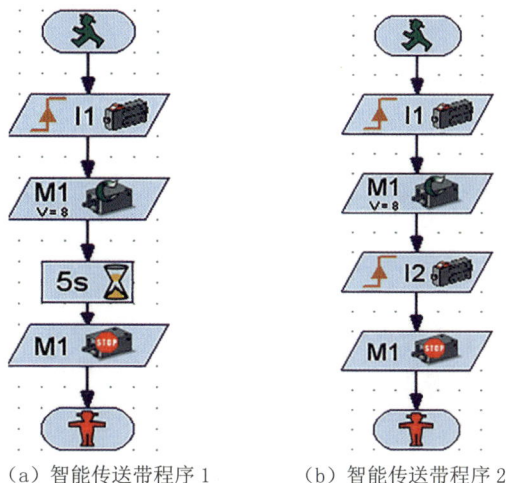

（a）智能传送带程序 1　　　（b）智能传送带程序 2

图 3-1-38　智能传送带编程举例

④分析与思考

a. 程序设计的基本流程是什么？

b. 程序中的"0"与"1"代表了什么？

c. 图 3-1-38 中的程序 1 和程序 2 有什么区别？实际应用中，程序 2 会出现什么问题？

（2）自动门

①功能描述

当光电传感器 I3 感应到有人经过时，控制器控制电动机 M1 通过传动机构带动门向右侧打开，当门到达 I1 位置时，停留几秒后，再逆时针返回。当门到达关门位置触发 I2 时，停止运行，等待行人的下一次经过（无限循环）。自动门结构及参数示意图如图 3-1-39 所示。

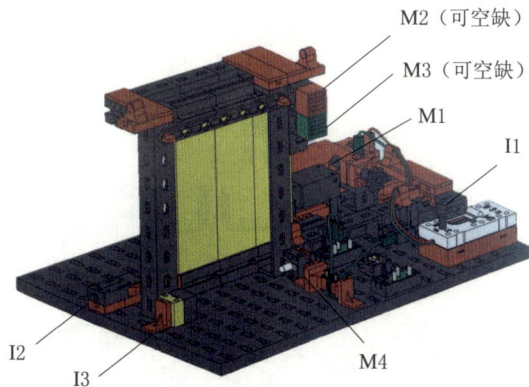

图 3-1-39　自动门结构及参数示意图

②编程提示

a. 电动机的运动方向参数如无法确定，可在编程前通过测试界面实际测试获取；

b. I1、I2 及 I3 被触发的条件是"0 → 1"还是"1 → 0"是由导线实际连接位置决定的，可通过测试界面实际测试获取；

　c.电动机、灯泡都属于输入设备。

　③编程举例（图 3-1-40）

　a.插入一个开始模块；

　b.插入一个马达输出模块，右击修改功能为"LAMP"（灯），状态为"ON"（打开），编号为"M4"；

　c.插入数字量输入模块，右击修改功能为"Phototransistor"（光电传感器），触发条件为"1→0（falling）"；

　d.插入一个马达输出模块，右击修改功能为"CCW"（逆时针旋转），其他默认值不做修改；

　e.插入一个判断输入模块，默认值不做修改；

　f.插入一个马达输出模块，右击修改动作为"STOP"（停止旋转），其他默认值不做修改；

　g.插入一个马达输入模块，默认值不做修改；

　h.插入一个马达输出模块，默认值不做修改；

　i.插入一个判断输入模块，右击修改编号为"I2"，其他默认值不做修改；

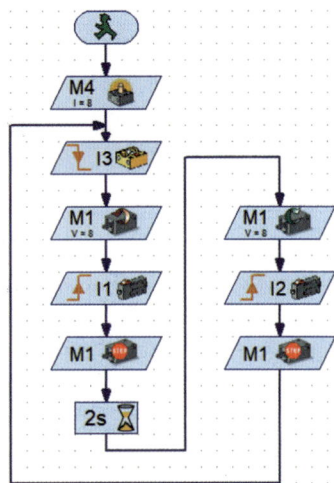

图 3-1-40　自动门编程举例

　j.插入一个马达输出模块，右击修改动作为"STOP"（停止旋转），其他默认值不做修改，随后程序返回到初始检测是否有人经过时，无限循环。

　④分析与思考

　a.在此作品中采用了什么传动机构使得电动机旋转运动变为水平运动？

　b.本次实操中所用的控制器、传感器、被控对象及执行器都起到了哪些作用？请简要说明。

　c.可否利用小组成员的智慧增加自动门防夹手功能，使得自动门在关门时夹到异物会停止工作的同时，迅速返回开门状态？

　d.可否在老师程序示例的基础上增加灯泡的控制？例如，当门关闭及开门过程时，红灯亮起，绿灯熄灭；当门完全打开时，绿灯亮起，红灯熄灭；

　e.自动开门相对手动开门而言，为人们带来了哪些便捷？

　（3）记里鼓车

　①功能描述

　电动机 M1、M2 同时工作带动车体前进或后退，通过左右两侧的距离检测传感器获取距离信息，达到设定距离时停止运行。记里鼓车结构及参数示意图如图 3-1-41 所示。

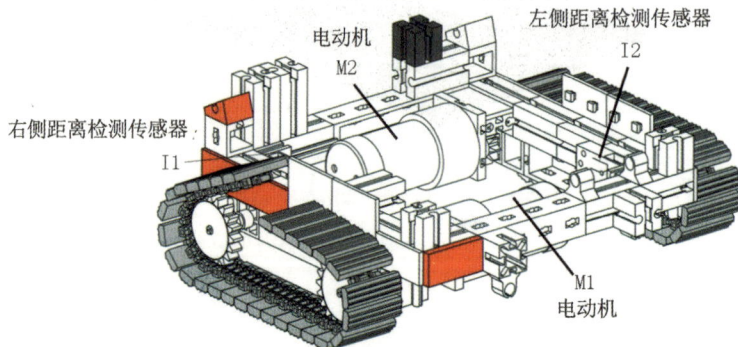

图 3-1-41　记里鼓车结构及参数示意图

②编程提示

a. 电动机的运动方向参数如无法确定，可在编程前通过测试界面实际测试获取；

b. 微动开关及光电传感器被触发的条件是"0→1"还是"1→0"是由导线实际连接位置决定的，可通过测试界面实际测试获取；

c. M1、M2 可串联到一起表示同时运行；

③编程举例（图 3-1-42）

a. 插入一个开始模块；

b. 插入一个马达输出模块，默认值不做修改；

c. 插入一个马达输出模块，右击修改编号为"M2"，其他默认值不做修改；

d. 插入一个计数输入模块，右击修改数据为"20"，其他默认值不做修改；

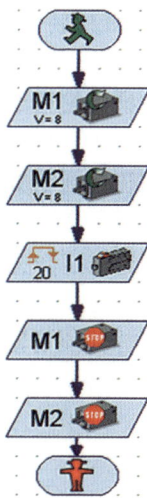

图 3-1-42　记里鼓车编程举例

e. 插入一个马达输出模块，右击修改动作为"停止"，其他默认值不做修改；

f. 插入一个马达输出模块，右击修改编号为"M2"，"停止"、修改动作其他默认值不做修改；

g. 插入停止模块，程序终止。

④分析与思考

a. 机电一体化的记里鼓车同古代机械结构的记里鼓车的相同点及不同点有哪些？

b. 可否通过修改程序设置，让小车直行一段距离后转弯？

c. 在示范程序中使用的是串行方式控制双电机，可否尝试编写并行控制双电机的程序？

d. 可否在增加零件或改变某些零件的位置的情况下，使记里鼓车变为可检测到障碍物的自动避障车？

（4）机械手

①功能描述

电动机 M2 带动机械手张开，到达最大位置时触发微动开关 I3 后停止，然后电动机 M2 再反向旋转带动机械手向内闭合，当四齿齿轮触发微动开关 I4，20 次后，M2 停止运动。机械手结构及参数如图 3-1-43 所示。

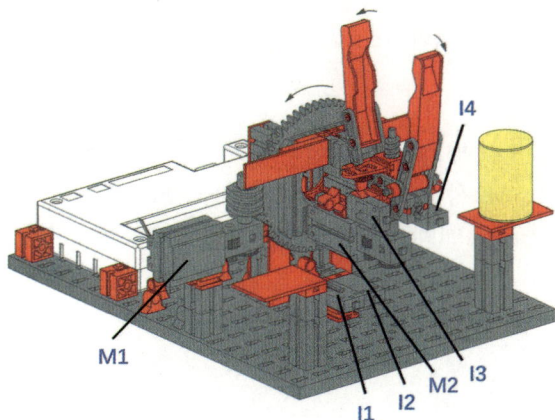

图 3-1-43　机械手结构及参数示意图

②编程提示

a.电动机的运动方向参数如无法确定，可在编程前通过测试界面实际测试获取；

b.微动开关被触发的条件是"0→1"还是"1→0"是由导线实际连接位置决定的，可通过测试界面实际测试获取。

③编程举例（图3-1-44）

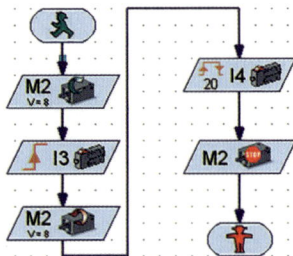

图3-1-44　机械手编程举例

a.插入一个开始模块；

b.插入一个马达输出模块，右击修改编号为"M2"，其他默认值不做修改；

c.插入一个判断输入模块，右击修改编号为"I3"，其他默认值不做修改；

d.插入一个马达输出模块，右击修改编号为"M2"、修改动作为"逆时针"旋转，其他默认值不做修改；

e.插入一个计数输入模块，右击修改编号为"I4"、修改数据为"20"次，其他默认值不做修改；

f.插入一个马达输出模块，右击修改动作为"停止"，其他默认值不做修改；

g.插入停止模块，程序终止。

④分析与思考

a.在此作品中应用了什么机构使得电动机把水平运动变为左右运动？

b.可否在老师程序示例的基础上，增加对电动机M1、I1、I2的控制，使得搬运机可左右旋转夹取货物？

c.可否在增加零件或改变某些零件的位置的情况下，使搬运机能在货物到达指定位置的时候自动开始工作？

d.机械手带来便捷的同时，还有哪些需要注意与改善的环节？

(5)边缘检测车

①编程要求

电动机M1、M2同时工作带动车体前进或后退，当边缘检测臂检测到桌子边缘时，触发微动开关I3，电动机M1、M2停止运动1秒，然后电动机M1、M2反向运动4秒后，M1与M2同时反向运动2秒，程序返回到开始阶段，整个运动过程循环进行。边缘检测车结构及参数示意图如图3-1-45所示。

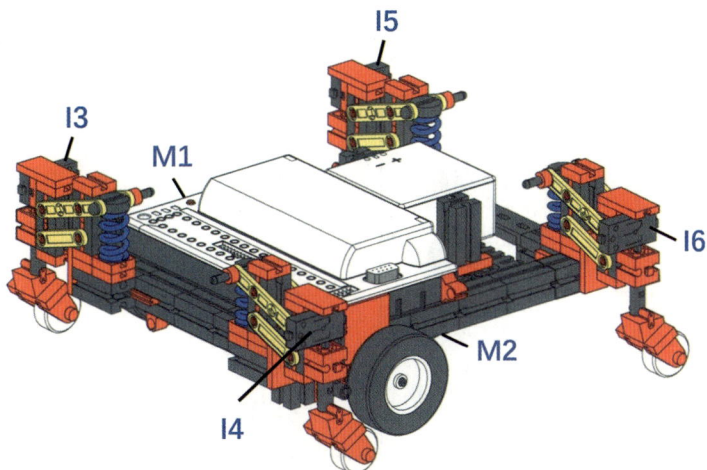

图 3-1-45 边缘检测车结构及参数示意图

②编程提示

a. 电动机的运动方向参数如无法确定，可在编程前通过测试界面实际测试获取；

b. 微动开关及光电传感器被触发的条件是"0→1"还是"1→0"是由导线实际连接位置决定的，可通过测试界面实际测试获取；

c. M1、M2 可串联到一起表示同时运行。

③编程步骤

a. 插入一个开始模块；

b. 插入两个马达输出模块，右击分别修改编号为"M1""M2"，其他默认值不做修改；

c. 插入一个等待输入模块，右击修改编号为"I3"，其他默认值不做修改；

d. 插入两个马达输出模块，右击分别修改编号为"M1""M2"、修改动作为"停止"，其他默认值不做修改；

e. 插入一个延时模块，右击修改数据为"1 秒"，其他默认值不做修改；

f. 插入两个马达输出模块，右击分别修改编号为"M1""M2"，修改动作为"逆时针旋转"，其他默认值不做修改；

g. 插入一个延时模块，右击修改数据为"4 秒"，其他默认值不做修改；

h. 插入一个马达输出模块，默认值不做修改；

i. 插入一个延时模块，右击修改数据为"2 秒"，其他默认值不做修改，循环到程序开始部分。边缘检测车编程举例如图 3-1-46 所示。

④分析与思考

a. 边缘检测小车里的电动机是如何将动力传递到小车的轮子上的？

b. 可否在老师示例程序的基础上（1 个边缘检测），自己尝试编写剩余几个边缘检测臂的检测程序？

c. 可否在不增加现有小车零件的基础上，改变部分零件的位置，使边缘检测小车变成具备检测障碍物的功能？

d. 可否在不增加现有小车零件的基础上，改变部分零件的位置，使边缘检测小车变成记里鼓车？

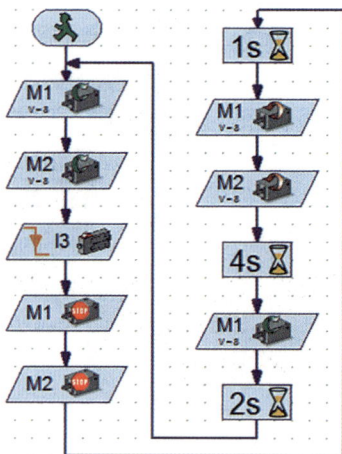

图 3-1-46　边缘检测车编程举例

（6）自动门（气压驱动）

①编程要求

本程序分为两个部分，一是气动门开合的程序，二是气缸储气的程序。自动门（气压驱动）结构及参数示意图如图 3-1-47 所示。

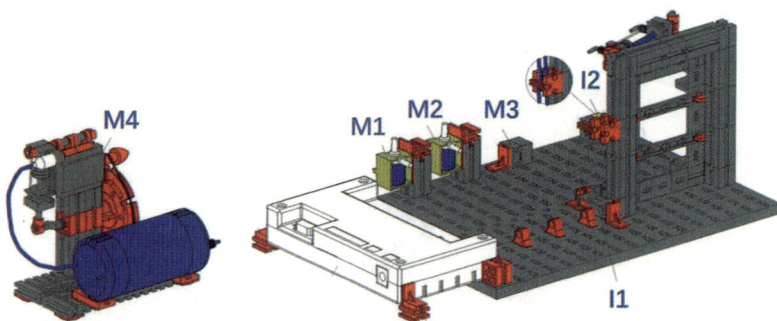

图 3-1-47　自动门（气压驱动）结构及参数示意图

a. 气动门开合程序

灯泡 M3 和光电传感器 I2 组成光幕，电磁气阀门 M2 开始工作使门闭合，当门完全闭合触发微动开关 I1 后，M2 停止工作。当有人推门使微动开关 I1 被触发后，电磁气阀门 M1 开始工作，使门打开，当人通过由灯泡 M3 和光电传感器 I2 组成的光幕并阻挡光幕时，M1 停止工作，门闭合。

b. 气缸储气程序

电动机 M4 带动活塞往复运动向气缸内打气，当气压充足时（16 秒），电动机 M4 停止工作，等待 10 秒后，过程循环。

②编程提示

a. 电动机及气泵的运动（开合）方向参数如无法确定，可在编程前通过测试界面实际测试获取；

b. 微动开关及光电传感器被触发的条件是"0"还是"1"是由导线实际连接位置决定的，可通过测试界面实际测试获取；

③编程举例（图 3-1-48）

a. 气动门开合程序

（a）插入一个开始模块；

（b）插入一个马达输出模块，右击修改编号及功能为"M3""灯"，其他默认值不做修改；

（c）插入一个延时模块，右击修改数据为"6 s"，其他默认值不做修改；

（d）插入一个马达输出模块，右击修改编号及功能为"M2""电磁气阀门"，其他默认值不做修改；

（e）插入一个等待输入模块，右击修改数据为"1"，其他默认值不做修改；

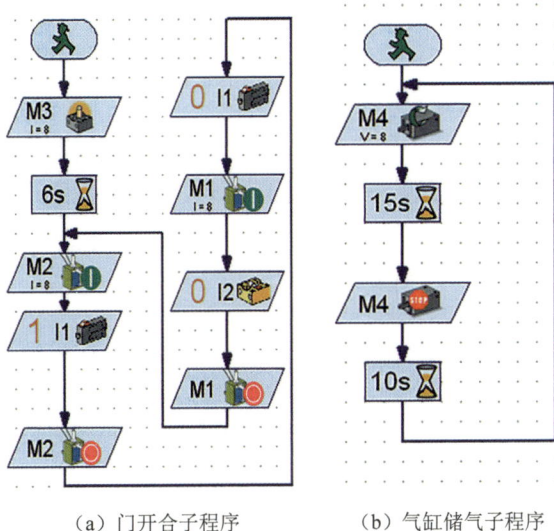

（a）门开合子程序　　（b）气缸储气子程序

图 3-1-48　自动门（气压驱动）编程举例

（f）插入一个马达输出模块，右击修改编号及功能为"M2""电磁气阀门""停止"，其他默认值不做修改；

（g）插入一个等待输入模块，右击修改数据为"0"，其他默认值不做修改；

（h）插入一个马达输出模块，右击修改编号及功能为"M1""电磁气阀门"，其他默认值不做修改；

（i）插入一个等待输入模块，右击修改编号及功能为"I2""0"，其他默认值不做修改；

（j）插入一个马达输出模块，右击修改编号及功能为"M1""电磁气阀门""停止"，其他默认值不做修改，并循环到重新"电磁气阀门"M2 的位置。

b. 气缸储气程序

（a）插入一个开始模块；

（b）插入一个马达输出模块，右击修改编号为"M4"，其他默认值不做修改；

（c）插入一个延时模块，右击修改数据为"15 s"，其他默认值不做修改；

（d）插入一个马达输出模块，右击修改编号及功能为"M4""停止"，其他默认值不做修改；

（e）插入一个延时模块，右击修改数据为"10 s"，其他默认值不做修改，循环到程序开始。

④分析与思考

a. 现实生活中门的开合方式还有哪些？

b. 在本次试验中微动开关及光电传感器的触发条件"0"或"1"，同"0→1"或"1→0"的触发条件是否可以互换，为什么？

c. 可否在增加零件或改变某些零件的位置的情况下，使人到达门口的时候不用推门而门可以自动开门？

3.1.4 实践训练环节

1. 目的及要求
①了解机电一体化系统的总体构成，以及机电两大系统是如何有机融合的；
②体验机电一体化系统的设计、组装与调试过程；
③培养团队合作精神，树立工程强国的责任感与使命感。

2. 实践内容
本项目以"慧鱼创意零件"搭接的电梯模型为实操载体，包含了机电系统中的机械本体、检测与传感、电子控制单元、执行器以及动力源等技术内容。调试成功后，该模型具有开机复位、制动悬停以及自动升降等功能。具体项目内容如下：
①分析电梯的工作逻辑、机电系统构成；
②根据图纸完成电梯机械部分组装；
③根据图纸完成电梯控制系统搭接；
④了解 ROBO PRO 程序，尝试结合前面电梯功能逻辑分析，编写出具有对应功能的计算机程序；
⑤对作品进行软硬件调试，使其按照设计要求正常工作。

3. 操作步骤

实训前	实训后
①清点零件	⑦老师点评／讲解
②填写教学仪器设备使用记录表	⑧拆件
③交表	⑨清点零件
④组装"机械本体"	⑩填写教学仪器设备使用记录表
⑤连接"控制电路"	⑪交表
⑥用电脑调试机器人	⑫老师抽查

电梯是生活中常见的典型机电一体化产品，在接下来的实训过程中，为了提升学习效果，可以按照下述逻辑顺序开展工作。
（1）引入（思考）
电梯出现的目的是由机器设备代替人自身做功，上下楼梯。电梯的升降结构是从诞生就是现在的样子吗？我们是否能从图 3-1-49 电梯升降结构的演变简图中，找出机电一体化技术的构成及其出现的原因？

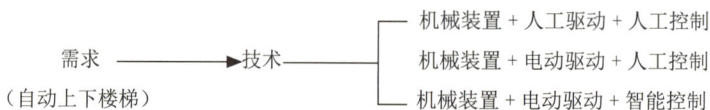

需求（自动上下楼梯）→ 技术
— 机械装置 + 人工驱动 + 人工控制
— 机械装置 + 电动驱动 + 人工控制
— 机械装置 + 电动驱动 + 智能控制

图 3-1-49 电梯升降结构演变简图

（2）模仿分析

组装作品前，先阅读图纸，分析各个组成部分的功能作用，分别完成轿厢、传动机构、位置检测等部分的组装。按照图 3-1-49 电梯升降结构的演变过程，应用已完成的作品分别模仿上述升降过程。

①人工推动轿厢上升、下降；

②电动机驱动轿厢上升、下降，人工控制电机电源的通断；

③由控制器依据预先设计好的程序，根据各个楼层 / 呼叫检测装置获取的信息，通过控制执行装置，来实现自动升降的要求。

（3）工作逻辑分析

在本项目中，电梯模型的工作方式是通过乘客按动呼叫开关，呼叫电梯。电子控制部分通过"乘客位置"信息与"轿厢位置"信息进行比较，给出控制命令，通过控制执行器将轿厢停到指定位置。

根据上述工作内容，经分析给出电梯模型控制流程框图，并给出其所对应的硬件构成，如图 3-1-50 所示。

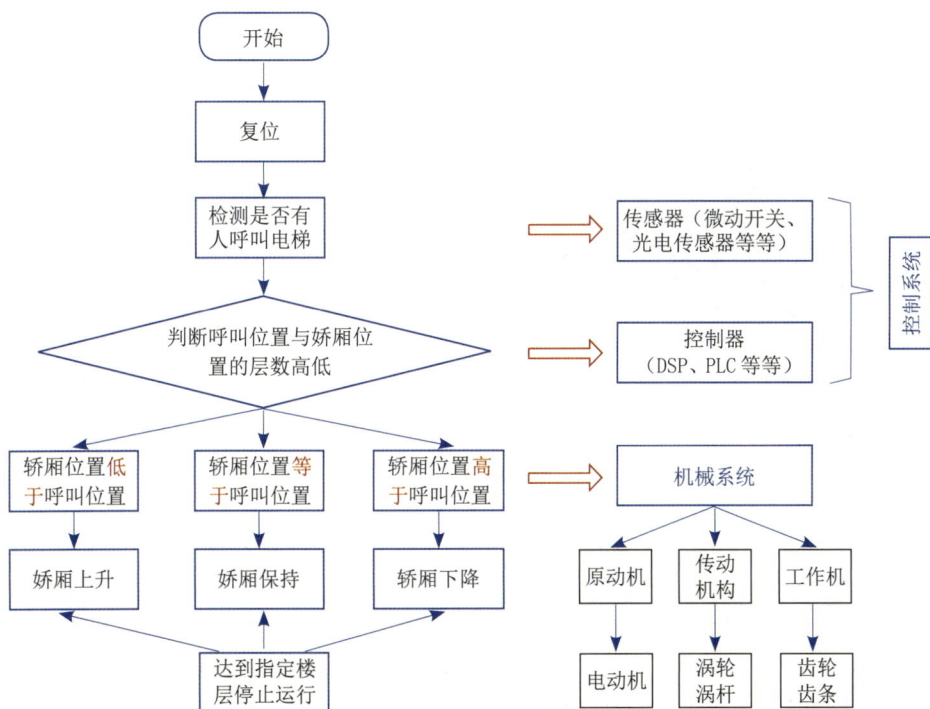

图 3-1-50　电梯模型控制逻辑框图及对应硬件构成

（4）程序设计

应用 ROBO PRO 程序，将上述电梯控制逻辑转化为计算机程序，流程如下。

①双击 ROBO PRO 程序图标，进入 ROBO PRO 编程软件的用户界面。

②点击工具栏中的 Environment，在下拉菜单中选择要使用的控制器名字，今天我们使用的是 ROBO TX controller 控制器。

③点击工具栏中的通信图标，在弹出界面里选择端口和控制器的类型。在这里我们选择 USB 和 ROBO TX controller，然后点击确认。

④点击工具栏的 test 测试图标，在弹出窗口中我们可获取／输入／输出硬件设备的工作状态。当输入端口对应的输入装置正常工作时，显示 1 信号，反之则为 0 信号。例如，我们按动一楼的呼叫按钮 I1 时，测试面板的 I1 端口显示 1 信号，当我们松开时，显示 0 信号。按照呼叫楼层的顺序，依次测试 1 楼到 3 楼对应的呼叫开关 I1、I2、I3，测试其是否能正常工作，随后，我们同样测试检测 1 楼到 3 楼的轿厢位置检测开关 I4、I5、I6。最后，测试带动轿厢上升下降的电动机是否能正常工作，经过测试，我们发现当 M1 逆时针旋转时，轿厢下降，当 M1 顺时针旋转时，轿厢上升。设备测试完毕后，就可以尝试编写程序了。电梯模型控制参数如图 3-1-51 所示。

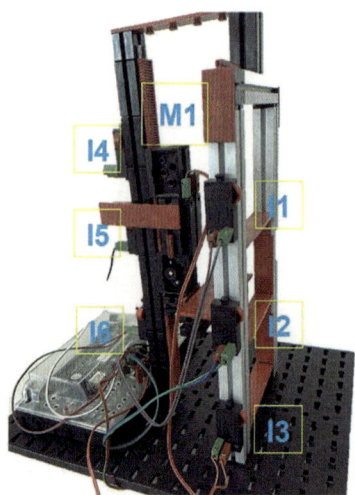

I1—1 楼呼叫开关；   I4—1 楼位置检测开关；
I2—2 楼呼叫开关；   I5—2 楼位置检测开关；
I3—3 楼呼叫开关；   I6—3 楼位置检测开关；
M1—电梯原动机。

图 3-1-51　电梯模型控制参数

⑤点击工具栏中的 NEW 新建图标，开始编写程序。

⑥我们拖拽出绿色工程师的图标，代表程序的开始，按照预定设计方案，电梯在首次通电时，进行复位，使轿厢回到 1 楼的位置。将这句话翻译为计算机语言：首先检测轿厢是否触发 1 楼轿厢位置检测开关 I4，如果在 1 楼，I4 传输 1 信号，电动机停止转动，如果不在 1 楼，I4 传输 0 信号，则电动机逆时针转动，带动轿厢下降，直到触发 I4 开关，电动机停止运行。

⑦随后，检测是否有人呼叫电梯，当 1 楼呼叫开关 I1 被触发时，判断轿厢目前的实际位置，如果恰恰处于 1 楼，即 1 楼轿厢位置检测开关 I4 传输 1 信号，则轿厢保持不动，即 M1=stop；如果轿厢不在 1 楼，在 2 楼，即 2 楼轿厢位置检测开关 I5 传输 1 信号，则轿厢下降，即 M1 逆时针旋转，到达 1 楼时停止运行，即触发 1 楼轿厢位置检测开关 I4，M1 停转；如果此时轿厢在 3 楼，则后续处理流程同轿厢在 2 楼时一样，先让轿厢下降，到达 1 楼时停止，随后程序循环运行。

⑧接下来，我们编写 2 楼有人呼叫时的程序，因为同之前 1 楼的呼叫程序类似，直接复制刚刚编写好的程序，简单修改即可。按住鼠标左键圈好选定的程序部分，按住键盘的 CTRL+C 复制，再按 CTRL+V 粘贴，给第二个子程序添加一个程序头，将 1 楼的呼叫开关 I1，换为 2

楼的呼叫开关 I2；将 1 楼的位置检测开关 I4 换为 2 楼的位置检测开关 I5；将 2 楼的位置检测开关 I5 改为 1 楼的 I4，此时轿厢楼层位置低于呼叫楼层位置，轿厢上升，直到触发 2 楼位置检测开关 I5 时停止，在 3 楼时，轿厢先下降，M1 逆时针旋转，直到触发 2 楼位置检测开关 I5 时停止。

⑨三楼呼叫电梯的程序，同之前类似，简单修改对应楼层的位置检测开关编号即可。

（5）软硬件调试

软硬件调试的具体内容，详见 3.1.3 及 3.1.4。

（6）反思与总结

至此，我们已经成功地完成了一次"机电产品"的实训体验之旅。收获满满的同时，我们还需要对这次实训进行反思与总结，通过本次实训：

①是否了解了机电一体化技术出现的目的及意义？

关键词：需求、工程、技术进步。

②是否了解了机电一体化的构成及关键技术？

关键词：机械、控制、信息交互。

③是否了解了团队协作的作用及目的？

关键词：分工、协调、效率。

④是否体验到了工程技术在人类进步、国家发展的过程起到的巨大作用？

关键词：科技是第一生产力、中国制造。

⑤实训过程中遇到了哪些困难，是否已找到答案？这次经历是否会给你未来的工作学习带来帮助？

关键词：时间不足、工程经验困乏、学以致用。

4. 项目思考题

①技术是工程的全部吗？在设计、生产、销售、报废等过程中，是否还有其他的因素制约着工程项目的发展？

②面对各种需求，作为未来的工程师，如何进行取舍？

③资料显示：由于日本是一个多地震的国家，从 2009 年开始，建筑标准法规要求新安装的电梯必须加装安全抗震设备。设备可以确保电梯感测到地震后，自动停靠在最近的楼层。这样就大大减少了地震中的电梯事故。针对以上信息，是否可以简述，标准在工程活动中起到了什么作用？标准是如何制定出来的？是否可以针对您身边的工程产品，提出您的"标准"。

5. 机电模型的构建与调试

（1）"慧鱼创意"模型

"慧鱼创意"（以下简称"慧鱼"）模型，是由 Arthur Fischer 博士在 1964 年在其专利"六面拼接体"的基础上发明的。它是一个结构件的家族，是由机械构件、电子元件、传感器、气动构件、控制器（Robo Interface）及专用软件（Robo Pro）所组成的系统，如图 3-1-52、图 3-1-53 所示。它使用计算机、控制器及编程软件进行编程、调试及控制。模型采用模块化设计，各个种类模型间的零件可以通用，可反复拆装，可逼真地再现机械系统、控制系统的构成，以及机械结构部分的工作过程和控制过程的工作原理，便于学生对机电一体化技术的全面了解。

图 3-1-52　"慧鱼"模型的零件　　　图 3-1-53　"慧鱼"模型作品

学生可利用慧鱼的基本构件，根据给定的图纸，完成机电一体化作品的组装和功能的实现。在这一过程中，可以使学生直观了解各类机械设备和自动化装置的常用结构与工作原理，了解机电一体化系统的总体构成，了解机电一体化系统的设计、组装与调试的方法。另外通过"慧鱼"模型的搭建和组装也培养了学生的实际动手能力，发现问题、解决问题的能力，以及创新设计能力。

（2）机电模型搭接注意事项

①自动门

a. 说明书 60 ~ 61 页内第二、三、四步骤内有部分零件不需要连接，如图 3-1-54 所示。

（a）　　　　　　　　（b）

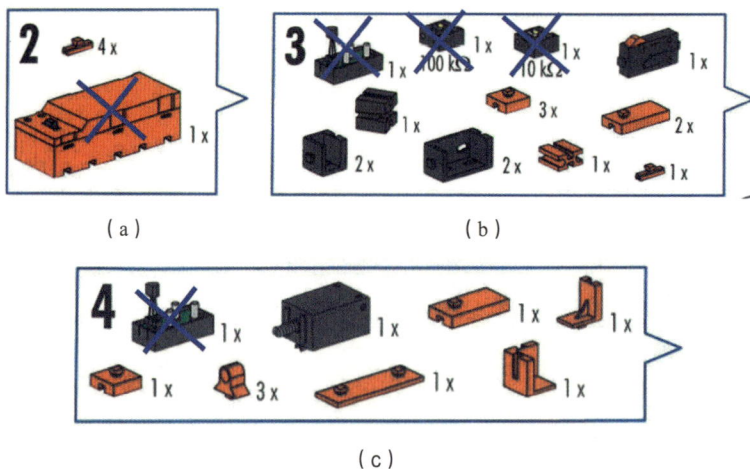

（c）

图 3-1-54　无须搭接零件示意图

b. 组装中的 LED 灯泡可以省略或用手机闪光灯代替，LED 灯罩可以不安装。

c. 注意微动开关 I1 及 I2 红色按钮的朝向。

②记里鼓车

a. 注意微动开关 I1、I2 同四齿齿轮间位置配合，如图 3-1-55 所示。

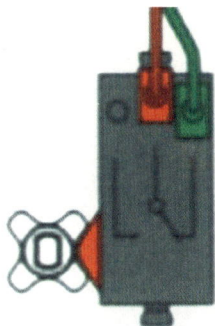

图 3-1-55 四齿齿轮与开关的配合

b. 为了提高效率，小组成员需要在组装前预览所有步骤内容，把任务分解为若干个小任务，不必所有成员同时完成一个步骤的组装任务。例如可将任务分解为：车体左右对称两部分。

③机械手

为了提高效率，请小组成员在组装前预览所有步骤内容，把任务分解为若干个小任务，不必所有成员同时完成一个步骤的组装任务。例如可将任务分解为：底座、支撑部分、机械手等三个任务。

④边缘检测车

a. 注意 4 个微动开关 I1~I4 同其下方的红色小方块零件之间要留出适当距离，以便支杆可以触发开关，如图 3-1-56 所示。

b. 为了提高效率，请小组成员在组装前预览所有步骤内容，可将任务分解为：车体左右对称两部分，4 个边缘检测臂等子任务。

⑤自动门（气动驱动）

a. 为了提高效率，请小组成员合理分工，可将任务分解为：储气缸、门两个任务。

b. I2 光电传感器导线连接有正负之分，导线正极必须连接在光电传感器的红色端口，如图 3-1-57 所示。

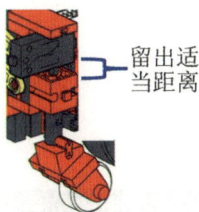

图 3-1-56 留出适当空间　　图 3-1-57 光电传感器正极示意图

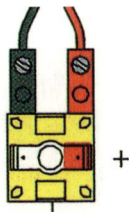

（3）综合调试

①认识 TXT4.0 控制器

TXT4.0 控制器可以使电脑和模型之间进行有效的通信。它可以传输来自软件的指令，比如激活马达或者处理来自各种传感器的信号，如图 3-1-58 所示。

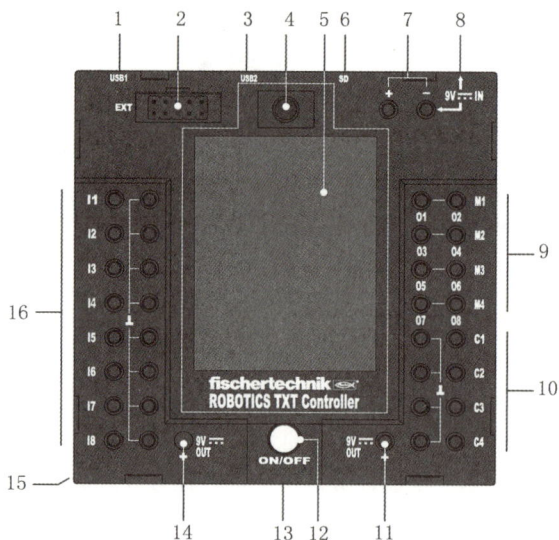

图 3-1-58　TXT4.0 控制器

表 3-1-1　TXT4.0 序号各端口功能

序号	功能	序号	功能
1	TYPE A USB 接口（USB-1）	9	输出端口
2	EXT 扩展接口	10	C 型输入端口
3	Mini USB 接口（USB-2）	11	9 V 输出
4	红外线接收器	12	电源开关
5	显示屏（触摸）	13	扬声器
6	Micro SD 读卡器	14	9 V 输出（正极）
7	9 V 直流输入端口	15	控制器电池存放处
8	9 V 交流输入端口	16	输入端口

a. TXT4.0 常用端口介绍

（a）EXT 扩展接口

当单个 TXT4.0 控制器的输入 / 输出端口个数不满足设计需要的时候，可通过 EXT 扩展接口连接额外的 TXT4.0 控制器，使输入 / 输出端口数量翻倍。

（b）USB-1、USB-2 输入 / 输出端口

USB-1 接口可连接 TYPE A 接口的 USB 端口外设，例如 USB 接口的摄像头，其接口速度为 USB2.0。USB-2（Mini USB）接口主要用于连接电脑客户端。

（c）无线连接（图 3-1-59）

TXT4.0 控制器支持无线 Wi-Fi 及指定红外遥控设备进行无线控制及操作。

（d）M1~M4（O1~O8）输出端口

可连接四个 9 V 直流马达（向前，向后，停

图 3-1-59　TXT4.0 无线连接

止，八级调速）、蜂鸣器、灯泡等输出设备，连续运行电流 250 毫安，带短路保护；另外也可以连接 8 个灯到单个的输出 O1 ~ O8（用电器的另一端可连接到接地端），常用的输出设备如图 3-1-60 所示。

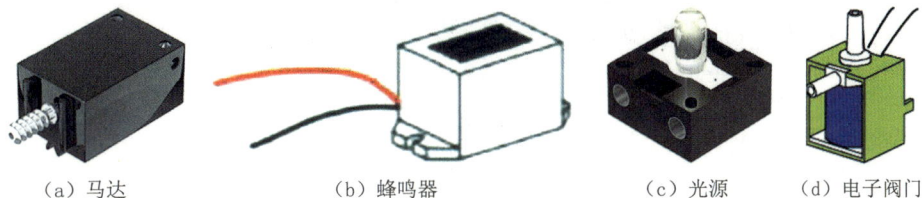

（a）马达　　　　　（b）蜂鸣器　　　　　（c）光源　　　（d）电子阀门

图 3-1-60　常用的输出设备

（e）数字量输入端口

可连接传感器，比如微动开关、光电传感器及颜色识别等输入设备。电压范围 0~10 伏，ON/OFF 的切换电压值为 2.6 伏，输入阻抗为 10 千欧。常用的输入设备如图 3-1-61 所示。

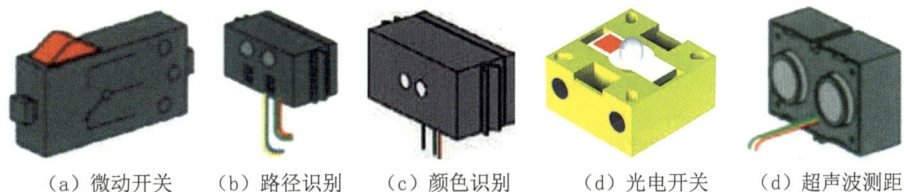

（a）微动开关　　（b）路径识别　　（c）颜色识别　　　（d）光电开关　　（d）超声波测距

图 3-1-61　常用的输入设备

（f）C1~C4 输入端口

快速计数端口，也可作为数字输入端口，常用于连接编码电机（图 3-1-62）的计数输入端。

图 3-1-62　编码电机

（g）9 V 输出端

其可为颜色识别传感器、超声波测距传感器或路径识别传感器等提供 9 V 直流电压。

b. 硬件连接

（a）将输入设备通过导线分别连接到 TXT 控制器的输入端口 I1~I8，如图 3-1-58 所示。

（b）将输出设备通过导线分别连接到 TXT 控制器的输出端口 M1~M4，如图 3-1-58 所示。

（c）分别将 USB 线，9 V 电源线连接到 TXT 控制器 USB 输入端口及电源端口，如图 3-1-58 所示。

c. 软 / 硬件调试

（a）双击 ROBO PRO 程序图标 ，进入 ROBO PRO 编程软件的用户界面，如图 3-1-63 所示。

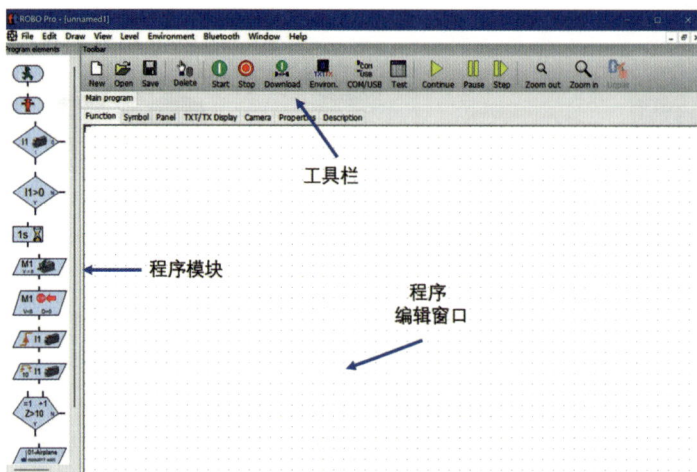

图 3-1-63　用户界面

（b）点击工具栏中的 Environment，在下拉菜单中选择控制器的环境变量——ROBO TX/TXT Controller，Environment 变量，必须在编程前选择完毕，如图 3-1-64 所示。

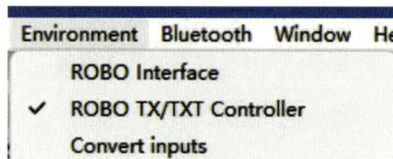

图 3-1-64　环境变量选择菜单

（c）点击工具栏中的 图标，在弹出界面里选择端口和控制器的类型。在这里我们选择 USB 和 ROBO TXT Controller，然后点击"OK"确认。如想进行编程练习，可无须连接控制器，这时 Port（端口）选择 Simulation（仿真）即可，如图 3-1-65 所示。

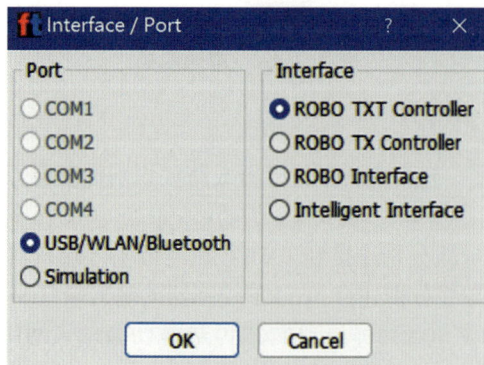

图 3-1-65　端口选择界面

（d）点击工具栏的 ▣ 测试图标，在弹出窗口中我们可获取 / 控制：INPUTS（输入）/
OUTPUTS（输出）硬件设备的工作状态。窗口右下方的绿条显示了电脑和控制器的连接状态。

当数字量输入端口有输入信息的时候，对应的输入 I 端口会显示一个对号，表示数字信号
的"1"状态，反之为"0"状态。例如，按下与 I1 相连接的开关，如检测界面中对应的 I1 图
标由"无"变为"对号"，则说明该开关正确，其对应数字信号为"0 → 1"。

在测试界面可直接控制硬件的输出设备，如电动机、灯泡、电磁铁等设备的工作状态。如
点击测试界面的输出量 M1 端口，与 M1 端口所连电机会做相应动作，则说明电机连接正确，
反之则检查电机正负极是否连接正确，导线是否导通。其中，CCW 电机逆时针旋转，CW 顺
时针旋转，STOP 停止，电机可 8 级调速，如图 3-1-66 所示。

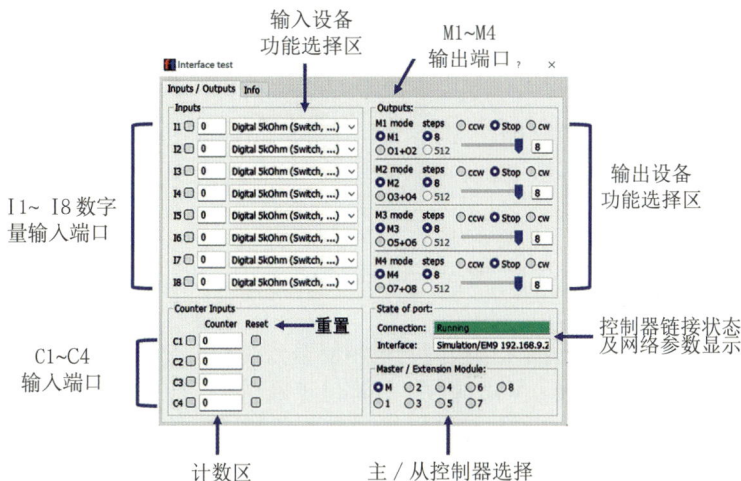

图 3-1-66　测试界面

（e）点击工具栏中的 ▯ 新建图标，开始编写程序。

（f）程序编写完毕后，点击工具栏中的 ▣ 开始图标，进行测试。如发现问题可点击工
具栏中的 ● 停止图标，终止程序的运行，排查是否所编程序出的问题，如确认无问题可返回
到（d），测试硬件设备是否工作正常，排除故障，程序可正常运行。

d. 常见问题

（a）如点击运行时弹出"The program flow output of the element is not connetced"对话框，
程序无法运行怎么办？

答：出现这个问题一般都是由于程序中的各个模块连接时有断路产生，解决办法是找到断
路处，重新连接即可。

（b）在画图过程中出现"A connection must start at a pin another connertion"对话框，无法
画图怎么办？

答：出现这个问题一般是由画图过程中出现鼠标左键快速多次单击（三次及以上）所致，
解决办法是按键盘的"ESC"按键，然后左击最后所画的线条，点击键盘的"Delete"按键删
除即可。

（c）当所用程序模块较多，窗口无法显示程序怎么办？

答：可点击工具栏右侧的放大 / 缩小图标 来调整程序模块的大小。

（d）硬件工作正常，程序设计也正确，但是运行时提示没有连接控制器怎么办？

答：出现这个问题一般都是由于开了多个编程界面所致，如图 3-1-67 所示。解决办法是关掉多余的编程界面即可。

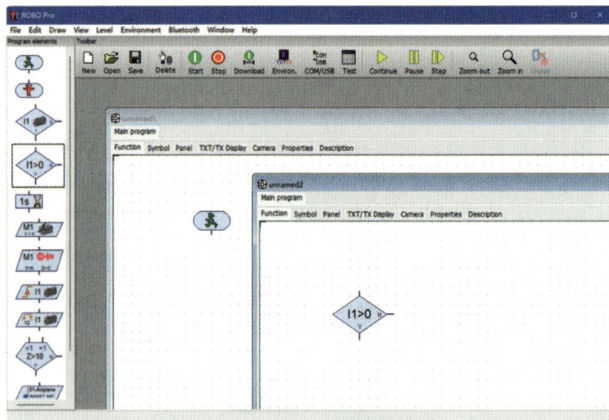

图 3-1-67　多编程界面

（e）连接控制器与电脑后但无法检测到控制器怎么办？

答：检测控制器的 USB 及 9 V 电源线是否都已正确连接；

检查控制器的启动开关是否打开，TXT 控制器的显示屏是否显示已完成自检；

检查 ROBO Pro 程序的端口是否设置正常，是否设置为 USB 和 ROBO TXT Controller。

（f）程序运行时弹出 "I1~I8 中某一个输入端口地址不匹配" 对话框，程序无法运行怎么办？

答：出现这个问题是由于 Environment 变量没有在编写程序前设置正确造成的。解决办法是按照正确步骤重新编程即可。

3.2　工程中的利益伦理——以机电应用为例

2010 年 10 月 9 日，谷歌公司在其官方博客中宣布，正在开发自动驾驶汽车，目标是通过改变汽车的基本使用方式，协助预防交通事故，将人们从大量的驾车时间中解放出来，并减少碳排放。20 多年过了，汽车行业几乎发生了翻天覆地的变化，随着技术进步、政策推动、成本下降，无人驾驶汽车从科幻变为了现实。无人驾驶汽车综合了人工智能、通信、芯片、汽车、新能源等多项技术，所涉及产业链长、经济价值巨大，已经成为各国汽车产业与科技产业跨界、竞合的必争之地。

3.2.1　工程中的价值实现

1. 无人驾驶汽车优点

（1）经济效益

一旦自动驾驶汽车完全整合到日常用车和公路运输系统中，将会为整个社会带来巨大的经济效益，作为参考，中国道路交通事故每年发生 20 万起以上，造成的直接经济损失超过 12 亿元人民币，就算自动驾驶汽车仅能减少 10% 的事故，也能节省 1.2 亿元人民币损失。

无人驾驶汽车综合了机电、芯片算力、AI 算法、新能源、传感器等多个领域，所涉及产业链长，市场规模及潜力巨大。数据显示，2016—2019 年我国智能驾驶市场规模由 490 亿元增至 1 702 亿元。

（2）拯救生命

据统计，90% 的道路交通事故由人为犯错引起，其中走神、疲劳、酒驾、超速占据了相当大的比重，全世界每年有 130 万人因车祸丧生，仅中国就有 6 万人以上，自动驾驶汽车由于其智能 AI 的特性，可以做到令行禁止，这将大大降低上述人为因素所导致的事故发生概率。

（3）无法开车的人能更方便地出行

无人驾驶这一属性，使得之前受身体缺陷而不能开车的人们，例如色盲、老年人和残疾人等，享受到了便捷出行的福利。

（4）更节省时间

随着高精度检测、5G 通信、高算力芯片的出现，无人驾驶汽车能够快速地感知周围的其他车辆并与它们进行通信，根据交通法规，通过设定好的程序，互相调整各自的位置。这使得随意停车、任意变道、加塞等行为会成为过去，交通秩序将变得更加良好，低车速下的小型剐蹭、碰撞事故也将有可能被彻底避免，相应的车速会变得比现在更快，人们的出行效率会变得更高。

2. 无人驾驶汽车缺点

（1）隐私及安全

无人驾驶汽车由于驾驶控制需求，不可避免地要实时采集车内语音信息、车外环境信息及所在地理位置信息。这些信息是否会被有心人利用，如何有效地保障车内人员的隐私，以及是否能避免车辆被远程非法控制，这些问题都让人们感到担忧。

（2）失去工作

为了保证安全，货车司机连续驾驶 4 个小时就需要进服务区休息 20 分钟，而一辆无人驾驶货车理论上可以 24 小时、365 天不间断地运行并能确保安全，且能够产生成倍的效益。无人驾驶汽车的普及，是社会和科技发展的必然，但这必定让那些以驾驶营运车辆为生的人失去工作。

（3）伦理及法律

当无人驾驶汽车遇到不可避免或将要发生碰撞的事故时，是优先保护车内乘客的安全还是车外人员的安全？根据现有的交通法规，这个问题对于人工驾驶而言是毫无意义的，责任可以清晰地划归到每个人的头上。现有的交通法规，对于无人驾驶汽车而言还有很大的空白存在，刚刚的问题到底是归结到程序设计者的身上，还是驾驶员的身上？二者都很冤枉，程序设计者保护了车内人员的安全，没有错。驾驶员虽然是车辆的控制者，但是他又没有参与实际的驾驶过程，也没有错。那么，到底谁错了？

3.2.2　工程中的价值协调

从无人驾驶汽车的优缺点分析中，可以看出利益相关群体有工程技术人员、项目经营者、消费者、间接受影响的职业驾驶员等。从工程技术人员的角度出发，他们可能将项目重点更多地放在科技研究上；从项目经营者的角度出发，他们可能将项目重点更多地放在利益最大化上；从消费者的角度出发，他们可能对项目的关注点更多地放在价格、质量、售后服务等方面；间接受影响的职业驾驶员对于项目而言，可能给予更多的是敌视和愤怒。

可见，正如无人驾驶汽车发展过程中所可能出现的优缺点及相关人群关注重点一样，工程往往是有些地区、有些人群受益，而同时也有些地区和有些人群要做出牺牲，这里就涉及复杂的不同人群之间的利益补偿、利益协调问题，公平公正问题十分突出。

3.3　工程中的价值、利益与公正

3.3.1　工程的价值及其特点

1. 工程价值的导向性

从微观上讲，即从具体的工程项目来看，作为人们自觉主动地变革自然的实践活动，工程活动是具有强烈的价值导向的。近期国家重点建设的"天宫号空间站""奋斗者号深潜器"等大型工程项目，就是为了增强国防实力，提升中国的国际地位。在工程项目的全生命周期中，获得经济利益、追求科技创新、维护人与自然的协调，以及为人民大众谋福祉等目标是这类工程的出发点和驱动力。

由工程的目标价值导向性，引出一个重要的伦理问题，这就是：工程为什么人服务，为什么目的服务？改革开放前的一段时期，我国主要强调政治标准，着重考察科技人员"是不是爱国的"，是不是"愿意为人民服务，为社会主义国家服务"。在当今形势下，工程活动的价值导向性问题，特别是从社会伦理的角度思考工程活动的目的，确保工程符合公平公正等基本伦理原则，变得非常重要。

2. 工程价值的多元性

在工程的建造过程中，涉及各种利益协调和再分配问题。随着科技的进步，工程建造进入大工程时代，工程牵涉的利益集团更为复杂，如工程的投资人和所有者、工程实施的组织者、工程方案的设计者、工程的建造者、工程的使用者以及受到工程影响的其他群体。能够尽量公平地协调不同利益群体的相关诉求，同时争取实现利益最大化，是工程伦理的重要议题，也是工程活动所要解决的基本问题之一（图 3-3-1）。

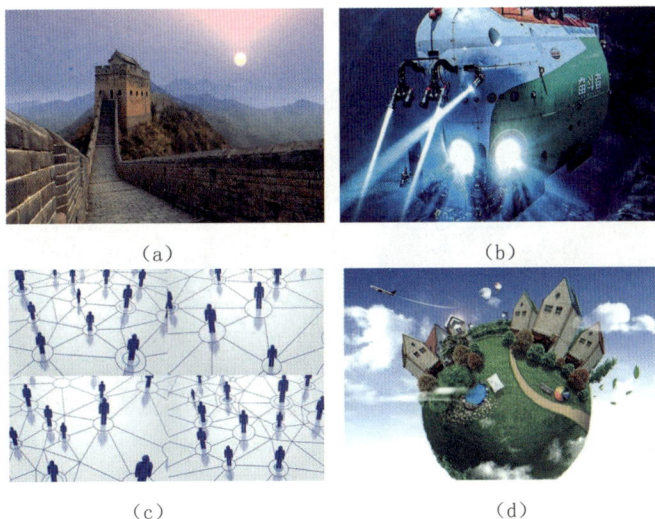

（a）	（b）
（c）	（d）

图 3-3-1　工程缩影

工程实践是人类社会存在和发展的基础。工程活动是价值导向很强的一种实践活动，可以应用于经济、政治、社会、文化、科学、生态等诸多领域，发挥相应的价值。

一说起工程价值，人们的第一反应就是工程的经济价值，确实，生活中我们常说货比三家，大家都希望能买到物美价廉的商品，不过工程的价值不仅仅只有经济价值，在经济之外的其他方面也具有重大价值。

（1）工程的科学价值

工程制造的科学仪器、设备、基础设施是现代科学研究不可或缺的基本条件，例如，航天工程就具有重大的科学价值，因为在地球的保护之下，人类被束缚住了手脚，有很多科学实验是无法完成的。比如在观测宇宙方面，大气层相当于一层滤镜，许多天体是我们在地面上无法观测到的。但如果将望远镜拿到大气层之外，情况就得到很大的改善（图 3-3-2）。

在材料合成方面，地球上由于重力限制，很多合金材料无法融合在一起，而在处于失重状态下的太空站则不存在这样的问题，美国在太空中制造出了多种地球上无法实现的合金，而且太空制造的新型合金，具备的强度、抗疲劳度、电导率、热导率等性能都比地面上加工出来的要强得多。此外，在空间站里，还可以合成新的蛋白质和材料，帮助人们研发出新的药物。而且，人们还可以在空间站中种植植物，用于研究植物在太空中的生长规律，不仅可以为人类在地面上的植物生长研究提供依据，还能为将来人类移民外太空积累科学基础。除了对材料、植物进行研究，人类还能对宇航员长期处于失重状态下的心理、身体指标进行研究，为人类更多的星际探索、移民提供科学依据。这些科学价值往往不会在短期内产生经济价值，但是却会在未来带来不可估量的价值。

由于某些原因，我国一直被国际空间站拒绝进驻，使得在很多研究领域都无法进行太空实验，大大限制了科技发展速度。中国的科研工作者们通过长期艰难的科技攻关，耗费了巨大的人力、物力，才取得了今天"天和核心舱"和"天舟货运舱"的成功发射，不仅扫清了科技发展路上的障碍，驶入了快车道，而且在未来的十几年内，我国的"天宫号"还很可能是人类在太空中唯一一个能提供稳定太空科研平台的空间站。"天宫号"空间站（图3-3-3）作为我国2021年航空工程项目的代表，不仅有利于我国太空研究的开展，也有利于人类进一步研究宇宙的奥秘，为人类文明进步提供有力的支撑，淋漓尽致地体现了其工程的科学价值。

图3-3-2　哈勃空间望远镜

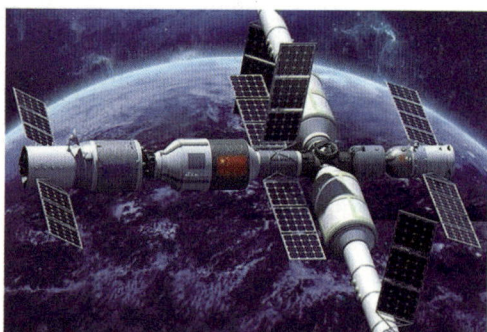

图3-3-3　"天宫号"空间站

（2）工程的社会价值

现代医药科学技术的进步，大大提高了人均寿命及人们的健康水平，生产的机械化、自动化、智能化减少了工人的劳动强度和劳动时间，信息通信技术增进了人的智力和创造力，总体而言，现代科学技术尤其是其成果的工程化、产业化，改善了人们的生活，提高了生活质量。具体而言，信息媒介技术为社会动员和社会整合提供强有力的手段。

例如，20世纪三四十年代，时任美国总统富兰克林·罗斯福（图3-3-4）利用刚刚兴起的广播媒介，借助《炉边谈话》节目，向美国人民进行宣传，为美国公众理解和支持政府的新政以及参加第二次世界大战的决策发挥了重要作用。

图3-3-4　富兰克林·罗斯福

工程产品的发明创造及其大众化、普及化，对社会阶层之间的关系可以起到弥合作用。如美国汽车大王福特发明的汽车流水生产线（图3-3-5），大大降低了汽车的制造成本，使得产业工人也买得起汽车，轿车进入了寻常百姓家。

(a)　　　　　　　　　　　　(b)

(c)　　　　　　　　　　　　(d)

图 3-3-5　早期福特汽车生产流水线

在 2021 年，我国早已进入宽带到户，全面 4G，普及 5G 的时代，现在的大学生们可能想象不到在之前的 2G、3G 时代，人们的通信费用是十分高昂的，正是由于我国对于通信这一社会价值的高度重视，再加上全国科研人员几十年的不懈努力，才使通信完全融入我们的生活中（图 3-3-6）。

(a)　　　　　　　　　　　　(b)

图 3-3-6　通信技术的进步

（3）工程的文化价值

印刷出版、广播电视等传统媒介技术能够迅捷地传播文化，提高大众的科学文化水平；而互联网、移动通信等数字新媒体，则进一步打破时空界限，传播内容更丰富，信息量更大，大大提高受众的主体性，深刻地影响和改变人们的思维方式与行为方式。文化活动、文化产业、文化事业需要先进的工程科学技术为之提供基础设施、物质装备和技术手段。有哲人说"建筑是凝固的音乐"，其实，所有工程都是科技、管理、艺术等要素的集成和结晶，好的工程活动及其产品能够给人以美的享受，具有文化艺术价值。标志性的工程还会成为所在地和所属民族的精神纽带，有助于增进民族与国家的自豪感和凝聚力。近年来，我们越来越重视工业遗产的保护和利用，反映出我们对工程的历史文化价值的认识有了新的进步。此外，工程实践及其职业所包含的造福人类、不断创新、追求质量和效率、团队合作、务实精准等工程精神，是工程

145

内在的思维方式、行事方式及行为规范，这本身就属于文化范畴，具有文化价值属性。我们所熟知的故宫就是很好的例子。

故宫，旧称紫禁城，从永乐四年（公元1406年）开始修建，到永乐十八年（公元1420年）基本竣工。我们在感叹这片占地面积约72万平方米的连绵殿宇，如何只耗时14年便建造成功的同时，更让人叹为观止的是，其对建筑科学的运用。据统计，故宫古建筑自建成以来，经受至少222次地震的考验。如1679年北京平谷的8.0级大地震等。故宫每一次都能全身而退，在风雨之中屹立不倒。故宫能在历次天灾人祸中安然无恙，均得益于其建筑构造中的理论科学支持，正因对建造数据进行精确的把控和计算，再加上对建筑结构的透彻分析，造就了故宫600多年屹立不倒的奇迹。

我们可以发现，故宫建筑之所以坚实稳固，是因为其斗拱结构蕴含精巧的构思。其斗拱结构，就相当于汽车里的减震器，木块牢固结合，每层又有松动的空间，零件的摩擦和转动有效抵消了地震产生的冲击力（图3-3-7）。所以说，故宫的美不单单在于外观，更在于古代的工程技术人员将工程与视觉相结合，造就了工程之美。

图3-3-7　故宫及斗拱结构

（4）工程的生态价值

传统工程以自然界为作用对象，从自然界获取资源和能源来满足人类的生存与发展。由于不加节制地开发和利用自然资源，肆意向自然环境排放废弃物，结果造成环境污染、生态系统功能退化等危及人类持续发展的严重危机。在这个意义上讲，这样的工程的生态价值是负面的。人们逐渐认识到这些问题，工程也开始转向节能、降耗、绿色、环保、低碳以及环境友好型方向，大力开发新兴能源，发展循环经济，所以，工程的生态价值的性质也在发生转变（图3-3-8）。

图3-3-8　绿色生态

　　我国目前汽车尾气排放正在实行的国家第六阶段机动车污染物排放标准（图 3-3-9），是目前全球最严格的尾气排放标准之一。这一标准的出台，就要求发动机、尾气过滤系统等对应的工程技术做出突显工程生态价值的调整，而不仅只像之前一样更多地突出工程的其他价值，例如经济价值。同时，我国大力倡导的碳排放法规，也督促着工程技术向绿色制造、可再生能源领域前进。此外，有些工程成果可以以微妙的方式发挥生态价值作用。例如，卫星从太空拍摄的地球高清照片，能够让我们更好地认识自己的地球母亲，欣赏到她的美丽，体会到她的柔弱，触发我们为保护地球母亲而贡献力量的感情和决心。

图 3-3-9　国家第六阶段机动车污染物排放标准

　　作为现阶段的消费者，我们是否会为环保买单？是否会为同样性能，价格更高的环保设计买单？作为未来的工程师，我们是否会为迎合高利润，而放弃低利润、高成本的环保设计方案？是追求眼前的小利，还是追求长期绿色可协调发展？绿水青山就是金山银山，相信各位读者朋友们都应该有了自己的答案。

　　（5）工程的政治价值

　　在 20 世纪 20 年代，美国纽约一位规划师摩西，在通往长岛的通道上设计了一座很低的桥梁，以实现其政治意图：私家小轿车可以通行，富人不受限制而大型公交车不能通过，从而限制穷人和黑人抵达旅游胜地琼斯海滩。据记载，发明家爱迪生曾经发明了一架自动记录投票数的装置，以加快国会的投票、计票工作，但一位议员告诉他，他们无意加快议程：有时慢慢投票是出于政治上的需要。

　　工程政治价值的一个极端表现是其军事价值：先进的工程技术往往率先被用于研发武器装备，例如电子计算机、原子弹，而科学技术特别是科学技术在工程化、产业化上的新进展，不断开辟新的原料来源，摆脱了对原产地的依赖，这样就以和平的方式改变了国与国之间的相互关系格局。例如，化学家改进哈伯-博施合成氨法，可以用凝固空气中的氮分子的方法来生产硝酸盐，从而使得第一次世界大战前夕，三分之二的国民收入依靠硝酸盐出口的智利经济元气大伤，智利依赖硝石占据原材料垄断地位的优势从此被打破。

　　再比如地铁施工中使用的盾构机（图 3-3-10），我国从被外国"敲竹杠"，到如今全球领先，中国盾构机在这 20 年的时间里走出了一条逆袭之路。早在几十年前，中国就开始试图使用盾构机来进行城市和山区的挖掘，但当时的中国并不具备盾构机的生产和设计技术，因此试图向欧洲等国家进行盾构机的采购，但某些欧美国家看到了中国没有自主研发和制造盾构机的能力，在盾构机销售上对中国狮子大开口，两台二手的盾构机就向中国要价 7 亿美元，为了提升隧道挖掘的进度，我国还是咬咬牙选择了采购两台盾构机，然而当盾构机出现故障之后，我国要求外国厂家进行维护时，他们不仅在现场拉起了警戒线，禁止我国人员靠近，甚至就连维修的进度也是外国专家自己说了算，咨询费更是达到了高昂的几千元一天。

图 3-3-10　盾构机

这样的教训让我国终于意识到，核心技术只有掌握在自己手中，才不会被其他国家"卡脖子"，因此，我国在 2002 年将盾构机列为国家重点工程进行研究，调集了大量人力和物力进行研发，在我国科技人员夜以继日长达 4 年的研发之后，我国第一台拥有自主知识产权的复合式盾构机正式在河南新乡下线，被命名为中铁 1 号。

在实现了从无到有的突破之后，我国工程技术人员继续进行后续研发，在 2017 年实现了我国自主设计最大直径泥水平衡盾构机的建造，正式宣告中国成为全世界范围内的盾构机强国。我国的盾构机技术的先进程度也得到了外国的承认，孟加拉国际化河底隧道工程就曾向我国采购这款超大型盾构机，俄罗斯向我国采购的胜利号盾构机则意味着我国的盾构机已经具备了在俄罗斯 -30 ℃严寒等特殊的气候环境下进行作业的能力，是我国盾构机技术成为全世界范围内首屈一指的强国的另一有力佐证。我国工程技术人员在工程化、产业化上的拼搏创新，一举打破了外国对我国的技术封锁，也同时改善了中国在国际上的政治地位。

3. 工程价值的综合性

工程作为变革自然的造物实践，一项工程不仅仅只具备经济、科学、政治、社会、文化价值的某一项价值，而是同时包含着多种价值。前述工程的经济、政治、社会、文化、科学、生态等各种价值，是主体分别从这些不同方面对工程的作用和功能所做出的评价。

实际上，即使是一项经济领域的工程，例如建造一个自动化流水线或一座桥梁或开发、设计和生产一种新产品，除了满足用户的使用需要，获得经济回报等这些工程经济价值外，它还具有文化与工程技术的有机结合，所体现出的工程文化价值；处理本国技术难题，解决被国外"卡脖子"的工程政治价值；通过国家及社会的投入，利用工程技术，便利社会群众的工程社会价值；还有通过国家政策导向，工程技术上侧重于绿色制造，体现绿水青山就是金山银山的生态价值，以及在工程实践过程中发明创造的新材料、新科技的科学价值等的工程价值。

综上所述，工程价值具有导向性、多元性、综合性的特点（图 3-3-11）。我们更加关注的是一项工程的各方面工程价值的正负性质。我们一般都希望在预算、工期等约束条件下，工程各方面的价值都是我们所期望的、向往的，于我们是有利的，而且正向价值越大越好。这就需要在这些不同工程价值之间做出权衡取舍和协调优化。我们应当避免和防止极端地追求某一方面的工程价值，而牺牲其他方面的工程价值，甚至造成其他工程价值变为负值。

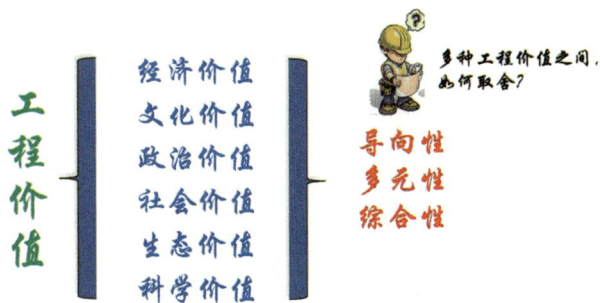

图 3-3-11　工程价值的特点

由于工程的上述价值特点，工程能力、工程职业、工程实践、工程成果等，就成为一个人、一个企业、一个社会、一个国家的宝贵资源和财富。如何分配和使用这种资源与财富？造福于大多数民众，还是为少数人服务？无疑是关涉公正的社会伦理问题。

3.3.2　工程中的利益关系

在人类社会的历史长河中，有很多不同类型的重要活动，其中工程活动是最重要、最基本的活动之一，它推动着人类社会的进步和发展。工程活动综合了科学、技术、经济、社会、管理、政治、伦理、美学等多种要素，"集成性"和"建构性"是它的基本特点。工程活动不仅深刻地影响着人与人的关系，同时也深刻地影响着人与自然以及人与社会的关系。

工程活动都是有明确价值目标的活动，像直接的技术目标和经济目标，还有社会目标、文化目标及政治目标等。在追求目标实现的过程中，由于工程活动的复杂性，工程活动中的利益主体并不完全一致，既存在统一的工程利益主体，又存在由于工程内部不同分工而形成的不同利益主体。因此，工程伦理学所要解决的基本问题之一就是要有效地协调工程活动中的各种利益关系，兼顾各主体间不同的利益诉求，公正合理地分配工程活动带来的利益、风险和代价。从总体上看，工程活动中的利益关系包括工程内部不同主体之间的利益关系和工程与外部环境之间的利益关系两个方面，工程与外部环境之间的利益关系又可以分为工程与社会环境之间以及工程与自然环境之间的关系。

1. 工程共同体——工程的利益相关者

任何工程活动都是以人为主体的集体活动，我们把工程活动的主体称为工程共同体。工程共同体中的个体处于不同的岗位，担当不同的角色，承担各自的职责，不同个体在工程活动过程中既有分工又需彼此合作，不同成员在工程活动中发挥着自身特定的、不可缺少的重要作用。工程共同体的成员包括工程师、投资者、工人、管理者和其他的利益相关者。

工程师是掌握专业知识和技能的人，虽然工程师与工人都是被雇佣的劳动者，但工程师的职业性质与职业特征决定了工程师的身份并不像工人那样"单纯"，谢帕德把工程师称为"边缘人"（marginal man），因为工程师的地位有部分作为劳动者，部分作为管理者，部分是科学家，部分是商人。莱顿说"工程师既是科学家又是商人。""科学和商业有时要把工程师拉向对立的方向。"从社会发展史看工程师群体，大多数工程师并不是独立工作者，而是"公司雇员"，于是在最初，"忠诚于雇主"就成了工程师群体的一个重要的"职业道德原则"。随着工程活动的规模愈来愈大，复杂程度越来越高，职业工程师发挥的作用也愈来愈大，从20世纪初开始，随着对工程师职业的认知不断深入，对工程师职业伦理原则的认识也进入了一个新阶段，认识到工程师不但应该"忠诚"于雇主而且更应该"忠诚"于"全社会"，突显了工程师的社会作用和社会责任。2004年召开的世界工程师大会发表的"上海宣言"更是强调为社会建造日益美好的生活是工程师的天职。对工程师来说，由于他们的工作与科学技术的应用效果、与公众的利益关系更为密切，他们的责任就显得更为直接。邦格甚至认为"只有他们的工作才有祸福可言"，从而提出如下的"技术律令"："你应该只设计和帮助完成不会危害公众幸福的工程，应该警告公众反对任何不能满足这些条件的工程。"工程师的工作在很大程度上直接决定着工程的质量和安全。

工人是工程共同体中一个处于弱势的群体，但工人是工程活动绝不可缺少的基本组成部分。在工程活动中工人常常承受着最大和最直接的"施工风险"，由于存在安全方面的缺陷和忽视安全生产的情况，工人的人身安全甚至是生命安全常常缺乏应有的保障。在工程实践过程中，有时为了片面地追求经济效益，也为工人的人身安全留下了隐患。因此，从"以人为本"的基本原则出发，必须做好劳动安全保护措施，保护弱势群体权益，将劳动安全、公众安全放在同等重要的位置。

工程活动是团体性、集体性的活动。不同成员既要各司其职，也需共同合作才能实现"工程目标"，组织协调活动中各部门、各团队之间的分工与合作，实现高效运营，管理者是必不可少的组成部分；工程活动是创造的过程，是把想法变为现实的过程，缺少了投资，就缺少了实现目标的物质基础，因此投资者也是工程共同体的重要组成成员。

利益相关者（stakeholder）这个概念源自20世纪60年代的企业管理领域，stakeholder是stockholder（股东）概念的泛化。斯坦福研究院首次对"利益相关者"的概念进行了界定，认为"利益相关者"是指企业发展过程中存在着一些相关的利益群体，如果没有利益群体的支持，企业将无法生存和发展。到了20世纪80年代，美国经济学家弗里曼（Freeman）对此概念进行了延伸，认为利益相关者是"能够影响组织实现目标或者在目标实现过程中受到影响的群体或个人，是企业价值创造过程中的参与者"。这一定义进一步延伸和扩展了研究对象的外延和范畴，"利益相关者"不仅包括影响组织目标实现的团体或个人，还包括因实施行动去实现组织目标的过程中而受影响的团体或个人。米切尔、斯塔里克、克拉克森等人也在自己的研究中给出了关于"利益相关者"的相应见解。国内的学者关于利益相关者的界定为：那些在企业中进行了一定专用性投资，并承担了一定风险的个体和群体，其活动能够影响企业目标的实现或者受企业实现目标过程的影响。

20世纪80年代以后，利益相关者理论的影响迅速扩大，该理论促进了企业管理方式的转变，扩展了企业管理关注的范围，企业的社会责任开始得到了广泛认同。从工程伦理的视域，有一类利益相关者更需要被关注，就是那些被动地受到工程活动及其结果的影响，特别是负面影响的人群。

工程共同体的"内部"和"外部"关系上都存在着多种复杂的经济利益和价值关系。这些关系既可能是合作、共赢的关系，也可能是冲突、矛盾的关系。在工程共同体内部，各个成员之间存在着各种不同形式的合作关系，比如合作与信任、领导与服从类型的关系；同时又不可避免地存在着各种形式的矛盾冲突关系，比如会存在歧视与不信任、摩擦与对立之类的关系。工程共同体的外部关系表现为它与社会的其他共同体也存在着类似的复杂关系。

在工程活动中的工程师和管理者就有着不同的职业要求与标准，工程师最关注的是工程的质量和安全，而管理者最关注的是企业的经济效益。衡量工程师技术行为最重要的标准是技术标准，而衡量管理者管理活动最重要的标准则是经济标准，工程师和管理者两种不同的职业要求和职业标准，在特定的情况下就可能发生冲突。比如雇主为了降低工程成本、提高经济效益可能希望削减投资，甚至使用廉价的劣质材料。这一做法无疑会危害工程质量和安全，甚至直接危害公众利益或者造成环境污染，从而在管理标准和技术标准、伦理标准之间发生激烈的冲突。在这样的情况下，工程师应该坚持技术标准、伦理标准优先的原则。至少管理标准不应该超过工程标准，尤其是事关安全和质量的问题上。当管理者的要求与工程活动的技术伦理要求发生冲突的时候，工程师应该秉承自己的职业良心，坚持原则。要做到这一点，需要工程师具有高度的责任感和巨大的勇气。

1986 年，美国"挑战者"号航天飞机在发射升空后不久发生爆炸。事故夺去了 6 名宇航员和中学女教师麦考利夫的生命，除了人类生命的惨重损失外，还摧毁了价值数百万美元的设备，使美国国家航空航天局（NASA）声誉扫地。这一事故其实是有机会避免的，在发射前制造飞机的莫顿公司监理工程师伦德已经同意工程师们的意见不同意发射，因为发射现场气温太低，连接推进器的橡皮密封 O 形圈，可能在低温下老化，失去弹性，造成燃料外漏引起爆炸。但是，当公司高级副总裁曼森要求他"摘下工程师的帽子，戴上经理的帽子"后，他改变了主意，不发射的主张发生了逆转。

在工程活动中也会出现因工程师过多考虑个人利益而引起的利益冲突，这种利益冲突会危害工程师判断的可靠性，威胁工程的功能和作用。工程师良好的判断，是建立在专业知识和经验基础之上的，而外来的个人利益考虑会威胁到诚实地为客户和雇主服务所需的良好的判断，使专业人员的判断不能为雇主或客户带来应有的最佳的服务。工程实践中这类利益冲突比较典型的情况：送礼或收礼，行贿受贿，在与自己所在公司有竞争关系和业务关系的其他公司里拥有股份，利用职权、内部信息为自己或者亲朋好友谋利益等。

工程产品（服务）是建立工程（产品）与社会（使用者）之间联系的重要纽带，其中产品的价格直接地反映了企业（工程主体）与消费者（工程用户）之间的利益关系。价格是供需双方都非常关注的参数，它不仅是一个重要的经济因素，也包含强烈的社会伦理意蕴，是影响工程产品和服务的可及性与普惠性的重要因素之一。

工程内部不同主体之间复杂的利益关系表现在工程活动的决策、规划、施工、监管、验收等各个阶段和环节。如工程决策阶段的工程项目投资者与公众、受益者与受损者、不同的投资者之间的利益关系，其他环节的工程投资者与承担者、管理者、设计者、施工者以及工程的使用者等不同主体之间的利益关系等。

2. 工程活动的全生命周期

工程活动不仅涉及人，还涉及决策、政策、价值、社会、生态等多方面因素。工程活动的基本单位是项目。马丁和辛津格认为，一个工程项目的整个过程应该包括以下几个阶段：①提出任务（理念，市场需求）；②设计（初步设计和分析，详细分析，样机，详细图纸）；③制造（购买原材料，零件制造，装配，质量控制，检验）；④实现（广告，营销，运输和安装，产品使用，维修，控制社会效果和环境效果）；⑤结束期任务（衰退期服务，再循环，废物处理）。根据以上关于工程活动全生命周期的理解，可以看出工程活动中"决策"和"政策"的重要性。马丁和辛津格说："工程伦理学是对决策、政策和价值的研究。而这些决策、政策和价值在工程实践和工程研究中在道德上是被期望的。"工程过程实际上是一种技术——伦理实践过程，是内在于技术的独特的价值取向与内化于技术中的社会文化价值取向和权力利益格局之间互动整合的结果。

工程决策规定着工程的整体，是工程实施与使用的基础。决策问题归根结底是一个选择问题，没有多种途径或多种方案供选择，就无所谓决策。工程决策指的是为了实现特定的工程目标，运用科学的理论和方法，系统地分析主客观条件，在掌握大量有关信息的基础上，分析评估若干预选工程方案的优劣，并从中选择出最佳实施方案的抉择过程。工程决策包括两大方面：建设总体战略部署及具体实施方案的选择。通过决策要在工程的功能、技术、经济、社会、生态目标等多方面进行协调优化与权衡取舍。理性的决策的目的就是将积极的后果最大化，并尽可能减少消极的后果。

工程设计是一种带有目的性的人类思维活动。由于目的性的存在，客观地决定了设计活动必然具有伦理意义，必然涉及对实现目的所需采取的手段的道德伦理考量，关涉目的的正当性，以及目的的道德意义。广义地讲，所谓设计，是指运用科学、技术、知识以及实践经验，通过分析、综合与创造，形成满足某种特定功能系统的一种活动过程。设计涉及的领域非常广泛，当人类按照这样的设计去行为，就必然会对人与自然、人与人以及人与社会的关系产生深远的影响。工程设计的伦理原则是贯穿于工程活动全过程的，生态保护原则是工程设计伦理的基本原则之一。工程设计的伦理评价标准是以人为本的人文主义精神。生态保护伦理原则，旨在具体指导人类协调人与自然的关系。人与自然是互相依存的，人类是自然界的改造者，也是自然界的一部分。一方面人有权利利用自然满足自身的生存需要，但这种权利应以不改变自然的基本秩序为限度。另一方面，人又有义务尊重自然存在的事实，保持自然规律的稳定性，在开发自然的同时给予补偿。工程设计要坚持以人为本的标准，利用客观规律为人类的正当需求和目的服务。工程设计主体必须清楚是否应当承担责任，应当承担什么责任以及怎样承担责任。

工程建造是工程活动的核心环节。作为实施阶段，也是最复杂、最突出的工程实践活动。一般的工程活动，建造过程是时间跨度长，风险多，影响面广，责任重大的一个阶段。这一阶段，会受到多项条件的约束，比如时间、成本、环保、效益等。现代工程更加复杂，规模更大、功能的综合性也更强，涉及的因素也更多，所以要求也更高。在工程实施阶段，要依据工程伦理基本原则对工程质量、进度、费用、安全和风险进行协调与控制。

工程活动的各个阶段和环节都会涉及不同主体之间复杂的利益关系，工程活动的全过程都蕴涵着道德问题或伦理因素。美国学者马丁等人对工程产品从概念设想到产品出厂进行了总结，具体如表3-3-1所示。

表 3-3-1　工程活动的各个阶段及其具有道德意义的问题

功能	问题样本
概念设计	产品有用吗？是不是非法的（如毒品）？
市场研究	市场研究是客观无偏见的，还是为了吸引投资者投资做做样子而已？
确定规格	符合已经颁布的标准和准则吗？在原理上是否可行？
合同	费用估算和日程安排都现实吗？是否为了合同故意压低标底，然后指望拿到合同后再谈判提高标价？
分析	是否存在富有经验的工程师，他们能够判断计算机程序的结果是否可靠？
设计	探讨替代方案了吗？提供安全出口了吗？强调对用户友好了吗？有没有侵犯专利？
选购	收到部件和材料后现场检验其质量了吗？
部件制造	工作场合安全、没有噪声和毒烟吗？有充分的时间保证高质量的工艺吗？
组装、建造	工人熟悉产品的目的和基本性能吗？谁监督安全？
产品最终检验	检验者是否同时受负责制造或建造的管理者的领导？
产品销售	存在贿赂吗？广告内容真实吗？给顾客提供好的建议了吗？需要知情同意吗？
安装、运行	用户受到训练了吗？安全出口检验了吗？邻居了解可能的有毒排放吗？
产品的使用	保护用户免于受伤害了吗？告诉用户风险了吗？
维护和修理	维护是定期由称职的人员进行的吗？制造者还有充足的备件吗？
产品回收	有监视使用过程、如果必要回收产品的承诺吗？
拆解	在产品的生命周期结束时，如何对有价值的材料进行再利用，对有毒废物进行处理

　　工程活动不只是技术活动，也是涉及人、社会、自然的伦理活动。工程活动开展过程不仅涉及企业本身的收益和付出，涉及资金成本的管理，也会涉及社会为工程付出的代价，涉及社会成本，比如工程对环境、资源造成的影响形成的代价；对社会、经济等方面造成的影响形成的代价等。社会成本意识的建立有助于减少工程活动开展过程中出现的对社会的不理性行为，像污染问题、环境破坏问题等。

　　工程活动中的利益关系非常复杂，涉及工程与人、工程与社会、工程与自然生态等。一项工程的实施总能给社会一部分人、一部分地区带来直接的利益，包括经济利益、文化利益等，也可能给另一部分人或地区的利益带来损害。同时，一项工程的实施还会涉及局部利益与全局利益、眼前利益与长远利益等之间的关系，这些关系实质上就是社会利益与生态利益两个方面。因此，工程利益的分配必然涉及社会公正问题，涉及复杂的不同人群和团体之间的利益补偿、利益协调问题。能否有效协调各方面的利益关系，在争取实现效益最大化的同时，兼顾效率与公平两个方面，是工程利益伦理所要解决的核心问题。

3.3.3　工程中的利益协调与伦理原则

　　"公正"（公平正义的简称）自古以来一直被看作关于社会关系的恰当性（或合理性）的最高范畴和社会道德责任的典范。公平地对待每一个人，在资源稀少和利益竞争与冲突情况下的恰当分配，是实现社会公正的一个基本方面。近代以来，随着工程活动的发展与进步，人类的生活质量得到了极大地提高。在工程活动中，公正不仅是工程师个人的责任和追求，也是工程职业的责任和追求。关心人本身，保证工程活动的成果造福于人类，一直是工程师的崇高理想。

1. 社会公正的基本原则

社会公正的基本原则是社会公正理论的核心，是社会公正观或公正内容的具体化和措施化，是人们衡量社会公正与否的具体标准。具体来说，社会公正的基本原则主要包括以下几个方面。

（1）基本权利平等原则

基本权利的保证。这一原则强调的是，只要一个人来到世界上，他就具有了不证自明的基本权利。所谓基本权利，也就是人们生存和发展必要的、起码的权利，是满足人们政治、经济、思想、文化等方面的最低的、基本的需要的权利。具体来说，这些基本权利包括：生命权、人身自由权和安全权、免于饥饿的权利、工作的权利、享受基本生活保障的权利、受教育的权利、参与公共事务的权利等。只有保证人民享有这些最基本的权利，这个社会才是公正的社会，这是社会公正的底线要求，这一原则实际上是底线原则。

无论是《中华人民共和国宪法》《俄罗斯社会主义联邦苏维埃共和国宪法》，还是法国的《人权宣言》，或是 1948 年联合国大会通过的《世界人权宣言》，都将基本权利的平等作为追求的重要理想和目标，这也是社会公正的首要原则。

（2）共享原则

机会平等，具有大致相同能力和相同意愿的社会成员应当有着大致相同的发展机会和发展前景。即社会发展的成果对于社会的绝大多数成员而言具有共享的意义，那么这个社会才是真正公正的社会。社会资源和社会财富不能由少数人拥有和享用，应该为大多数人拥有和享用。如果社会资源和社会财富分配不合理，就是对社会公正的严重背离。同时大家也要认识到机会平等、共享原则并不是平均或者均等，平均或者均等强调的是数量的统一，而共享在其现实性上则强调的是公平的享有。从共享的主体来看，应该是社会中的每一位成员。每个人都应该共享社会发展的成果，这是社会公正的基本理念。从共享的结果来看，应该是社会成员普遍受益。马克思主义认为，人类社会发展的基本目标是实现人人共享、普遍受益。

1995 年，在丹麦首都哥本哈根举行的社会发展问题世界首脑会议，把"人人共享的社会"作为主题。

（3）按贡献分配原则

社会财富创造出来以后应当如何进行分配。很简单，就是应当按照贡献进行分配。从理论上讲这一问题是发生在社会财富形成之后，因而可将之称为社会公正的事后原则。按贡献进行分配就是"给予每个人他该得的"，是体现社会公正的重要原则。按贡献分配原则承认社会成员对社会利益做出的贡献以及由此而产生的利益分配的差别性，符合人的利益驱动的本性，因而能够充分激发社会各个阶层的潜能，使社会各个阶层的积极性都能够被充分地调动起来，进而在社会各个阶层之间形成一种良性的互动、竞争、进取的状态。按贡献分配原则，是同现代社会完全相适应的一种分配原则，也是符合市场经济的现实原则。

社会越是公平，每个人的贡献与所得便越一致，每个人的劳动积极性便越高；社会越不公平，每个人的贡献与所得便越背离，每个人的劳动积极性便越低。

（4）补偿原则

社会调剂是必要的，当初次分配结束后，这时人们的财富占有就会出现不小的差距，这种差距如果持续地积累一段时间，就会更加扩大，从而不利于社会团结、不利于社会和谐与稳定。可见，一个公正合理的社会，要公正地对待全体成员，不仅要承认人们之间的利益分配差距，而且要承担缩小这种差距的理性责任。在初次分配之后，社会有必要进行再分配。也就是说，社会有必要立足于社会的整体利益，对社会发展过程中形成的弱势群体的利益进行必要的补偿，使弱势群体普遍受益。以增强社会的团结和合作，并激发社会的活力。

补偿原则的实行不能影响按贡献分配原则的实行，它只能是初次分配后利益格局的再调整，是初次分配后的二次分配原则。其实质就是国家通过再分配的方式进行财富转移，使社会最少受惠者受益，进而实现社会发展成果由大家共享。需要注意的是，一方面在对弱势群体进行补偿时，要坚持适度原则；另一方面，不应采取"输血型"的方法，而应该采取"造血型"的方法，强化利益受损主体自身能力的提高。

2. 公正原则在工程中的实现

工程活动是有非常明确目的的行为，具有多方面的价值，可以在很多方面带来利益和好处，那么工程所带来的利益和好处如何分配？这无疑涉及公平公正的问题。讨论工程的利益分配，可以从不同的层面来进行，宏观层面的问题，主要关系的是国家的宏观政策，与工程师个人的关系相对间接，所以下面主要在微观层面，通过市场经济体制下，企业所开展的经济领域里的工程来探讨。

在现代社会市场经济环境下，很多工程项目都是由企业发起并实施的，这类项目的主导价值为经济价值，以追求企业长远发展、获得经济利益为目标。我们知道，效率与公平是人类经济生活中两个最基本的价值原则，工程活动从一定意义上说也是一种经济活动，因而工程活动也必须坚持效率与公平这两个基本价值尺度，在争取实现效益最大化的同时，要恰当处理利益相关者的关系，兼顾效率与公平两个方面。在工程利益伦理的视域内，公平主要是指工程活动中的权利与义务、利益与风险的公正分配，它表达着工程活动中利益分配的伦理理想，用以衡量一项工程在协调各方面的利益关系、尊重和保障各方面的基本权利等方面所达到的水平，是评判工程活动中利益分配是否正当合理的基本尺度。效率表达着工程活动目的的价值实现，用以衡量一项工程的资源利用效率，特别是通过技术进步来降低工程成本进而提高效益等方面所达到的水平。

通过技术进步改革创新来提高工程效率，从而实现降低成本提高经济效益的目标，这样的方式是我们追求和提倡的。一定要避免为了单纯地追求经济效益，盲目地降低工程造价和生产成本来削减工程投资的行为，国内外所发生的许多重大的工程质量问题，其中一个重要的原因就是通过人为削减必要投资，不惜使用劣质材料和不良技术甚至偷工减料来达到降低成本的目的。

我们一起来回顾福特斑马车的油箱事件：福特斑马车（Ford Pinto）是福特公司在 20 世纪 70 年代主推的小型汽车车型，当时小型车的市场竞争非常激烈：有大众的甲壳虫，雪弗兰的科维尔（Corvair）等。该车型从 1971 年推出到 1981 年停产，共生产了 310 多万台。该车型由于设计上的缺陷，即使在低速碰撞测试的条件下，油箱也容易被击穿，可能导致漏油、起火燃烧等严重后果。斑马车上市后，发生了多起后果非常严重的交通事故，据不完全统计，由此引发的法律诉讼案件在全美多达一百多起。其中最有名的两起，分别是格里姆肖起诉福特公司案件和印第安纳州政府起诉福特公司案件。这两起案件对后来整个汽车行业的安全标准制定和改进产生了重要影响。在案件的审理过程中，披露了一份福特汽车公司的成本－效益分析（cost-benefit analysis）报告。报告显示：如果改进车尾安全性、减少起火危险，每辆汽车需多花 11 美元，总共会多投入 1.37 亿美元的成本（按该车型原计划全周期制造 1 250 万辆计算），如果按当时的物价和人身赔付标准，每死亡一人赔偿 20 万美元，每受伤一人赔偿 6.7 万美元、修理一辆车花 700 美元进行测算的话，汽车出现事故进行赔偿投入的成本对比 1.37 亿美元要少很多，因此福特公司认为进行安全改进是"不划算的"，对比之后，公司保留了原来带有缺陷的设计。该报告被后来的业内人士称为"斑马备忘录"（Pinto Memo）。福特公司的社会声誉因此受到了极大的影响，虽然后来实施了相应的产品召回，但斑马车的销量也是一路下滑，最终在 1981 年被迫停产，斑马车永远地退出了市场。

工程活动中的道德抉择，必须解决如何兼顾公平与效率的问题，基本的公平正义既是效率合法性的前提，也是长期效率的保障；也要认识到在工程活动中没有合理效率的公正不仅是不现实的，也是有悖公正本意的。应该实现的公正首先是可以实现的公正，而可以实现的公正应该是有合理效率的公正。

工程活动中的邻避行为突出地反映了工程项目建设的利益—损害承担不公正的问题。邻避效应这一类关涉公平公正的伦理问题有时并非是由企业、工程师、业主的主观故意造成的，但是这类问题的影响范围非常广，性质也很严重。这类冲突起源于"邻避设施"的兴建，"邻避设施"是指能使大多数人获益，但对邻近居民的生活环境、生命财产以及资产价值会带来负面影响的"危险设施"，像垃圾处理场等公共基础设施。邻避效应涉及的是公共利益与少数人群的合法、合理利益之间的矛盾。从公正的角度出发，消除邻避效应的途径之一，是对具有一定风险的工程项目相邻区域的民众给予一定的补偿或优惠，包括经济补偿、政策优惠、环境保护和身体健康方面的特殊照顾等。

一般情况下，人们把公正狭义理解为分配公正。分配公正最基本的含义是"给每个人以其所应得"，那么何为"应得"，如何给予"应得"，就成为分配公正所内含的问题。前者涉及的是实质公正的问题，后者则涉及程序公正的问题。

实质公正就是权利与义务的合理分配，赏与罚的合理分配。"应得"取决于每个人所具有的权利，权利构成"应得"的根本和界限，"应得"的权利是不可剥夺与侵犯的，因此，尊重维护人们应得的权利就是正义，侵犯破坏应得的权利就是非正义。工程活动的基本分配公正主要指不应该危及个体和特定人群的基本的生存与发展的需要；不同的利益集团和个体，应该合理地分担工程活动所涉及的成本、风险与效益；对于因工程活动而处于相对不利地位的个人和人群，社会应给予适当的帮助和补偿。

社会公正要落实到现实层面，就必须通过相应的制度予以保证，必须通过公正的程序来进行。实质公正同程序公正两者是一个有机整体，缺一不可。离开了程序公正，实质公正便不可能实现。所谓程序公正，是指制定和实施同社会公正相关的法律、法规、条例及其他政策时，应当遵循公正的基本规则和流程安排。程序公正的基本特征在于普惠性、公平对待、多方参与、公开性以及科学性。

为了在工程实践过程中实现基本的公正，需要建立和完善以下几方面机制。

①建立公众参与的工程决策机制。工程决策决定工程整体，工程决策的核心不是技术问题而是价值问题。工程决策的过程是价值的分配过程，要有合理的代价——收益比，代价和收益的分配要公平，不要歧视和漠视弱势群体，追求效率和公平的和谐，目的和手段的统一。决策主体和决策程序也是关键，过去的传统做法是决策权利只属于少数人，如政府部门、大股东、专家等。现在决策主体已经由个体主体演变为相应的组织机构及群体主体，让利益相关者都参与决策，目的是实现工程活动的长期效益、促进社会的公正、保护生态环境。好的工程决策应特别强调决策程序的民主化，鼓励不同利益相关者良性互动，通过利益博弈、沟通协调和多方妥协等方式，寻求经济上、技术上和伦理上大家都可以接受的最佳方案。

②针对事前无法准确预测项目的全部后果，以及前期未加考量的公正问题，应引入后评估

机制；对项目做后评估是指在项目完成并运行一段时间后，对项目的目的，执行过程、效益、作用和影响进行系统的、客观的分析和总结的一种技术经济活动。需要强调后评估还应该注意在项目决策时未曾预料到的，没有纳入考虑范围的影响后果（即外部性、溢出效应）。

　　③建立利益协调机制，吸收广大公众参与工程的全过程。工程项目的开展，会直接或间接地影响到部分或全体社会公众的利益。因此，关于工程项目的相关信息社会公众首先应该有知情同意的权利；其次，应该吸收利益相关者参与工程的全过程，利益相关者在项目选择、设计、实施、监测与评估中的积极和充分参与，有利于促进公平受益和包容性发展。

　　从范围上看，工程活动的公正问题既涉及工程活动内部不同利益主体之间的利益分配，也涉及工程与外部社会环境和自然环境之间的利益分配。如一些大型工程造成的移民安置、移民的利益补偿、受益地区与受损地区之间的利益分配和补偿问题、工程对当地生态环境产生的重大影响及其生态补偿和重建等问题。可见，实现工程活动内外各方面利益的合理分配，是工程利益伦理坚持公正原则的一个基本要求，它不仅关系到工程本身的质量与安全，而且关系到经济、社会与生态文明的建设和发展。

3.4　参　考　案　例

【案例 1】"天眼 FAST"工程的科技成果与助推脱贫攻坚

　　2021 年 2 月 5 日上午，习近平总书记亲切会见"中国天眼"项目负责人和科研骨干后指出，"中国天眼"是国家重大科技基础设施，是观天巨目、国之重器，实现了我国在前沿科学领域的一项重大原创突破，以南仁东为代表的一大批科技工作者为此默默工作，无私奉献，令人感动。

　　500 米口径球面射电望远镜（FAST）位于贵州省平塘县克度镇金科村大窝凼，是我国具有独立自主知识产权的国家重大科技基础设施，是世界上已经建造完成的口径最大、最具威力的单天线射电望远镜。它的接收面积达 25 万平方米（相当于 30 个足球场）。

　　1994 年 7 月，FAST 工程概念提出；2001 年，FAST 预研究作为中国科学院首批"创新工程重大项目"立项；2008 年 10 月，国家发展和改革委员会批复 500 米口径球面射电望远镜国家重大科技基础设施项目可行性研究报告；2016 年 9 月 25 日落成启用；2020 年 1 月 11 日通过国家验收正式开放运行。其成为全球最大且最灵敏的射电望远镜。2021 年 4 月 1 日，FAST 正式向全球科学家开放。

　　1967 年，人类发现了第一颗脉冲星。50 年后，我国用自己的射电望远镜 FAST 发现了第一颗新脉冲星。从 2017 年 10 月，首次发现两颗新脉冲星，到试运行结束，发现 102 颗脉冲星，2021 年公布的探测发现成绩单一跃突破 300 颗……"中国天眼"的探测成绩可谓一日千里。其发现的脉冲星数量，远超同期欧美多个脉冲星搜索团队发现数量的总和。全国政协委员、中国科学院院士、FAST 科学委员会主任武向平介绍，FAST 综合性能全球领先，极大拓展了人类观察宇宙视野的极限，可以重现宇宙不同时期的图像，探测信号最弱的脉冲星，不断扩展观测样本的数量。期待未来 5 年这一数字能达到 1 000 颗，甚至能找到银河系外的第一颗脉冲星。FAST 脉冲星计时精度领先国际水平 4 倍以上，有望在纳赫兹引力波这一全世界备受关注的前沿科学探测方面取得重大突破。

截至FAST正式运行一周年之际，基于FAST数据发表的高水平论文已达到40余篇，快速射电暴成果入选《自然》期刊公布的2020年十大科学发现。目前，"中国天眼"已经在直径约10万光年的银河系内发现一批脉冲星，又在遥远的河外星系探测到快速射电暴和中性氢发射线。

中国科学院国家天文台研究员、"中国天眼"首席科学家李菂曾介绍，"中国天眼"在很多领域具备超强"发现力"：发现气体星系的数量有望在过去的基础上提高10倍，发现的脉冲星数量有望翻倍，有望发现新的星际分子……这使它可以验证很多科学规律，在引力理论，星系演化，恒星、行星乃至物质和生命的起源等方面，都具备突破的潜力。

天眼取得的这些科学成果离不开为建设天眼无私奉献的以南仁东为代表的科学家与工程师团队。1993年，包括中国在内的10个国家的天文学家提出建造新一代射电"大望远镜"的倡议，渴望回溯原初宇宙，解答天文学难题。当时，怀着回报民族的赤诚和描绘宇宙的初心，活跃在国际天文界的南仁东毅然回国，力主中国独立建造射电"大望远镜"。

1995年底，南仁东等提出利用贵州喀斯特洼地建造球反射面，即"阿雷西博型天线阵"的喀斯特工程概念。从1994年到2005年，南仁东走遍了贵州大山里的上百个窝凼。乱石密布的喀斯特石山里，没有路，只能从石头缝间的灌木丛中，深一脚、浅一脚地挪过去。选址、论证、立项、建设，每一步都饱含了南仁东和他团队的智慧、汗水和艰辛。

南仁东是一个爱好艺术与哲学的科学家和工程师，尤其喜欢画画。在"中国天眼"建设的过程中，他的想法极富想象力和创新意识，他带领大家攻克了一个又一个技术难题，其中数千块单元组成的球面主动反射面技术，是由南仁东主导的FAST最大创新点之一。FAST的馈源舱也使用了名为"轻型索拖动馈源支撑系统"的创新设计方案，由六座支撑塔吊起六根钢索，通过索长度的收放，调节馈源接收机与发生形变的反射面之间的相对位置关系，实现高精度定位。FAST的馈源舱平台重仅为30吨，移动起来非常灵活，与德国波恩100米望远镜相比，FAST的灵敏度提高约10倍，与阿雷西博望远镜相比，其综合性能也提高了10倍。在技术实现的过程中，团队遇到的最大难题就是寻找合适的钢索材料，解决钢索疲劳问题。南仁东组织攻关，经过近百次的失败，终于研制出具有超高耐疲劳性能的钢索结构，在200万次循环加载条件下的疲劳强度可达500兆帕，是目前相关标准规范的2.5倍，在国际范围内尚未见先例。

作为首席科学家和总工程师，南仁东参与了工程的全程，既撑住了外界对这个项目的重重质疑，也带领大家攻克了内部工程本身带来的重重技术难关，使得这项工程创造了许多个"第一"。今天"中国天眼"在科学界放射出的耀眼光芒，凝聚的是以南仁东为首的几代科学家和工程师的艰苦努力与心血。

FAST所在的贵州，曾是"经济洼地"和"脱贫主战场"。

当年为保证国之重器"天眼FAST"的安全运行，平塘人甘愿付出，全县天眼核心区半径5千米以内的群众全部搬迁，天眼半径30千米范围内的县域西部地区停止开发，严格保护中国天眼的电磁波宁静。2016年9月"中国天眼"落成启用以来，当地依托"中国天眼"打造"天文小镇"，这几年，随着天文地质研学游不断升温，助推了当地脱贫攻坚的发展，带动了当地百姓脱贫致富。

过去，这里只是平塘县一个偏远贫困的乡镇，如今，这里建起了天文体验馆、球幕飞行影院、天文时光塔等，一个以天文科普研学为特色的"天文小镇"渐渐成形。"天文小镇"还带动了当地餐饮、酒店、休闲娱乐等迅速发展，据2019年7月央视网消息现在这里餐馆达到288家、酒店137家、休闲娱乐设施11家，去年吸引来65万多人次，带动当地1 200人就业。全镇人均年收入从 2015 年的 8 370 元提高到 2018 年的 11 140 元。

从天文科普到天文探秘，再到地质科考和民俗体验，不同的天眼研学内容，满足了小学、初中、高中各个年龄段的学生需求。随着天文科普游越来越火爆，一些具有当地特色的旅游商品，也悄然而生。在游客服务中心，藤编工艺品（图3-4-1）、刺绣商品等，这些克度本土的特色旅游商品也受到访客的青睐。

"中国天眼"纪念品商品部销售主管杨元粉介绍，"外地来的访客都会买一些藤编产品，还有有关天眼的书籍，以及一些模型，这些都卖得比较好，比如包包，还有一些刺绣的鞋垫，很多人都喜欢买。"这些精美的藤编产品来自克度本土企业旭洋藤艺有限公司。旭洋藤艺有限公司位于克度镇马鞍社区，这里的居民都是从"中国天眼"核心区内搬迁而来的。公司每年将解决社区居民就业近 100 人次，人均收入在 2 500 元左右，公司总经理告诉记者，随着订单的增多，会召集更多的贫困户或者安置户，进行定向生产，带动更多人就业；克度本地的民族刺绣，从原本以民族服饰为主，到现在不断开发出发饰、包包、鞋子等。公司的绣娘（图3-4-2），大多都是马鞍社区的妇女。

图 3-4-1　讨论藤编天眼模型设计　　　图 3-4-2　绣娘们正在织布绣花

2020 年 3 月 3 日，对于平塘县 33 万各族人民来说，注定是一个划时代的日子，贵州省人民政府发布公告，宣布包括平塘县在内的 24 个县（区）一起退出贫困县序列，标志着中国天眼之城平塘正式脱贫摘帽，实现精彩出列。

【案例2】青藏铁路世界铁路建设史上的壮举

青藏铁路（图3-4-3）从青海省西宁市，经格尔木到达西藏自治区拉萨市，全长 1 956 千米，是目前世界上海拔最高、线路最长的高原铁路。作为西部大开发战略的标志性工程，青藏铁路是藏族同胞与全国各族人民的连心路，是雪域高原迈向现代化的腾飞路，也是勤劳智慧的中国人民不断创造非凡业绩的奋斗路。青藏铁路建成通车，对于青藏两省区加快经济社会发展、改善各族群众生活、增进民族团结和巩固祖国边防，都具有十分重大的意义。

青藏铁路分两期建成，一期工程东起青海省西宁市，西至格尔木市，于 1958 年开工建设，1984 年 5 月建成通车；二期工程东起青海省格尔木市，西至西藏自治区拉萨市，于 2001 年 6 月 29 日开工，2006 年 7 月 1 日全线通车。其中西宁至格尔木段 814 千米，格尔木至拉萨段全长 1 142 千米。

铁路二期工程用时 1 800 多个日日夜夜，五度炎夏寒冬，十多万建设大军在"生命禁区"，冒严寒、顶风雪、战缺氧、斗冻土，以惊人的毅力和勇气，战胜了各种难以想象的困难，攻克了高寒缺氧、多年冻土、生态脆弱三大难题，谱写了人类铁路建设史上的光辉篇章，铸就了挑战极限、勇创一流的青藏铁路精神。

图 3-4-3　青藏铁路

　　李金城是中国铁道建筑总公司铁道第一勘察设计院副总工程师、青藏铁路设计总工程师。他肩负起了铁路前期勘测，确定铁路的大致走向和总体方案的重任。为了寻找青藏铁路建设最佳设计方案，他在平均海拔 4 000 米以上的青藏线走了不下 50 个来回，行程超过 10 万公里。他和他的团队，用双脚在"生命禁区"一次次踏勘，一步步探索，最终确定了这条 1 142 千米的"天路"轨迹。在青藏高原勘探修建铁路，当时最大的问题就是缺乏工程实践，没有现成的资料，一切从零开始。2000 年 8 月，李金城率领一支 500 多人的野外勘测大军，开上格尔木。随后的几个月里，他们风餐露宿，夜以继日，翻越巍巍昆仑，横穿可可西里，用常人无法企及的毅力，为这条即将建设的"天路"勾画蓝图。这些探路者闯过无数生死考验，用性命换来的珍贵勘测数据，最终成了确定青藏铁路线路走向的第一手宝贵资料，通过科学合理地勘察选线，为国家节约工程投资总计约 8 亿元。在线路设计上，李金城力求节约，但在生态环境保护上，他却非常舍得投入。青藏铁路的环保总投资巨大，是以往任何大型工程中所没有的。如今，青藏铁路成为我国铁路建设史上绿色环保取得最大成效的经典工程。

　　青藏铁路建设首次采取"主动降温、冷却地基、保护冻土"的设计原则，这对"被动保温"是一场革命。设计中，尽量绕避不良冻土现象发育的地段，遇到高温极不稳定的厚层地下冰冻土地段，采取"以桥梁通过"的办法。施工中，采用片石通风路基、片石通风护道、通风管路基、热棒、铺设保温板等多项措施，提高冻土路基的稳定性，其中不少冻土工程措施都是国内外首创。

　　青藏铁路海拔 4 000 米以上的地段占全线 85% 左右，年平均气温在 0 ℃以下，大部分地区空气含氧量只有内地的 50% ~ 60%。高寒缺氧，风沙肆虐，紫外线强，自然疫源多，被称为人类生存极限的"禁区"。为保障铁路建设者的生命健康安全，铁道部、卫生部在中国工程建设史上第一次联合下文，对医疗卫生保障专门做出详细规定，并投入近 2 亿元，全线建立医疗卫生保障点，建立健全三级医疗保障机构。铁路沿线共设立医疗机构 115 个，配备医务人员 600 多名，保证职工生病在半小时内即可得到有效治疗。与此同时还采取了很多其他措施，比如遵循高原生理规律，所有参建人员在海拔较低的地区"习服"一周后，才准许到工地劳动；对职工进行定期体检；安排职工到低海拔地区轮休；限定人员作业时间；采用机械施工，降低劳动强度；做好职工的饮食饮水保障等。在修建铁路的 5 年时间里，10 多万人次上山施工，每年持续8个月，科学、合理、完善的措施保障了参建者的生命健康，实现了急性高原病0死亡，创造了高原医学史上的奇迹。

在高海拔地区，氧气也直接关系到建设者的生命健康，青藏铁路建设也创造了人类制氧史上的奇观。为了防止高原缺氧，建设单位在海拔4 500米至5 100米处创造性地运用高压氧舱，填补了国内外医学空白。这是世界上首次进行高海拔地区人工制氧科学研究。在海拔4 905米的风火山隧道，研制出每小时生产24立方米高纯度氧气的高原医用制氧设备，并将这一技术总结推广，全线共建大型制氧站17个，有效地改善了作业环境。风火山隧道建设中"青藏铁路风火山隧道制氧、供氧系统研制与应用"的科技成果，填补了当时世界上高海拔制氧技术的空白。

风火山隧道海拔4 905米，自然地理气候条件之恶劣为青藏铁路全线之最，隧道全部穿越多年冻土区，地质含冰量10%～50%不等，为了攻克风火山隧道建设难关，三代科技人员进行了45年连续不断的观察和研究，建设者运用一系列先进的工艺，不但确保了低氧低压条件下的安全施工，而且成功破解了高原冻土施工难题。"风火山多年冻土隧道施工技术"先后荣获2004年度青海省科技进步一等奖和2005年度国家科技进步二等奖。

青藏铁路建设始终坚持人与自然和谐相处的理念。其环保工程的投资巨大，约占整个项目总投资的8%。高原铁路沿线地质复杂，滑坡、泥石流、地震、雷击等灾害严重，在青藏铁路各项研究、勘测设计和工程建设中，建设者始终把环境保护作为一项优先的任务，并依据有关法律法规，确定了"预防为主，保护优先，开发与保护并重"的环境保护原则。青藏铁路建设环境保护的总目标是确保多年冻土环境得到有效保护，江河水质不受污染，铁路两侧的自然景观不受破坏，野生动物迁徙不受影响，努力建成具有高原特色的生态环保型铁路。

在自然保护区内，铁路线路遵循"能绕避就绕避"的原则进行规划。为保护青藏高原独特而又极为珍贵的野生动物资源，铁路选线尽量避开野生动物栖息、活动的重点区域。西藏段工程绕避了林周彭波黑颈鹤保护区。对必须经过野生动物活动区域的路段，组织专家研究野生动物保护问题，掌握沿线野生动物分布情况、生活习性和迁徙规律，尽量减少对它们的干扰。铁路建设者针对可可西里、三江源、色林措等自然保护区的铁路沿线路段特点，设置了野生动物通道33处，动物通道的总长达59.84千米。通道被设计为桥梁下方、隧道上方及缓坡平交三种形式。这些通道经过多年监测证明已被藏羚羊等野生动物充分利用，并得到社会各界的广泛认同。

青藏铁路施工场地、便道、砂石料场都经过反复踏勘，尽量避免破坏植被。在植被难以生长的地段，建设者采用分段施工、植被移植的方法，先将施工区的草皮切成块，然后用铲车将草皮连同土壤一起搬到草皮移植区，由专人负责养护。路基成形后，再把草皮移植恢复到路基边坡上。对昆仑山以南自然条件较好的地段，精选适合高原生长的草种，辅以适合的喷播、覆膜等技术，尽力恢复地表植被。在沱沱河、安多、当雄等高海拔地段，进行种植和移植草皮试验，获得成功后在全线推广，开创了世界高原、高寒地区人工植草试验成功的先例。为保护高原湿地，青藏铁路尽量绕避湿地，必须经过湿地时，一般采取"以桥代路"、多设涵洞、路基基底抛填片石等措施，避免路基地下径流被切割，防止湿地萎缩。

青藏铁路开工建设过程中，沿线冻土、植被、湿地环境、自然景观、江河水质等，都得到了有效保护，很好地保护了高原生态环境。

截至2019年8月，青藏铁路累计运送旅客2.07亿人次，运送货物5.88亿吨，取得了良好的社会效益和经济效益，被沿线各族人民群众誉为经济线、团结线、生态线、幸福线，成为世界高原铁路建设运营管理的典范。

第4章

工程中的环境伦理
——以动力装置为例

4.1　动力装置基础知识

在人类历史发展的过程中，改造自然、制造产品、远洋航行、车辆运行等活动，大都需要助力设备来提供动力。在人类历史早期，人力、畜力、风力、水力等都曾是重要的动力来源。随着科学与工程技术的进步，越来越多的可用于提供动力的设备的出现使动力形式更加多样，给工程活动带来便利。本章以原动机为例，介绍常用的工程动力设备。

4.1.1　常见动力装置

1. 原动机简介

原动机被称为动力机，在机械设备中，属于驱动部分，是机械设备运行的主要动力来源。机械系统一般由原动机、传动装置、工作机和控制操纵部件及其他辅助零部件组成。原动机为机械系统提供动力，工作机是机械系统中的执行部分，传动装置的作用是把原动机和工作机有机联系起来，是实现能量传递和运动形式转换的部分，将原动机的运动和动力传递到执行构件。

原动机是指利用能源产生原动力的一切机械。原动机是现代生产、生活领域、工程产品、工程设备所需动力的主要提供者，是主要的动力来源。例如船，从早期的人力用桨、橹划船，到利用风力吹动风帆带动帆船前进，再到后来的蒸汽机、内燃机、燃气轮机、核动力等动力设备，都是推动船舶前行的动力。

2. 原动机分类

原动机按照能量转换性质的不同，分为第一类原动机和第二类原动机。第一类原动机包括蒸汽机、柴油机、汽油机、水轮机和燃气轮机；第二类原动机包括电动机、液动机（液压马达）和气动机（气动马达）。

按照所利用的能源，原动机可分为热力发动机、水力发动机、风力发动机和电动机等。热力发动机是使用广泛的原动机。表 4-1-1 是常见的热力发动机类型。

表 4-1-1　常见的热力发动机类型

机型	形式	
	往复式	旋转式
内燃机	汽油机、柴油机、煤气机等	转子发动机、燃气轮机等
外燃机	斯特林发动机、蒸汽机等	汽轮机等

3. 发动机简介

发动机是工程中常用的动力设备，广泛应用于工农业生产生活的各个领域。其在舰船、飞机、汽车、火车、农用机械设备、发电机组上的应用也比较广泛。

发动机是能够把其他形式的能转化为机械能的机器。发动机是由许多结构和系统组成的复杂机器设备，不同种类的发动机结构形式有所不同。

发动机种类包括外燃机（如蒸汽机、斯特林发动机等）、内燃机（如汽油机、柴油机等）以及电动机等。

（1）蒸汽机

蒸汽机是将蒸汽的能量转换为机械能的往复式动力机械，属于外燃机。1712 年，英国人托马斯·纽科门发明制造了一台实用的工业蒸汽机——纽科门蒸汽机。纽科门蒸汽机的诞生以及在工业领域的应用，为后来蒸汽机的发展和完善奠定了物质基础。这种应用在采矿业中，主要用来解决煤矿和锡矿快速抽水的动力问题，但是，纽科门蒸汽机效率很低，因此，设备需要安放在煤矿附近，使用场合受到很多限制，当时的矿场主迫切希望能够对这类蒸汽机进行改进，提高蒸汽机的热效率，并降低燃煤的消耗量。

瓦特蒸汽机是在纽科门蒸汽机的基础上改进而成的。瓦特对纽科门蒸汽机的改进包括增加分离式冷凝器，在气缸外设置绝热层、离心式调速器、行星式齿轮、平行运动连杆机构、节气阀、压力计等。这些改进措施使蒸汽机的效率有了很大的提高，且应用领域也得到了扩大。

蒸汽机被广泛地应用于工厂，推动了工程技术的进步。到 18 世纪末，蒸汽机不仅在采矿业中大量应用，而且在金属冶炼、纺织领域、机器制造等行业中也都有非常广泛的应用。蒸汽机的大规模应用，解决了大机器生产过程中最关键的动力来源问题。

蒸汽机的应用也推动了交通运输行业巨大的进步。蒸汽机的出现使船舶动力发生了革命性改变，船舶由人力、自然力风力的推动，转变为由机械力提供动力。在船舶上采用蒸汽机作为推进动力的实验开始于 1776 年。经过不断改进，到 1807 年，美国人富尔顿制成了第一艘实用的明轮推进的蒸汽机船"克莱蒙特"号，试航成功，从此揭开了蒸汽轮船时代的序幕，蒸汽轮船取代了帆船，机器取代了人力和风力。此后，蒸汽机在船舶上作为推进动力设备使用，历经了百余年时间。英国人史蒂芬孙对机车不断进行改进，1814 年，他研制的第一辆蒸汽机车试运行成功。蒸汽机在交通运输业中的应用，迅速扩大了人类的活动范围。

（2）斯特林发动机

1816 年，英国人罗伯特·斯特林发明了斯特林发动机，这是一种外部燃烧的闭式循环活塞式热力发动机。1818 年开始，斯特林发动机用于矿山矿井，带动水泵工作。斯特林发动机通过气体在冷热环境转换时的热胀冷缩做功。斯特林发动机主要由外部供热系统、工作循环系统、传动系统等组成。斯特林发动机的化学能转变为热能的过程发生在产生动力的气缸外，在燃烧室内进行，而热能转变为机械能在气缸内进行。斯特林发动机的工作循环方式是遵循斯特林循环，工质封闭在一个区域内，与外部没有质量交换。

斯特林发动机可利用的能源多，燃烧过程在循环系统外部进行，因此可以利用多种热源。在节能减排的大环境下，斯特林发动机应用广泛。斯特林发动机运行时振动噪声低、排放污染小、对环境友好，具有非常好的环境特性。其工作效率不受地域海拔高度影响。其结构简单、单机容量小，可以根据使用的实际情况增减系统容量。零件数比内燃机少，维护成本也比较低。

斯特林发动机工作时不排废气，除燃烧室内原有的空气外，不需要其他空气。斯特林发动机可以保证常规动力潜艇能长时间水下航行，而且噪声低，使得潜艇能有比较好的隐蔽性，因此在潜艇上有很好的应用空间。

随着全球能源与环保的形势日趋严峻，斯特林发动机由于具有多种能源的广泛适应性和优良的环境特性，得到越来越多的应用，如水下动力、太阳能利用、空间站动力与航天方面、热泵空调动力、制冷以及低温应用、车用混合推进动力。

（3）电动机

电动机是把电能转换成机械能的一种动力设备。它利用通电线圈产生旋转磁场，并作用于转子形成磁电动力旋转扭矩。电动机主要由定子与转子组成。电动机的工作原理是磁场对电流受力的作用，使电动机转动，从而带动设备运转，实现电能向机械能的转换。

电动机作为机械系统中最常用的原动机，与其他原动机相比，种类和型号较多、与机械连接方便、电动机能提供的功率范围大、使用和控制方便；具有自启动、加速、制动、反转等能力；电动机的工作效率比较高；在运行过程中不产生尾气、烟尘；噪声小、对环境影响小。也正是因为这些优点，其在工农业生产、交通运输设备、国防装备、家用电器、医疗电器设备等各方面都得以广泛应用。

4.1.2　柴油发动机

德国发明家鲁道夫·狄塞尔（Rudolf Diesel，1858—1913）在 1892 年提出内燃机的新设想，并且获得了压缩点火的压缩机技术专利，并且在 1897 年制造出第一台具有较大压缩比的压缩点火的柴油机，这就是现代柴油机的开端。为了纪念这位发明家，柴油发动机也称为狄塞尔发动机。

柴油发动机是以柴油为燃料的压缩发火的往复式内燃机。柴油机工作时，空气在气缸内被压缩而产生高温，使喷入的柴油自行燃烧，产生高温、高压的燃气，燃气膨胀推动活塞做功。

柴油发动机具有压缩比高、热效率高、燃油消耗低、经济性好、机动性能好、加速性能好等优点，并且，供油系统比较简单，可靠性好、寿命长、维修方便、启动迅速，对各类设备均有较好的适应性。因此，柴油发动机用途广泛，在交通运输、工程机械、农用机械、船舶动力、铁路内燃机车、发电机组设备和其他各种通用机械等领域都有所应用。特别是在船舶行业中，柴油发动机作为船舶推进动力设备占据主导地位。

1. 基本概念

要了解柴油发动机，必须了解几个基本概念。

（1）上止点

活塞在气缸里做往复直线运动时，活塞向上运动到最高位置，活塞顶部距离曲轴旋转中心最远的位置称为上止点。

（2）下止点

活塞向下运动到最低位置，活塞顶部距离曲轴旋转中心最近的位置称为下止点。

（3）活塞行程

发动机的活塞从一个极限位置到另一个极限位置的距离，即活塞在上、下两个止点间的距离，称为一个行程，也称为冲程。活塞每移动一个行程，曲轴旋转半周，转过 180°。图 4-1-1 是发动机上、下止点与冲程示意图。

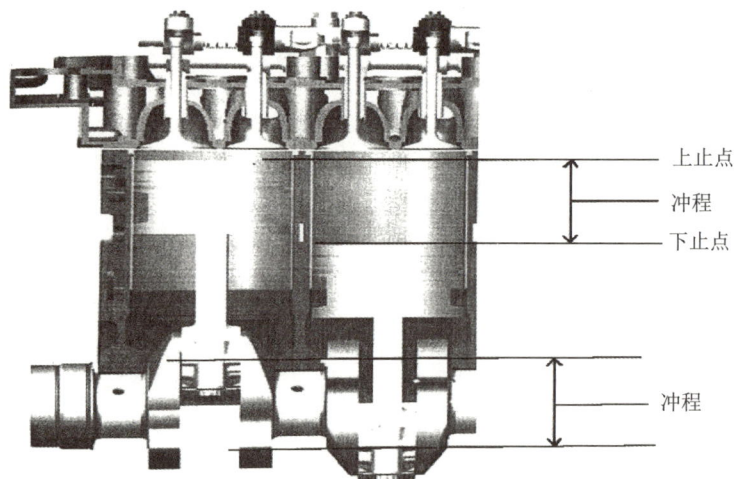

图 4-1-1　发动机上、下止点与冲程示意图

（4）气缸总容积

活塞在气缸内位于下止点时，活塞顶上部的气缸容积称为气缸总容积。

（5）燃烧室容积

活塞在上止点时，活塞顶与气缸盖之间的空间为燃烧室，它的容积称为燃烧室容积。

（6）压缩比

气缸总容积与气缸燃烧室容积之比称为压缩比。其表示在压缩的过程中，气体在气缸内被压缩的程度。压缩比越高，越有利于燃料的燃烧和燃气膨胀做功，发动机的动力就越大。压缩比是重要的结构参数，一般柴油机的压缩比为 12 ～ 22。

2. 柴油发动机的基本构成

柴油发动机是结构复杂的动力设备。种类、型号不同的柴油发动机，具体结构也有所不同，但是基本结构相同（图 4-1-2）。柴油机基本结构可分为机体部件、主运动部件和主要工作系统。机体、曲柄连杆机构、配气机构、燃油供给系统、润滑系统、冷却系统、启动系统是柴油发动机的基本组成部分。

在柴油发动机工作过程中，需要各系统和机构的良好配合。曲柄连杆机构、配气机构和燃油

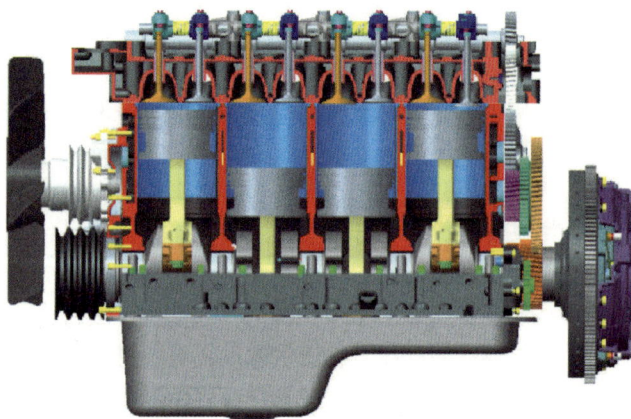

图 4-1-2 柴油发动机结构示意

供给系统，是柴油发动机的三个基本的机构和系统，是完成柴油发动机的工作循环过程，实现能量转换的主要部件。

润滑系统和冷却系统是柴油机的辅助系统，润滑系统向有相对运动的零部件之间注入润滑

油，减小摩擦。冷却系统起到对燃烧室周围承受高温的部件进行冷却的作用。

要使柴油发动机由静止状态过渡到工作状态，必须先用外力转动曲轴，使活塞做往复运动，由活塞来压缩气缸内的气体，使气缸内达到足够高的温度和压力，从而实现柴油发动机第一次发火燃烧，柴油发动机才能自行运转，工作循环才可以自动进行下去。发动机顺利启动，需要达到一定的条件。启动系统的作用是使柴油发动机由静止状态过渡到工作状态。

（1）机体

机体是柴油发动机的主体和骨架，是发动机各机构和各系统的安装基础，支承发动机的所有运动部件以及辅助系统，并且用于安装发动机零件总成和附件，形成运动部件和传动部件的运行空间，形成燃烧室。机体必须要有足够的强度和刚度。机体由气缸体、曲轴箱、油底壳、气缸套、气缸盖、气缸垫等组成。机体上的水道和油道，用于保证发动机工作时，起到冷却和润滑的作用。

（2）曲柄连杆机构

曲柄连杆机构是柴油机的主要运动部件，活塞在气缸内做往复直线运动，连杆用来连接活塞与曲轴，并且将活塞承受的燃气压力传递给曲轴，活塞的往复运动通过连杆转换为曲轴的旋转运动，从而实现运动方式由直线运动向旋转运动的转化；将燃料燃烧产生的能量，通过活塞、连杆、曲轴、飞轮转变成机械能传出去，实现热能向机械能的转换。曲轴飞轮组承担着柴油发动机功率输出的功能。曲柄连杆机构由活塞组（活塞、气环和油环、活塞销等组成）、连杆组（连杆、连杆轴瓦、连杆大头盖和连杆螺栓等组成）、曲轴飞轮组（曲轴、飞轮）组成。

（3）配气机构

配气机构由进气门、排气门、摇臂、凸轮轴、正时齿轮、气门挺杆、气门弹簧等组成。配气机构的功能是对发动机进气、排气过程进行控制，定时向柴油机气缸内提供充足而干净的新鲜空气，并将燃烧后的废气排出气缸外；用来控制两个工作循环之间气缸内气体的更换，完成进气和排气。配气机构的工作对发动机的动力性能、经济性能和可靠性影响非常大。配气机构要有较高的充气系数，有很好的可靠性，工作时振动和噪声要小。

（4）燃油供给系统

燃油供给系统由柴油箱、低压油管、输油泵、滤清器、高压油泵、高压油管及喷油器等零部件组成。其是柴油机中用于储存、滤清和输送燃油的装置。燃油供给系统的功能是按照柴油机工作循环所规定的时间、一定的工作顺序及柴油机负荷情况，向柴油机气缸内以高压喷入适量的柴油，保证燃烧过程的进行。

（5）润滑系统

润滑系统一般由油底壳、机油泵、限压阀、旁通阀、机油滤清器、机油冷却器、传感器、机油压力表和温度表等组成。润滑系统的功能是将机油以一定的压力连续地输送到发动机各运动零件的摩擦表面，减小摩擦阻力和磨损，减小柴油机的功率消耗。其主要起到润滑、清洗、冷却、密封、防锈蚀、减震缓冲等作用，保证发动机润滑良好和柴油机工作可靠。

（6）冷却系统

冷却系统由离心式水泵、散热器、节温器、水滤器、风扇、冷却水套及水管、指示和报警装置等组成。冷却系统的功能是及时散热，确保柴油机在适宜的温度范围内可靠工作。其冷却方式有风冷式和水冷式两种。

3. 柴油发动机的工作原理

柴油发动机采用压缩发火的内燃机，燃料柴油在气缸内燃烧，以高温高压的燃气做工质，在气缸中膨胀，推动活塞在气缸内做往复运动，并且通过活塞、连杆、曲轴把活塞的往复运动转化为曲轴的旋转运动，实现机械能的输出。

柴油发动机的每个工作循环都由进气、压缩、做功、排气四个行程组成。在柴油机中，燃油从燃烧到输出机械能，在气缸内完成了两次能量转换。燃油燃烧由化学能转化为热能，燃气膨胀，实现第二次能量转换，转化成机械能，从而实现动力机械能的输出（图4-1-3）。

图 4-1-3　柴油机的燃料能量转换过程

下面以四冲程柴油发动机为例来介绍柴油发动机的工作原理。

四冲程柴油发动机工作时（图4-1-4），活塞在气缸内往复运动，进行着进气、压缩、做功和排气工作。

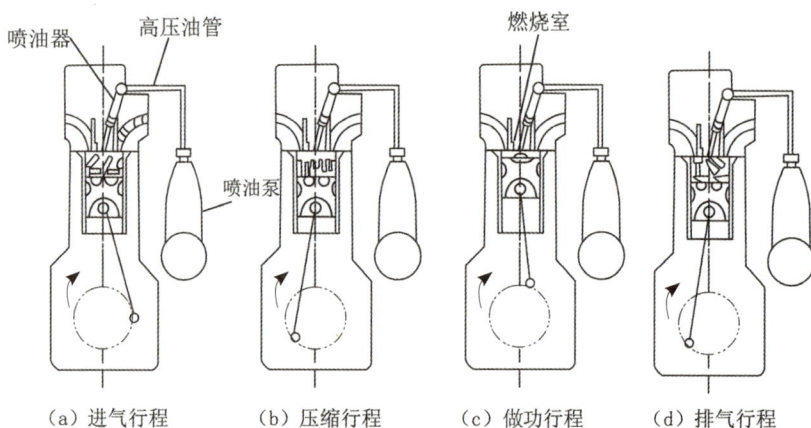

图 4-1-4　四冲程柴油发动机工作过程原理示意图

在进气行程中，曲轴的旋转使活塞从上到下移动，从上止点向下止点运动，此时，排气门关闭，进气门打开，新鲜空气进入气缸。当活塞运动到下止点时，进气门关闭。

在压缩行程中，活塞从下向上移动。曲轴通过连杆，带动活塞从下止点向上止点运动，此时，进气门和排气门关闭。气缸中的空气被活塞压缩，压力升高，温度也升高。压缩终点时，气缸的压力可达到 3 ~ 5 MPa，温度可达到 500 ~ 700 ℃。

在做功行程中，当活塞压缩到上止点时，喷油器将雾化柴油喷射到燃烧室。油雾与压缩空气充分混合形成高温高压气体，开始自燃燃烧。混合蒸气膨胀做功，向下推动活塞，由上止点向下止点运动，通过连杆带动曲轴做旋转运动，对外做功。做功行程实现热能向机械能的转化，对外输出动力。

在排气行程中，在飞轮惯性力作用下，旋转的曲轴带动活塞从下向上移动，从下止点向上止点运动，这时，进气门关闭，排气门打开。在活塞的推动下，膨胀做功后的废气从排气门排出燃烧室。当活塞运动到上止点时,排气门关闭,完成排气行程。

四冲程柴油发动机在一个工作循环过程,曲轴旋转两圈,活塞往复运动四个冲程。

4. 柴油机的分类

按照不同的分类原则,柴油机有以下分类方法。

(1)按照气缸个数

柴油机按照气缸个数可以分为单缸柴油机和多缸柴油机。

单缸柴油机是指只有一个气缸的柴油发动机。其有一组活塞连杆运动部件,结构简单。与相同排量的多缸柴油机相比,单缸柴油机具有结构紧凑、尺寸小、质量小、维护方便等优点,但是其工作时振动较大,工作不稳定,可靠性较低。

多缸柴油机是指有多个气缸的柴油机。在多缸柴油机中,每个气缸的每个工作循环都经历进气行程、压缩行程、做功行程和排气行程四个过程。所有气缸的做功行程并不是同时进行,而是有做功间隔的。发动机的气缸数越多,曲轴转动就越均匀、稳定,振动也就越小,因此多缸柴油机的工作相对平稳,并且可以提供比较大的功率。

(2)按照工作循环过程

柴油机按照工作循环过程可以分为二冲程柴油机和四冲程柴油机。柴油发动机的每个工作循环都包括进气行程、压缩行程、做功行程、排气行程四个过程。活塞运动两个行程,曲轴旋转一圈,完成一个工作循环的柴油机,称为二冲程柴油机。活塞运动四个行程,曲轴旋转两圈,完成一个工作循环的柴油机,称为四冲程柴油机。

(3)按照曲轴转速或活塞平均速度

通常,柴油机按照曲轴转速或活塞平均速度可以分为高速柴油机、中速柴油机、低速柴油机三种。

高速柴油机:曲轴转速 $n > 1\,000$ r/min,活塞平均速度 $V > 9$ m/s;

中速柴油机:曲轴转速 $300 < n \leqslant 1\,000$ r/min,活塞平均速度 $V = 6 \sim 9$ m/s;

低速柴油机:曲轴转速 $n \leqslant 300$ r/min,活塞平均速度 $V \leqslant 6$ m/s。

(4)按照进气方式

柴油机按照进气方式可以分为增压柴油机与非增压柴油机两类。在柴油发动机中,利用增加进气压力来提高功率的方法称为柴油机的增压。柴油机增压,就是将进入柴油机气缸内的空气,利用装置预先进行压缩,提高密度,并在供油系统的合理配合下,使更多的燃料得到充分燃烧,从而使柴油机发出更大的功率。增压柴油机和非增压柴油机的主要区别是,进气压力有所不同,非增压柴油机的进气压力是大气压力,而增压柴油机的进气压力较高。目前,基本的增压方法有机械增压、废气涡轮增压和复合增压等方式。

此外,柴油机按照其结构特点,可以分为筒形活塞式柴油机和十字头式柴油机;按照是否可逆转,可以分为可逆转柴油机和不可逆转柴油机。

5. 柴油机性能指标

柴油机的性能一般可以从动力性能、经济性能、运转性能、环保性能等方面来衡量。动力性能指标主要包括转矩、功率和转速等。这些指标直接关系到柴油机的使用效果和运行状态。经济性能指标主要包括热效率、耗油率等。这些指标关系到柴油机运行时的经济效果。运转性能指标主要包括耐久性及可靠性等。环保性能方面主要是对柴油机的有害排放物以及运转噪声等方面进行限制。

4.1.3　汽油发动机与柴油发动机的对比

1.汽油发动机

汽油发动机是以汽油作为燃料，将内能转化成动能的发动机。

汽油发动机的结构组成有机体、曲柄连杆结构、配气机构、燃料供给系统、冷却系统、润滑系统和启动系统。

汽油发动机采用的燃料是汽油，与其他燃料相比较，汽油具有自己的特点，汽油一般黏性小，蒸发快，挥发性好，而且能很容易与空气混合。

汽油喷射系统可以把汽油喷射到气缸内。汽油发动机进入气缸的是燃油和空气的混合气体，当可燃混合气体经过压缩，达到一定的温度和压力后，用火花塞点燃可燃混合气体，使气体膨胀做功，从而实现能量的转化。

汽油发动机的优点是体积小、质量小、运转平稳、柔和、操作方便省力，噪声小、振动小、转速高。并且，在相同功率的条件下，汽油发动机的结构尺寸和质量都比柴油发动机要小，汽油发动机结构简单，启动和加速性能比较好，制造成本较低，价格便宜，维修成本低。因而，汽油发动机应用广泛，在各种车辆、小型农用机械设备、园林机械设备、工程机械装备等方面都有大量应用。特别是在汽车上，小型汽车、轻型车辆、轿车都大量使用汽油发动机来提供动力。

汽油发动机的点火方式是用火花塞点燃。汽油的高挥发性等特点使汽油发动机不能达到高压缩比，否则容易产生爆震现象。因此，汽油发动机的经济性能不能大幅度提高，燃油消耗率高，经济性比柴油发动机差。

2.汽油发动机和柴油发动机的异同

汽油发动机和柴油发动机都是活塞往复式内燃机，汽油发动机与柴油发动机在工作原理、工作过程上基本相同，但由于汽油与柴油性质的不同，汽油发动机与柴油发动机在结构组成、点火方式等很多方面也有不同，柴油发动机有喷油器，没有火花塞，而汽油发动机没有喷油器，有火花塞。表4-1-2列出了汽油发动机与柴油发动机的区别。

表 4-1-2　汽油发动机与柴油发动机的区别

特点	机型	
	汽油发动机	柴油发动机
燃料	汽油	柴油
进入气缸的气体	汽油与空气的可燃混合气体	空气
混合气的形成	气缸外混合	气缸内混合
是否有点火系统	有	无
点火方式	点燃：火花塞点燃混合气体	压燃：压缩气体产生高温，柴油自燃
是否有喷油器	无	有
压缩比	6～10	12～22
有效热效率	15%～40%	30%～55%

柴油发动机属于压燃式发动机，燃料被气缸内空气压缩产生的高热引燃，当压缩空气的温度达到柴油的燃点时，柴油就会自行着火燃烧。柴油黏性大，不易挥发，稳定性和安全性较好。对比汽油发动机，柴油发动机由于点火方式是压燃，结构中没有点火系统，辅助电器少。柴油发动机的供油系统也比较简单，所以，其发生故障的概率大大低于汽油发动机，可靠性要比汽油发动机好。

柴油发动机压缩比高，汽油发动机压缩比一般为 6 ～ 10，而柴油发动机则高达 12 ～ 22，热效率可达 40% 以上，特别是增压柴油发动机热效率会更高，经济性要比汽油发动机好。柴油发动机的燃油消耗率平均比汽油发动机低 30% 左右。柴油发动机在节能方面具有优势。

柴油发动机寿命长，经济耐用，而且在低速下扭矩大，在复杂路面、爬坡、载重等方面要优于汽油发动机。

柴油发动机在气体排放方面更环保，柴油发动机排放的有害气体比汽油发动机少，柴油发动机排放的一氧化碳比较少，温室效应气体比汽油发动机也要少，但是柴油发动机排放的氮氧化合物和 PM（微粒）颗粒物比汽油发动机多。

由于柴油发动机工作时压力很大，因此要求柴油发动机结构零部件具有较高的结构强度和刚度。所以，柴油发动机结构比较笨重，体积较大，且存在工作时，机身振动大、噪声较高等情况。在一般转速的情况下，与汽油发动机相比，柴油发动机具有效率低、制造成本和维修费用高等缺点。

采用新技术可以逐步克服缺点，如现代柴油发动机可以采用电控喷射技术、涡轮增压中冷等技术，在机体质量、工作噪声、烟度排放等方面已达到较好水平。

4.1.4　实践训练环节

任务 4.1.1　单缸发动机装配

1. 目的及要求

①初步认识单缸发动机的典型零件。

②初步了解单缸发动机的基本组成。

③了解单缸发动机的运行过程及工作原理。

2. 实践内容

单缸发动机组装：阅读单缸发动机组装说明书，认识发动机零件，了解操作步骤，按照装配流程将零件组装成一体，完成单缸发动机的装配。

3. 操作步骤

①了解标准件组装基础知识：装配是把各个零件组合成一个整体的过程。零件要按照一定的顺序，要求固定在相对应的位置上。螺丝安装时，垂直放入，防止倾斜，并且拧紧到位，不要留有间隙。按照螺丝安装顺序，以对角顺序进行安装。轴承装入轴时，将轴承对准轴，直接装入，施压部位是轴承内圈。轴承装入轴承座孔时，垂直装入，不要倾斜，施压部位是轴承外圈。

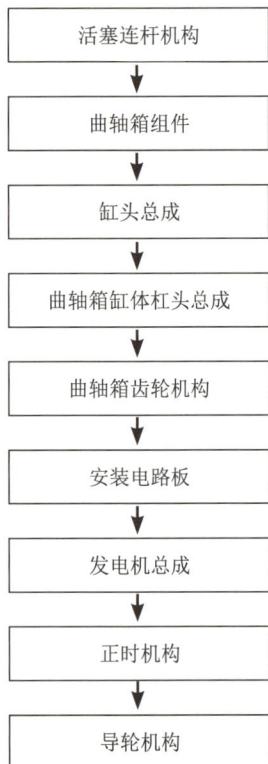

**图 4-1-7　V2 双缸发动机组装
流程图**

（流程图内容，自上而下：）

活塞连杆机构

↓

曲轴箱组件

↓

缸头总成

↓

曲轴箱缸体杠头总成

↓

曲轴箱齿轮机构

↓

安装电路板

↓

发电机总成

↓

正时机构

↓

导轮机构

②阅读装配说明书，认识并了解单缸发动机零件及其数量，了解单缸发动机组装流程。

③发动机零件按照装配顺序进行组装，注意不要漏装零件或者错装零件。

4. 具体装配流程

图 4-1-5 所示是单缸发动机模型组装的具体流程。

5. 安装注意事项

①安装卡簧时，要把卡簧口对准安装位置，平行向前推进，将卡簧安装到位。

②安装油泵涡轮时要安装到位。

③安装气门弹簧时，要压紧弹簧，防止将弹簧弹出去。安装气门和气门帽时，要确认把气门帽拧紧到位。

④启动齿轮在安装好后，检查与飞轮动力传递是否顺畅。

⑤安装皮带时要注意正时标志标记。

⑥在组装过程中注意各运动零件之间的配合间隙。

6. 项目思考题

①活塞、连杆、曲轴在发动机运行时发挥的作用是什么？

②发动机由哪些基本结构组成？

③简述发动机的工作过程。

7. 实践成果展示

图 4-1-6 是组装好的单缸发动机模型。

图 4-1-6　单缸发动机模型

任务 4.1.2　V2 双缸发动机装配

1. 目的及要求
①初步认识双缸发动机的典型零件。
②初步了解 V2 双缸发动机的基本组成。
③了解双缸发动机的运行过程及工作原理。

2. 实践内容
V2 双缸发动机组装：阅读 V2 双缸发动机组装说明书，认识发动机零件组成，了解组装基础知识，按照组装流程，将零件组装成一体，完成 V2 双缸发动机的装配。

3. 具体装配流程
图 4-1-7 是 V2 双缸发动机的组装流程图。

4. 安装注意事项
①安装进气管与排气管时，注意左右缸头所在的位置、方向与朝向。
②在两个连杆重叠套孔时，要注意连杆的安装方向，两个连杆的凹面相贴，不要放反方向。
③在对接缸头总成时，要注意左右两个缸头的朝向以及位置的摆放。
④安装好飞轮后，转动飞轮检查曲轴转动是否正常。
⑤安装同步带皮带时要注意正时标志标记，保证正时点对准。
⑥安装底座时要注意朝向以及位置的摆放，正确安装。

5. 项目思考题
① V2 双缸发动机由哪些基本结构组成？
②单缸发动机与双缸发动机结构有哪些不同？
③ V2 型发动机可以应用在哪些领域？

6. 实践成果展示
图 4-1-8 是组装好的 V2 双缸发动机模型。

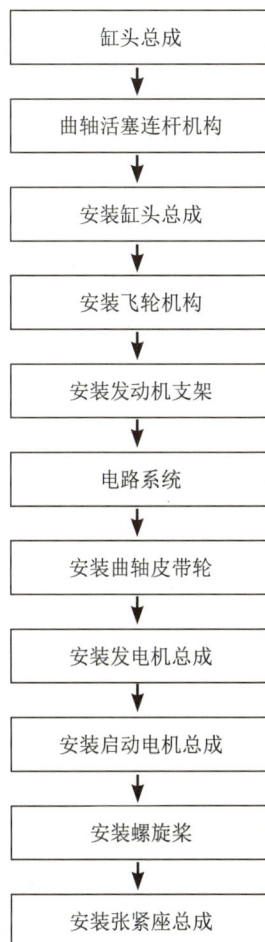

缸头总成
↓
曲轴活塞连杆机构
↓
安装缸头总成
↓
安装飞轮机构
↓
安装发动机支架
↓
电路系统
↓
安装曲轴皮带轮
↓
安装发电机总成
↓
安装启动电机总成
↓
安装螺旋桨
↓
安装张紧座总成

图 4-1-7　V2 双缸发动机组装流程图

图 4-1-8　V2 双缸发动机模型

拓展任务　直列四缸发动机装配

直列四缸发动机（图 4-1-9）相对于单缸发动机以及 V2 双缸发动机来说，零件、部件增多，结构比较复杂，在组装的过程中，要按照操作步骤、装配流程进行组装，要提升组装技能以及工具的使用熟练程度。通过直列四缸发动机的组装，学生应认识典型的标准零件，了解多缸发动机的结构组成及特点，并且能够了解多缸发动机与单缸发动机的结构组成区别。

项目思考题：
①多缸发动机相对于单缸发动机在工作时有哪些优点？
②V 型发动机与直列发动机各自的优缺点都有哪些？
③发动机工作时，对环境会产生什么影响？怎样减小其对环境的影响？

图 4-1-9　直列四缸发动机

4.2　工程与环境——以动力装置为例

工程在自然环境中进行，随着现代工程的发展，工程活动给人类带来福祉的同时，也会给环境带来影响，如工程活动消耗能源与资源，也会产生各种废弃物（废水、废气、废渣等）。在工程建造的过程中产生的振动和噪声，也会造成环境污染，引起气候变化，给人类生活和健康带来影响。动力能源与环境更是密切相关。人类所使用的能源有水能、风能、核能、太阳能、生物质能、海洋能等。能源的利用需要相关的动力设备将能源转化，例如发动机引起的环境问题主要有噪声污染和空气污染等。

4.2.1　发动机的有害排放物

现代工程中，汽车、火车、船舶、飞机等各种交通运输设备，在提高运行速度与效率，改善人类生活质量的同时，也消耗大量的各种燃料资源，排放尾气、产生噪声也影响生态环境，危害人体的健康。发动机在使用过程中，会排放大量二氧化碳等温室气体和细微颗粒物等物质，对大气环境产生影响，造成温室效应，影响气候。

根据国际海事组织统计，全世界以柴油机为动力的船舶，每年排放的氮氧化物（NOx）约 1 000 万吨、硫氧化物（SOx）约 850 万吨，它们随着船舶的航行，形成流动的空气污染源。

车辆是主要的陆路交通污染来源，车辆移动的速度快，车辆发动机排放的尾气随着车辆的运动，也形成流动的空气污染源。汽车发动机每燃烧 1 升燃料，向大气中释放的二氧化碳为 2.5 千克左右。一辆一年行驶大约 2 万千米的汽车，发动机运行时释放的二氧化碳约为 2 吨。随着汽车数量越来越多，它对环境的影响也越来越大。

发动机尾气中含有二氧化碳、碳氢化合物、氮氧化物、一氧化碳、二氧化硫、硫氧化物等物质以及一些固体颗粒。

发动机排放的固体悬浮颗粒的成分很复杂，小颗粒悬浮在空气中，形成空气污染。颗粒的危害性与粒径大小及组成有关，粒径越小的颗粒危害性越大，吸附能力越强，固体悬浮颗粒随呼吸过程进入人体肺部，容易引起呼吸系统疾病。颗粒按照大小分为 PM10（可吸入颗粒）和 PM2.5（细颗粒）。特别是 PM2.5 是对人体健康有高度危险性的颗粒。

1. 一氧化碳

一氧化碳是一种对血液和神经系统有剧毒的污染物。一氧化碳与血液中的血红蛋白结合的速度比氧气快。一氧化碳经呼吸道进入血液循环，与血红蛋白结合后生成碳氧血红蛋白，削弱血液向各组织输送氧气的能力，对中枢神经系统危害非常大，重者会有生命危险。

2. 氮氧化物

一氧化氮、二氧化氮都是对人体有害的气体排放物。高浓度的一氧化氮能造成人体中枢神经的轻度障碍；二氧化氮对呼吸系统危害尤其大，对肺功能易造成损伤，二氧化氮参与光化学反应时会形成臭氧等污染物，对大气环境造成影响。

3. 硫氧化物

硫氧化物对人体的危害主要是刺激人的呼吸系统，浓度大时会引起呼吸困难，甚至会造成死亡。大气中的硫氧化物发生一系列的化学或光化学反应生成的硫酸烟雾，能长期停留在大气中并形成酸雨，对环境危害大。

4. 二氧化碳

二氧化碳对人体的危害主要是刺激人的呼吸中枢，导致呼吸急促，引起头疼、神志不清。二氧化碳同时会造成温室效应。

4.2.2　降低排放方法

船舶发动机需要遵循排放物控制法规：国际海事组织制定的船用柴油机排放规定。此外，船舶发动机还要达到停泊港口或航行区域的地方性法规的要求。对于陆用发动机，我国对机动车排放制定了一系列的相关标准，如目前全面实施的《轻型汽车污染物排放限值及测量方法（中国第六阶段）》和《重型柴油车污染物排放限值及测量方法（中国第六阶段）》。

随着发动技术的发展以及对环境保护的要求，发动机使用过程中要减少能源的消耗：降低尾气排放、减小振动、减小运行噪声、改进燃烧过程、减少散热损失、降低燃料消耗率、减轻发动机使用过程对环境的污染。

全面贯彻执行国家机动车和内燃机排放法规：改进发动机相关设计、提升制造工艺水平，提高使用过程尾气后处理技术、燃用高质量的燃料油；实现先进制造，加快绿色动力装置研发；开发和利用非石油制品燃料、扩大燃料资源，综合考虑环境影响和资源使用效率，形成高效、清洁、低碳、循环、绿色能源动力体系。

4.3　工程与环境

课前测试

1. 你赞成全球熄灯 1 小时吗？

　1 为极其同意，9 为极其不同意，1 ~ 9 代表从极其同意到极其不同意的程度变化。

2. 你为自己制定了低碳出行目标吗？请举例说明。

3. 你了解碳达峰、碳中和等概念吗？列举你所知道的清洁能源。

【引导案例】寂静的春天

1962 年，一本颇有争议的书在美国问世。它的书名有些令人不安——《寂静的春天》。这本书是美国科普作家蕾切尔·卡逊耗时四年进行大量相关调查撰写而成的。在这本书中，她向对环境问题还没有心理准备的人们讲述了杀虫剂对生物、人、环境的影响以及危害，例如

DDT 的潜在危害。在这之前，当时的人们对 DDT 等杀虫剂的使用并没有太多的关注，更不清楚其残留对环境的危害有多大。《寂静的春天》问世让更多的人惊讶，也有人对此产生怀疑。

DDT 是欧特马·勤德勒于 1874 年首次合成的，但这种化合物具有杀虫剂效果的特性却是 1939 年才被瑞士化学家米勒发掘出来的。该产品几乎对所有的昆虫都非常有效。第二次世界大战期间，DDT 对疟疾、痢疾等疾病的治疗效果显著，使用范围迅速扩大，在农田害虫的治理方面也很突出。但在 20 世纪 60 年代，科学家们发现，DDT 在环境中非常难降解，它会在动物脂肪内蓄积，通过大气和水的循环带到各地，甚至在南极企鹅体内也检测到了 DDT 的残留，尤其是处于食物链顶级的食肉鸟，甚至因此而灭绝。科技发展、工程应用与环境的关系到底该如何处理，让人们面临决策的困境。随着越来越多的调查证实了 DDT 使用的危害，美国国会召开了听证会，美国环境保护局在此背景下成立；环境科学由此诞生。

其实，DDT 只是现代技术作用于生态环境众多事例中的一例。在环保意识还没有树立的年代，技术、经济与环保之间的关系到底应该如何处理，人们似乎并不关注。在当时的社会，技术的发展，往往更注重的是可行性和带来的经济利益，对后续生态环境的影响并没有引起大众的关注。但使用中看似微不足道的剂量，残留在生物中的积累、量变到质量的效应、在食物链中的传递，这些被忽视的细节以及细微之处所导致的对生态系统的灾难性影响是必然的。科学技术在实际工程中的应用犹如一柄"双刃剑"，一方面，人类通过开发和挖掘煤炭、石油、水力、天然气等获取能源；另一方面，自然资源的随意开发与使用，让许多动物的栖息地受到破坏，部分物种以濒临灭绝的速度在减少。同时，土地资源、森林资源也在大规模地减少，水土流失、草原退化和土地荒漠化加速问题逐一呈现。

在现代工程发展的过程中，环境问题也随之变得更加复杂，除了自然资源的过度开发与利用外，还包括人类社会在生产生活中所产生的污染物、生活垃圾、生产垃圾、汽车尾气、工业废料、城市垃圾等，这其中不乏有毒有害物质的存在。除此之外，海洋石油输送过程中的泄漏问题、温室效应、陆地沙漠化扩大、水资源污染和短缺、生物多样性锐减等已成为全球环境面临的共性问题。例如，困扰中国的大气污染问题"雾霾"就是多种污染源混合作用形成的，其源头多种多样，如汽车尾气、工业排放、建筑扬尘、垃圾焚烧，甚至火山喷发等，其对人的呼吸系统、心血管系统都会产生影响。而雾霾天气产生的主要原因就在于急剧的工业化和城市化所导致的能源迅猛消耗、人口高度聚集、生态环境破坏问题。

现代工程的高度复杂性，使得工程发展与生态保护之间的关系更加密切。工程中的技术更多时候备受关注的是能否实现，经济利益又是大众所追求的目标之一，但如果这些与环境发展相违背，时间就会告诉人们当初的决策是否正确。

环境是人类生活与发展赖以生存的全部物质要素的总和，它提供给人类发展所需要的资源，人类通过自身所掌握的技术对其直接或间接进行使用。随着技术的不断发展，工程对人类生活的改变也越来越大，人类社会的经济发展也越来越快。但对自然资源的过度开发与环境破坏也随之出现，早在 1306 年，英国就注意到煤的使用所引发的环境污染问题，当时，英国国会曾发布公告：禁止伦敦的工匠和制造商在国会开会期间用煤，不过，由于当时工业化程度不高，所造成的环境污染只存在极少地方，大面积的污染现象并未出现。伴随着工业化程度的不断提升，能源的消耗也在不断增加，环境污染出现的频率与程度也在不断增加。

工程与环境，作为两个看似独立的系统，实则有着密不可分的相互依存关系。工程活动在开展过程中，不断从环境中进行物质、能量的汲取与使用，环境为工程提供所需的一切物质资源，如生态资源、生物资源、矿产资源等，没有资源的供给，工程实施就会举步维艰。在人类步入工业社会之前，技术的使用对环境的影响十分有限，并未形成超越控制的破坏。随着科学技术的不断发展，推动工程前行的同时，用于工程建设的技术与手段开始出现对环境的负面影响，或者可以说，工程实践包含了更复杂多元的技术手段，对自然和环境的介入更深。现代工程的发展，面临更加复杂的不确定因素，包括技术成熟度、安全与风险、经济利益、环境等，任何因素的变化都有可能改变整个工程的走向。因此，工程共同体所涉及的每一个角色，无论处在工程生命周期中哪个阶段，都需要对每一个决策可能产生的后果进行充分论证。

4.3.1　工程对环境的影响

任何工程活动都是在一定的自然环境中开展的，需要直接使用自然材料或使用加工过的材料，使其服务于人类的需要。因此，工程活动直接或间接改变了自然的状态。工业革命以来，技术的高速发展加速了人们对自然资源的使用，人类活动对自然环境与生态的影响也就越来越大，全球环境与生态的负面效应也开始加剧。所以，工程直接改变了自然状态的人类活动。工业革命以来，人类凭借科学技术加强了对自然物质的利用，与此同时，这些活动对自然环境和生态的影响也越来越大。特别是随着工业化步伐的加快，全球的环境和生态状况面临更大的挑战。

工业化进程的不断加快，通过自然资源的使用产生了经济价值，并且改善了人类的生存与生活条件。例如，合理的水资源利用可以对农田进行灌溉，大型水利工程的修建可以起到防洪、发电的作用，航道的建设可以优化水上交通要道。但这些工程活动的开展如果没有充分的论证方案，也许会不可避免地对河流的自然流动产生破坏，减缓流动的同时导致泥沙的淤积、降低水流自身的净化能力、带来汛期的洪水威胁，甚至更大的灾难。如埃及的阿斯旺水坝、我国的三门峡水电站，都对当地河流的生态环境造成了负面影响，甚至是不可逆转的伤害。因此，正如本书第1章所讲，工程从计划设计那一刻开始，就需要充分考虑方案对后续生命周期中每一个阶段的影响，用全局性的眼光去进行工程规划与设计，利用可持续发展的观点来决策、实施和建设工程项目，切记不能只考虑局部利益、个体利益和短期利益。

现代工程通过科学技术的集成应用转化为社会生产力，推动了社会的发展，提高了生活的舒适度。例如，通信工程的飞速发展，使人们可以与千里之外的亲友视频通话；高铁的发展与普及，让人们能够在最短的时间到达心之所向的地点；机械工程的智能发展，实现了工业生产从现代化向智能化的转型；农业装备的发展，为农业增产增收提供了保障。但与此同时，能源的大量消耗以及使用中产生的废气物质对环境的影响更加不容忽视。

工程对环境产生的影响典型案例：1989年3月，美国埃克森（Exxon）公司一艘装载5 000万加仑（1加仑=3.785升）原油的巨型油轮"瓦尔迪兹"（Valdez）号在阿拉斯加威廉太子湾附近触礁，共泄漏原油1 100万加仑，这一原油泄漏数量事故是历史上最为严重的原油泄漏事故之一。此外，1979年美国三英里岛核电站事故、美国联合碳化物公司在印度博帕尔市的分公司于1984年发生的毒气泄漏事故；苏联的切尔诺贝利核电站于1986年发生的核泄漏事故，无一例外告诉我们工程出现对环境的伤害，可能是短期的也可能是长期的，也不排除永远无法弥补的伤害。

对于上述事件对环境的危害，有人觉得这样的事情是小概率的或者说是极小概率的，影响范围也有限。但事实上，工程以及工程产物造成的伤害并不都是以这样的突发状况存在，更多的伤害来自积少成多、量变到质量的效应。但它们最终造成的危害却丝毫不亚于突发性事故。

例如，将空瓶子和易拉罐丢到垃圾堆里，然后运到附近的垃圾场填埋。在日常生活中，这种行为司空见惯，这样做好像也没有什么不当之处。但是，成千上万甚至上百万家庭长期以这样的方式处理同类日常垃圾的话，我们就会浪费掉大量的可再生资源，同时，填埋这些物品的土地也会被吞噬，对环境的影响后果严重。我们有责任也有义务建立可持续发展的理念，让工程活动与环境和谐发展！

4.3.2　工程中的环境伦理建立

在传统的工程伦理研究中，主要关注的是工程活动中人与人的关系，包括工程设计者之间、工程建造者之间、工程人员与管理者、工程设计者与建造者之间的伦理原则与规范。以往的观念认为，工程是通过对自然世界的征服与改造，使用自然界的物质实现的造物过程。人类关注的焦点是如何从自然界获取更多的资源与财富，对于人类活动对自然发展的反哺作用并不关注，甚至忽视它的存在。

但是，随着工程活动的不断增多，规模不断扩大，频率不断增强，工程活动对自然环境带来的影响也越来越明显，环境问题日益凸显，一些严重的污染现象也逐渐增多。例如，1943年5月至10月发生在美国洛杉矶的烟雾事件造成65岁以上老人死亡人数达400多人，其主要是由汽车排出废气污染空气造成的。基于这样的背景，美国生态伦理学、环境伦理学逐渐形成，它们对工程、工程师的环境伦理意识产生了很大的影响。生态中心伦理观念认为，自然界不仅对人类具有使用价值，它本身也具有美学等内在价值。工程是人类生产性的社会实践活动，工程与人、工程与社会之间产生联系不可避免，所以工程与人、工程与社会的伦理问题必然存在，从另一个方面来说，工程活动与自然之间的联系也十分紧密，直接或间接与自然产生联系，改变着自然，所以，现代工程伦理研究发现：工程与自然的关系也存在伦理问题。因此，工程的伦理原则范围就从人与人、人与社会扩展到人与自然之间的关系，工程环境伦理应运而生。

工程环境伦理问题是一个现代的工程伦理问题，它涉及人与自然环境的伦理关系，是一个对现代工程极其重要但又最容易被忽视的问题。但是，一个好的工程需满足环境伦理的基本要求，因此，我们需要认真对待工程活动中的环境伦理问题。工程共同体作为工程伦理的行为主体，与环境之间的关系十分紧密，他们中的每一个成员，也许会因为环境伦理的缺失造成对环境的干扰，大气、水源、土地、植被、动物的生存与生活因此而改变甚至恶化，所以我们有责任也有义务去了解工程与环境和谐发展的方法，树立人与自然和谐共生的理念。

4.3.3　工程中的环境伦理问题

工程活动对环境的改变可能是正向的也可能是负向的，一旦工程活动对自然产生了改变或者破坏，对自然发展的可接受范围如何界定，就需要有一个客观的衡量标准，否则无法具体操作。每一个工程在不同的实施条件下，面临的具体问题有所差别，所以需要运用工程环境伦理的标准进行工程与自然之间关系的处理。

传统的观念认为，自然界属于外部资源，其价值在于对人类"有用"，所以在一段时期内，人们将自然界看成人类发展所需的"资源仓库"。对自然资源无节制的索取，这成为环境危机产生的根源。但是，随着对自然界认识的日益深刻，人们发现，自然界所呈现出来的价值，远远不是我们想象中的那样，只具有工具性价值，而是就像它自身一样，价值形态是多样化的。因此，我们要树立一种新的理念，并对自然界进行新的审视，用建立在现代科学基础上的眼光去认知自然界的各种价值，并在这一理念下，建立人与自然新型的伦理关系。

自然资源的价值包括两个方面：使用价值和内在价值。使用价值是自然界中的各种资源客观价值的体现，是自然界本身固有的属性，用与不用都不会改变。内在价值则是呈现在人类对自然界物质资源的使用过程中，人与自然之间的价值关系使用前后会发生一定的变化，而这种变化趋势可能是好的也可能是不好的。

从人与自然协同发展的角度来看，没有人类，就没有人类中心主义的价值理论，也不可能有大规模的自然价值向人类福利的转变。从主观论与客观论两个方面而言，主观价值论从价值的认识论角度来说是有道理的，但它忽视了价值存在的本体论意义，自然独立于人类有其本身独立存在的价值；客观价值论虽然揭示了自然界是价值的载体，强调了自然价值客观存在不依赖评价者的事实，但它忽视了价值与人之间的关系。从当今的生态发展观出发，坚持人与自然协同进化的价值观更为适宜，这种价值观将自然界所有的物种体系归为整体，形成生态系统的整体性。正如每条河流都有着自身的内在价值，当河流在自然界中循环起来时生态功能随之呈现。河流作为一种由水流及水生植物、微生物和环境因素相互作用构成的一个自然生态系统，又可以看作一个由河流源头、湿地、湖泊，以及众多不同等级支流、干流形成的整体，流动的水网、水系或河系构成了统一有机整体，同时也是一个开放的系统。健康的河流有着完整且未受伤害的生态系统，能够发挥正常的功能。评测河流健康与否，可以通过河道的过流能力、水质等级、生物多样性等量化指标进行确定。健康河流不仅要求有充沛的水量，还要求水质清洁以及周围河道稳定。维持河流健康"生命"的权利，就是要维护河流的自我维持能力、相对稳定性和自然生态系统及人类基本需求。

在任何与河流有关的工程活动开展中，河流不只是我们亟待开发利用的资源，更需要我们给予其应有的尊重，人与自然不是独立存在的，而是统一的整体。

4.4　工程环境伦理

人类的工程活动不断地与自然产生关系，改变着环境。因此，任何工程都必须从整体性原则出发充分考虑与环境的关系。我国目前正处在经济建设的发展阶段，需要通过工程建设推动经济发展。经济发展与环境保护同等重要，这就对现代工程建设提出了更高的要求，要求用工程伦理中的环境伦理规范工程行为。

4.4.1　工程环境伦理理念

工程活动中环境伦理思想的建立，要求我们在开发使用自然资源实现其使用价值的同时，更要关注其内在价值。工程建设对于自然资源的使用不能只考虑建设的需求，更要兼顾自然发展的需求，要综合考虑生态环境规律，审慎开发利用自然资源。在历史的长河中，生态系统内的各种生物都在不断与环境相互适应，改变着自己也改变着环境，但更多的是对环境的适应，工程的本质是人类的"造物"行为。工程在集成建造的过程中往往会突破自然可调节的阈值对环境造成伤害甚至不可逆的损伤。

纵观历史，"征服自然""改造自然"的观念曾一度被大众认可，大刀阔斧改造自然的工程也不断涌现，结果却是对自然生态的严重损害，环境问题层出不穷。英国哲学家培根曾说过，"要征服自然，首先要服从自然"，所谓"服从"就是从认识到理解，认识自然，掌握自然规律，但这并不等同于征服自然。尊重自然才能实现工程的可持续发展。

人与自然和谐发展的理念与工程发展的融合形成了当代的工程观，那就是工程发展既要以人为本，又要兼顾工程与自然和谐发展、工程与社会之间的公平与正义。现代工程发展理念的最高境界是实现工程与人的协同发展，将人类自身发展与自然的发展从两个独立的系统形成和谐、协调、统一的整体，相互依存，相互影响。都江堰坐落于四川省成都平原西部的岷江上，位于四川省都姜堰市城西，始建于秦昭王末年（公元前256年—前251年），是蜀郡太守李冰父子在前人鳖灵开凿的基础上组织修建的大型水利工程。都江堰渠首工程的位置、结构、尺寸及方向的安排，与岷江出山口的河床走势、地理环境、上游的水流、来沙条件相互作用，组成了协调一致的有机整体。研究证明，都江堰修建成功最主要的经验就是工程的所有设计都顺应自然。都江堰，包括渠首工程和所有向成都平原延伸、展开的各级渠道都采用无坝引水，它们与天然河道一起在平原内构成了一个扇形的自流灌溉网，完善了自然环境。都江堰水利工程用时间向我们证明了人与自然和谐发展的重要性。从现代工程环境伦理出发，在工程生命全周期中我们应该建立可持续发展理念，深刻理解环境问题的实质，不是对于传统需要而言的价值，而是对后现代文明而言的价值。简单地说，就是环境在满足了人的生存需要之后，人类如何去满足环境的存在要求或存在价值，同时满足人类自身较高层次的文明需要。人与生态环境之间是紧密联系的，是和谐共生的关系，包括人与动物的和谐共生，动物与动物的和谐共生，人与植物的和谐共生，以及动物与植物的和谐共生，甚至包括植物与植物之间的和谐共生。

在人与自然协同发展的工程发展观指导下，人类活动与自然之间，经济发展与环境保护之间，需要在工程决策中做到两项兼顾，不得损害一方去实现另一方。将生态发展、经济发展、社会发展统一为一个整体，将正确的伦理观赋予工程行为中，不再将经济利益视为唯一目标。合理开发与利用自然资源，保护自然资源和生态平衡，成为工程决策的出发点。

在工程可持续发展观下，工程与自然发展需要有机结合。对工程活动的评价也将从单向评价提升为人与自然双向互评。评价一个工程既要关注其对人类发展的作用，也要重视其对自然发展的作用，双向有利的工程才能称之为好工程。有利于人类的衡量标准是指人与自然关系中自然界满足人类合理性要求，实现人类价值和正当权益。有利于自然的衡量标准是指，人类的活动能够有助于自然环境的稳定、完整和美。作为社会发展动力来源，任何工程建设的最终目的都是实现利益的合理最大化，单纯的价值追求往往会对环境造成伤害，特别是在大型工程的建设中还可能出现不可逆的伤害。因此，扭转传统理念，在当代工程发展观的引领下，以实现工程与人和谐发展为目的的绿色工程环境伦理理念应运而生。

绿色工程环境伦理理念强调人与自然和谐发展，建立经济与环境协同发展的整体思维，对工程的评价兼顾环境与经济等多元价值标准，统筹兼顾，实现综合利益协调最大化，以环保优先为原则推动经济发展。该理念从工程计划开始就将绿色发展理念作为决策依据，并将其贯穿整个工程生命周期，以实现质量、经济、安全、环境等多角度共赢局面。

在工程活动中强调环境保护理念，不是将自然利益凌驾于人类利益之上，而是实现同等原则，也就是考虑人类利益的同时要同等考虑自然的利益诉求，遵循自然的规律，实现工程与自然和谐发展。人作为工程活动的实施主体，具有行为导向性，对经济利益和社会利益的敏感度相对较高，对生态利益的敏感度相对欠缺。在可持续工程发展观的引导下，人们对环境的重视程度已逐步提高，当经济利益与环境发生冲突时，基本能够做出正确的决策，不以经济利益为唯一导向。我们要将节约、高效、安全的理念贯穿工程生命周期全过程，形成经济、社会、环境三元融合发展态势。

总之，工程活动是对环境造成最直接影响的人类行为之一，这种影响又存在着对环境损伤的不可逆性，损害自然环境可持续发展的同时也危害了人类生存的必要条件——环境。因此，现代工程活动在工程伦理的决策指引下，能够兼顾各方利益，从工程活动出发点开始直面环境问题，避免对环境的伤害，从而真正实现工程造福人类和人与自然协同发展的目标。

4.4.2　工程环境伦理原则

工程活动中的环境伦理兼顾人与自然的利益，不再将两者独立对待，需要将两者的利益融入统一整体中去考虑。在以往的工程活动中，人类利益被置于工程的首要位置，自然界作为工程实施资源供给方，其利益诉求被忽视。在工程伦理的规范与约束下，当代工程发展要满足人类与自然的双向利益诉求，在二者发生冲突的时候也必须权衡利弊，这就需要我们将自然利益诉求与人类利益诉求同等对待。依据双效评价标准系统的要求，在工程活动中对自然的干预必须考虑自然是否能够承受。现代工程活动中的环境伦理原则主要有尊重原则、整体性原则、不损害原则和补偿原则。

1. 尊重原则

一种行为是否正确，取决于它是否体现了尊重自然这一根本性的道德态度。

人是自然生态系统的一个重要组成部分。人类的命运与生态系统中其他生命的命运紧密相连、休戚相关，尊重自然就是尊重人类自己，所以，尊重自然是工程活动开展的第一原则。

2. 整体性原则

一种行为是否正确，取决于它是否遵从了环境利益与人类利益相协调，而非仅仅依据人的意愿和需要。

根据这一原则，需要建立人与环境相互依存的关系。工程活动中涉及自然资源的开发与使用时，必须充分论证自然环境的状况，特别是生态影响，任何工程活动不能只考虑与人类相关的利益。环境伦理把促进自然生态系统的完整、健康与和谐视为最高意义的善，以尊重自然为前提，在实施中检验其效果。好的出发点和行动过程的合理性并不必然导致善的结果，仅凭动机和行动程序的合理性不足以验证行为的正确与否，所以将评价贯穿全程是必要的，从出发点到落脚点，再到最终结果的全程评价要具有合理性，这才能为后续不断优化提升提供依据。

3. 不损害原则

一种行为，如果以严重损害自然环境为代价，那么它就是错误的。

不损害原则要求任何工程活动都不能以损害自然环境为代价，工程行为主体有义务履行这一原则。前面我们已经谈到，自然环境有其内在价值，也有其自身发展的利益诉求，这种利益诉求要求人们在工程活动中不应严重损害自然的正常功能。这里的"严重损害"是指对自然环境造成的不可逆转或不可修复的损害。不损害原则充分考虑了正常的工程活动对自然生态造成的影响，但这种影响应当是可以弥补和修复的。

4. 补偿原则

一种行为，当它对自然环境造成了损害，那么责任人必须做出必要的补偿，以恢复自然环境的健康状态。

补偿原则是工程行为主体在工程活动中应该履行的另一项义务，即当自然生态系统受到损伤的时候，责任主体有义务也有责任将其重新恢复到自然生态的平衡状态。所有的补偿性义务都有一个共同的特征：一旦工程行为打破了原有的生态平衡，那就需要为自己的行为负责任，并承担因此带来的一切补偿义务。

根据上述四项工程环境伦理原则，大家更关注的可能是自然环境受到损害如何界定。在这里，有两种不同的自然环境损害情况值得关注，第一种情况是：对环境损害的行为不仅违背了上述环境伦理原则，也违反了人际伦理的基本原则。例如，工程活动造成了环境污染，受污染主体为环境，但这其实也违反了人际伦理的公正性原则，是不正确的行为。第二种情况是：工程活动对环境进行了改变，但符合人际伦理的规则。例如，在山林地区修建公路或者铁路，需要进行穿山隧道的建设，这时自然与人类的利益似乎存在矛盾，在这种情况下我们应该进行合理决策。

在工程活动中当人类利益与自然利益发生矛盾时，我们需要进行优先级排序，而优先级规则的制定是决定我们后续行为结果的关键。因此，这里提供两条优先级排序原则供大家学习参考。

①整体利益高于局部利益原则：人类一切活动都应服从自然生态系统的根本需要。

②需要性原则：在权衡人与自然利益的优先秩序上应遵循生存需要高于基本需要、基本需要高于非基本需要的原则。

具体而言，当自然生态系统的整体利益与人类的局部利益发生矛盾时，可以依照上述第一条原则来进行判断与决策；如果自然生态局部利益与人类局部利益发生了矛盾，可以依照上述原则第二条进行判断与决策。例如，当自然的生存需要（河流的生态用水）与人的基本需要（灌溉用水）发生冲突时，以前者优先。只有在极其罕见的极端情况下，即人类与自然环境同时面临生存需要且无任何其他选择时，人的利益才具有优先性。

人的利益与自然利益冲突在人际伦理阶段是不存在的，随着环境重要性认知的不断加强，环境伦理出现了，并将其应用于工程活动的行动原则中，进而人类开始考虑二者利益冲突的决策依据，这也证明在人与自然关系的处理上，工程与自然环境的关系有了很大的认知进步。对自然的尊重也是对人类自己的尊重。

4.4.3　工程共同体与工程师的环境伦理

工程最初是指以某种设想的目标为牵引，组织一群人通过科学知识与技术手段的应用来实现从假想目标到现实产物的转变，是一种人造物的过程。通过对工程的不断深入研究，人们发现工程是一项复杂的社会实践活动，我们将其行为主体称为工程共同体。工程共同体是以共同的工程范式为基础形成的、以工程的设计建造、管理为目标的活动群体，包括多类成员：投资者、企业家、管理者、设计师、工程师、会计师、工人等。在联合国教育、科学及文化组织举行的 2021 年"世界工程日"庆祝活动上，中国工程院院长李晓红院士致辞呼吁：世界工程界需要共同努力，建立更加平等、包容、多样和共赢的工程共同体。

工程共同体作为工程活动的行为主体承担着独有工程环境伦理责任，即在工程全生命周期中充分考虑自然生态与工程活动的关系，充分考虑自然对工程行为的承受性，考虑其工程行为是否会对环境带来伤害，是否会污染环境，是否造成自然资源的过度使用等，要按照工程环境伦理原则秉承尊重自然的第一原则公正地对待自然，最大限度地保持自然界的生态平衡。

工程师作为工程共同体的一员，承担了技术层面对工程的责任。从计划开始工程师就进入工程活动的生命周期，不仅要满足工程目标的实现需求还要满足公众需求，更要对自然环境负责。无论是建设一座桥梁还是一艘远洋巨轮，工程师除了需要具备强大的专业知识，还必须站在全局角度，考虑每一个细节可能面临的环境挑战，寻找最佳解决方案。

虽然环境伦理已从哲学角度为工程师的环境伦理责任赋予了理论基础，但这并不能保证其工程行为一定不会损害环境。当所面对的利益群体之间产生冲突时，工程师应该如何进行判断与决策，避免风险的出现，这一话题已备受关注与重视。

世界工程组织联合会（Word Federation of Engineering Organizations，WFEO）明确提出了"工程师的环境伦理规范"，具体内容包括以下 7 个方面：

①尽你最大的能力、勇气、热情和奉献精神，取得出众的技术成就，从而有助于增进人类健康和提供舒适的环境；

②努力使用尽可能少的原材料和能源，并只产生最少的废物和任何其他污染来达到你的工作目标；

③特别要讨论你的方案和行动所产生的后果，不论是直接的还是间接的、短期的还是长期的，对人民健康、社会公平和当地价值系统产生的影响；

④充分研究可能受到影响的环境，评价所有的生态系统可能受到的静态的、动态的和审美上的影响以及对相关的社会经济系统的影响，并选出有利于环境和可持续发展的最佳方案；

⑤增进对需要恢复环境行动的透彻理解，如有可能，改善可能遭到干扰的环境，并将它们写入你的方案中；

⑥拒绝任何牵涉不公平地破坏居住环境和自然的委托，并通过协商取得最佳的可能的社会与政治解决办法；

⑦意识到生态系统的相互依赖性、物种多样性的保持、资源的恢复及其彼此间的和谐协调形成了我们持续生存的基础，这一基础的各个部分都有可持续性阈值，那是不允许超越的。

上述工程师环境伦理规范并不只针对部分行业的工程活动，而是所有工程的环境伦理规范，工程师以此来规范工程实践行为，进行工程判断与决策，最终实现对环境的保护。

4.4.4 工程生命周期中的环境伦理体现——以发动机为例

工程伦理问题蕴涵于产品开发全过程中。以典型机电产品发动机为例，在其全生命周期中的每一个阶段工程环境伦理都十分重要（图 4-4-1）。

```
计划  ⟹  设计  ⟹  建造  ⟹  使用  ⟹  结束
```

图 4-4-1　工程生命周期

1. 计划与设计中的工程环境伦理

首先，树立绿色设计理念。这是一种可持续发展的理念，任何工程发展都不应以牺牲自然生态环境为代价，绿色、可持续发展才是现代社会的最新要求。在实际工程应用中坚守绿色设计理念，从源头落实人与环境和谐发展的思想，才能使工程全生命周期与整个自然生态形成统一整体。发动机作为动力输出装备，从制造业角度出发，需要全面考虑其对自然环境的污染，不可突破环境承受底线。产品的设计使用寿命、能耗、污染物排放标准都与环境保护息息相关。

其次，将使用尽可能少的能源作为设计理念之一。以发动机为例，机体材料来源于上游企业提供的产品，在各零部件的生产过程中，要尽可能使用先进的制造工艺，减少对原材料的使用，只有对每一种原材料合理使用，才能在规模化生产中体现出最大价值，降低行业的自然资源消耗。同时，在生产过程中，要不断创新行业制造工艺，制造工艺的不断优化，也能促进对自然资源合理使用目标的实现。所以，在机械制造行业中，要优先考虑降低能源消耗，使每种能源可以最大限度发挥自身作用，提升自然能源的利用率，在降低企业生产成本的同时，有效降低能源消耗。

再次，树立牢固环保意识。绿色理念可以降低机械制造行业对环境的污染，使机械制造行业中废水、废气等污染问题得到控制。为了更好地保护自然生态环境，需要不断创新制造工艺，对现有技术进行基于环保的改进，减少污染物排放，保护自然环境。

2. 建造过程中的工程环境伦理

发动机主要由机体部件、主运动部件、燃油系统、配气机构、润滑系统、冷却系统等构成，涉及多种零件的加工。而每一种零件又需要使用相同的或者差异化的加工方法，涉及的加工设备种类繁多。不同的加工方法对环境产生的潜在影响也不相同，因此，环保措施也需要针对性采用。例如，电器系统应选择适用的除尘设备系统；铸造车间应配备通风除尘系统和自动操作系统；有毒作业区需安装水帘（水幕）、通风防毒排毒装置；装配车间应设置密闭的喷漆房间等，以实现粉尘、漆雾等达标排放。对于大型的机械加工设备，如镗铣床等大型加工设备，切削液的用量都非常大，根据此类设备的特点，可收集与回用切削液。切削液回收利用，既做到了减量化，又减少了废切削液对设备周围土壤的污染。

建造中产生的废弃物如何处理？这需要分门别类采用正确的方法。例如，机械加工设备产生的废矿物油，主要来自其液压站、机床润滑系统液压油、各类铣床铣削用的柴油，少量来自设备运行中的跑冒滴漏。应设立废油分类储存装备，对处理后油质达不到要求的废矿物油，集中存放，由企业统一交由有资质的废油回收处理单位处理；对危险品的保存与使用，应设有专门的危险废弃物储存库、化学危险品库房、储氮间，并在存储仓库可视范围内设立明显的危险废弃物存储标识。

除此之外，对于污水处理应建立污水收集管道系统，污水通过收集系统进入污水站进行处理；对噪声超标区域，采用有效降噪措施等。

3. 使用阶段的工程环境伦理

以船用动力装备为例，航行的船舶为保障动力设备的正常运转，需要用水对设备进行冷却，部分冷却水可能会泄漏到机舱，与舱底的污染物质结合形成舱底污水。油船、散装液体化学品船的洗舱水含有石油、化学品、有毒物质和去污剂，这些都是主要的污染源。一条船舶每年排放的机舱舱底水量约为其总吨位的 10%，全世界每年随船舶舱底污水排入海洋中的石油有几十万吨。压载水和洗舱水肆意排放造成的油污染更为突出，如一般 10 万吨级的油轮，压载水不经处理而排放，每个航次就有 100～150 吨的油排入海中，若全部油舱清洗一次，所用的洗舱水不经任何处理排出舷外，将有 200 吨石油一起排入海洋。目前，世界上每年约有数百万吨油随船舶压载水、洗舱水进入海洋。还有各种海损性事故造成的溢油，其对海洋环境的污染及沿岸国家经济的破坏是不可估量的。主要体现在以下两个方面：一是由于船舶触礁、搁浅、火灾、爆炸、碰撞等造成船体或设备破坏，从燃油舱或油舱溢出石油；二是油船装卸作业过程中或加装燃油时，连接管路破损或误操作造成跑、冒、滴、漏油。在船舶事故中，超级油船造成的海上污染影响更大、危害更大。

船舶在营运过程中还会出现一些特殊的大气环境污染问题，主要表现在以下四个方面：第一，运输散装货物的船舶在港口装卸和转运过程中产生粉尘与挥发性油气及化学品，从而对港口附近局部区域大气环境产生明显不利的影响；第二，船舶发动机以及锅炉等设备燃烧燃料后产生尾气，该尾气长期排放造成的大气污染很严重，并随船舶的航行形成流动的污染源；第三，船舶目前大多使用含氟利昂及其他卤化物的制冷剂和灭火剂，由于技术性或事故性泄漏而对大气环境造成危害；第四，船舶所承运的有毒有害气体泄漏扩散而造成的大气污染。

因此，在使用阶段也需要遵守环境伦理原则，做好应急预案，避免使用过程中对自然环境的伤害。

4. 结束阶段的工程环境伦理

任何工程产物都有其既定使用寿命，生命周期结束阶段仅代表当前产品的生命周期结束，不代表永久的结束。因此，在类似发动机等产品的设计过程中，必须要重视机械废弃以后零件的回收问题。加强对绿色回收技术的开发与应用，以此来实现对废弃机械零件的再次加工与使用，不仅可以提高资源的利用率，也可以减少对环境的污染。对于机械制造企业来说，必须要加强对有毒有害零件的回收利用，并努力实现对这些零件的无污染处理。

4.4.5 国之重器建设中的环境伦理分析——港珠澳大桥建设案例

1. 工程简介

港珠澳大桥是由粤港澳首次共建的超级跨海大桥，主体工程集桥、岛、隧于一体，全场 55 千米，其中连接东西人工岛的海底隧道全长 6.75 千米。大桥建设筹备 6 年，建设工期长达 9 年，于 2018 年 10 月 23 日正式通车，使香港、珠海、澳门三地陆路通行时间大幅缩短。该桥按使用年限 120 年进行设计与建造。大桥建设横跨我国伶仃洋航道，这里每天有 4 000 多艘航船，1800 多架次飞机经过，是繁忙的海上交通枢纽，更是我国海豚科中唯一的国家一级重点保护水生野生动物——中华白海豚生活的地方。位于珠江口水域内伶仃岛至牛头岛之间的中华白海豚国家级自然保护区，面积约 460 平方千米，1999 年 10 月由广东省政府批准建立，2003 年 6 月，由国务院正式批准晋升为国家级自然保护区。穿越伶仃航道的海底沉管隧道及隧道两端的人工岛（又称岛隧项目）是港珠澳大桥的主体工程之一，涉及大型深水疏浚、填海造地、沉管隧道等海上工程。其中，海底沉管隧道的走线及主体施工水域正是国家一级野生保护动物中华白海豚的分布区，亦处于珠江口中华白海豚国家自然保护区的核心区。如何在工程实施阶段降低对生态环境的干扰？又如何在保护生态环境的前提下顺利开展施工建设而不延误工期？在解决这些工程问题时就需要将生态价值和工程价值协调起来，重视与强调工程的生态价值主体，担负起工程环境伦理责任。

2. 港珠澳大桥计划、设计、建造、使用阶段的工程环境伦理体现

港珠澳大桥从顶层制度设计、施工管理到使用管理等阶段坚持将绿色生态工程理念贯穿始终，从方案设计到施工建设，从工程管理到技术研究，大桥管理局和建设者始终重视海洋资源与海洋生态环境保护工作，最终实现了海洋环境"零污染"和中华白海豚"零伤亡"目标。

①计划阶段：作为粤港澳三地共建的项目，港珠澳大桥的标准、理念必须符合三方的要求，因此，港珠澳大桥在初步设计阶段就已经明确了极高的环境保护标准。为了解决这个超级工程中极其复杂的环保问题，在规划设计阶段，大桥的建设者们就面临了一个又一个技术之外的挑战，如人工岛概念的提出。

修建一座超级跨海大桥，我国有过这样的经验，但在伶仃洋海域的特有海洋环境中，却不是那么容易，以传统的建桥方式进行建造，过量的密集桥墩就会产生超过 10% 的阻水率，一旦超过这个数值，就会形成海洋冲击性平原，产生对海洋生态不可逆的毁灭性影响。于是，工程设计者们想出了以桥梁加隧道的方式进行工程的建设，但随之而来的问题产生了，桥梁与隧道的连接需要岛屿，在这片海域中却没有天然岛屿可以使用，最终，人工岛的概念应运而生。

②设计阶段：港珠澳大桥隧道上方为中华白海豚保护区，岛隧工程与自然环境如何利益兼顾，工程师们再一次打破常规建岛方法。如果采用传统的施工工艺抛石围岛的作业方法，不仅工期长达两年之久，且在工程实施阶段所需的工程作业船只众多，将对邻近水域中华白海豚的活动范围及生存环境产生一定的干扰。而且，抛石围岛将会对海域造成严重污染，直接或间接地对白海豚产生不利影响。港珠澳大桥岛隧项目团队经过缜密的科研试验后，创新了工程施工工艺与工程技术，决定以钢圆筒快速成岛技术取代抛石围岛的建岛方式。通过钢圆筒快速成岛技术，短短 7.5 个月顺利完成 120 个圆筒围筑两岛的施工任务，较世界上常规的抛石围岛作业缩短了近三年的海上作业时间，同时减少了海上挖泥量，最大限度地降低了工程建设阶段对濒危物种中华白海豚的不利影响，保护了伶仃洋海域的生态环境。所采用的挤密砂桩（SCP）工程技术也是对传统施工工艺的创新，它极大减少了人工岛建设的开挖、换填及维护性疏浚等工程作业，对海水的污染降到最低。

③建造阶段：在港珠澳大桥施工建造阶段，大桥建造者秉承环境伦理原则，以尊重自然为先，认真制订施工组织方案，并采用先进环保的施工设备，以海洋环境保护为目标，维护中华白海豚的生活环境。建造者采用智能控制，严格要求施工精度，将工程活动所产生的影响控制在自然生态可承受范围。为减少大桥建设对工程施工区及周边底栖生物、鱼类和白海豚的不利影响，建设者对抓斗船施工工艺进行改良并合理安排工期，尽量避免在白海豚繁殖高峰期进行大规模疏浚开挖等容易产生大量悬浮物的作业，尽量采用污染较小的抓斗船疏浚施工，采用大型设备以减少施工设备数量，以相对均衡的工作安排避免集中、高强度施工。

除此之外，在港珠澳大桥的建设过程中还有一群特殊的"建桥者"——观豚员。根据调查显示，港珠澳大桥的兴建，对中华白海豚主要有三大威胁，分别是施工噪声干扰、悬浮物扩散、往来行驶船只对海豚的碰撞等。例如，4—8 月是中华白海豚的繁殖高峰期，噪声对于海豚母子影响较大，可能造成母子失散。为此，港珠澳大桥保护区段在兴建时，设立了观豚员，顾名思义，就是在施工过程中进行施工区域内海域监测，观察对白海豚生活是否存在干扰的专业人员。例如，在打桩和挖掘施工作业前，由观豚员通过望远镜在施工地点半径 500 米范围内，连续观察 5 分钟以上，确保没有中华白海豚在施工区域时方可施工。如施工区域半径 500 米范围内发现中华白海豚出没，严禁施工。

④使用阶段：大桥建成通车后，对中华白海豚和海洋环境的保护并没有因此停止，而是进入了新的阶段。据了解，大桥管理人员通过覆盖全桥的视频监控 24 小时持续开展环境监测，在东、西人工岛专门设置的中华白海豚观测站及验潮站安装智能化设备，对港珠澳大桥主体工程及附近区域的水、气、声环境和中华白海豚进行持续有效监控。

4.5 知 识 拓 展

4.5.1 制造业绿色消费观

工程发展推动了人类生活的不断前行，绿色环保、低碳理念是工程可持续发展的方向。实现经济与环保双赢是当代工程共同体的目标与责任，"可持续工程""绿色制造""双碳战略"等新兴名词已逐渐被人们熟知。除此之外，每一项工程的产物都有使用者，从消费者角度出发，建立绿色消费理念也是推动人与自然和谐发展，经济与环保并重的关键。

4.5.2 "双碳"政策下的动力装备发展趋势

1. "双碳"政策背景与目标

近年来，为推动构建我国绿色低碳经济体系，以习近平同志为核心的党中央统筹国内国际两个大局做出重大战略决策，制定了实现"碳达峰、碳中和"的三个阶段主要目标：2025 年，初步形成绿色低碳循环发展的经济体系，大幅提升重点行业能源利用效率；2030 年，经济社会发展全面绿色转型取得显著成效，重点耗能行业能源利用效率达到国际先进水平；2060 年，全面建立绿色低碳循环发展的经济体系和清洁低碳安全高效的能源体系，能源利用效率达到国际先进水平。陆续出台的一系列措施将推进经济社会实现全面绿色转型，推动产业结构调整与优化升级。进一步加快构建清洁低碳安全高效能源体系，加快推进低碳交通运输体系建设，加强绿色低碳重大科技攻关和推广应用等方面的发展，对当今社会的动力装备发展及其相关行业的优化改革产生巨大的影响。

2. 动力装备行业发展现状与发展趋势

动力装备是利用燃料的化学能、核能，自然界的水能、风能、地热能等能量产生原动力的成套技术装备总称。按照能源种类划分，动力装备包括热能动力装置、核能动力装置和水能动力装置等；根据原动机种类划分，动力装备包括汽轮机动力装置、内燃机动力装置和燃气轮机动力装置等。我国动力装备主要应用于发电厂、船舶、车辆、航空等能源或交通领域，目前多采用柴油、汽油、合成气等物质为燃料，在燃烧做功过程中普遍存在能耗高、排放高、综合利用率低等问题，在绿色发展理念的推动下，动力装备低碳、零碳化发展是一个必然的趋势，具有广阔的发展空间。

（1）发电行业

虽然近年来燃煤电厂所占比重在不断下降，但我国发电装机仍然以火电为主，煤炭、化石能源等产生的 SO_2、NOx 等气体，造成大气污染，从发展的角度来看，不符合"双碳"目标的要求。因此，优化能源布局、加快煤电转型升级是发电行业亟待解决的问题。解决这一问题可以从以下两方面着手推进：一是进行清洁能源分布构建，提高非化石燃料比重，统筹风电、光伏等洁净能源比重；二是加快煤电行业转型升级，提高煤电发电效率的同时强化节能环保技术，坚持现役煤电清洁化改造和新建清洁化煤电机组双管齐下，完成节能改造，实现超低排放。

（2）船舶动力方面

船舶动力装置主要包括蒸汽机、柴油机、蒸汽轮机、燃气轮机及其联合动力循环装置，还包括应用范围较小的核动力装置及使用闭式热动力循环、燃料电池的特种动力装置。在"双碳"发展战略下，船舶动力装置朝着技术改进及发展新动力系统的趋势发展。传统内燃机装置采用柴油、甲烷等经济性燃料，为扩大内燃机的燃料适用范围，不断发展了污染物排放较低的生物燃料、氢燃料和氨燃料；燃气轮机及其联合循环有着功率大、质量小、加速性能强的优势，但其劣势在于热效率相对较低，且燃料适应性比较有限，为此发展了氢混合燃料应用技术，以满足低碳发展要求并进一步探索低 NOx 排放技术；应用燃料电池等特种动力装置，能够应用余热利用技术进一步提高系统效率，以达到节能减排的目的，作为相对较新的技术，需要解决其可靠性和经济性，向着更广的适用范围发展。

（3）车用动力装备

传统车用能源主要来自石油、天然气、煤基燃料等，是碳排放的主要来源。在"双碳"目标推动下，我国车用能源绿色低碳转型步伐加快，逐步向生物质燃料、核能和可再生能源过渡。同时，传统车用动力装备系统的热效率逐渐逼近极限，通过提高整机效率达到节能减排目标效果不明显，目前尾气处理技术成为控制碳排放的主要治理手段。近年来，各地政策对构建以新能源为主体的新型电力系统的扶持力度加大，新能源汽车产业加速发展。新能源汽车主要包括电动汽车、燃料电池汽车和混合动力汽车。电动汽车通过电能驱动汽车内部的所有设备，是新能源汽车的主导类型。动力电池容量的大小是决定车辆行驶时间的要素，也成为限制电动汽车发展的主要原因。电动汽车的驱动力与持久性问题使其无法长时间大功率运行，目前仅能满足城市内基本的交通需求，还需进一步进行技术改良和升级。燃料电池汽车是新能源汽车体系中较新的成员，通过燃料电池装置为能源提供化学反应空间，其主要使用氢能进行反应，化学能较大，能够为车辆行驶提供充足的驱动力，同时不会产生碳排放，符合绿色发展趋势。混合动力汽车的驱动力由多种能源联合提供，通过对燃料比例进行合理调控，使车辆的驱动力和持久性显著增强，同时能够有效降低单一汽油燃料的污染性，使碳排放显著降低。在现阶段新能源汽车行业，混合动力汽车被认为是电动汽车技术完善前的缓冲方案，在城市基本交通系统中逐渐普及，为电动汽车的研发提供了充足的时间，未来，纯电动汽车将是新能源汽车体系的最终发展目标。

交通运输、国防装备所使用的各类航空器，广泛使用燃气轮机发动机、内燃机等热力机械及其联合动力装置。几十年来，航空动力技术朝着高功率的目标发展，对污染物排放的关注较少。在"双碳"目标下，航空工业积极推进能源改革，推动技术发展目标的绿色转型，主要从以下两方面着手：一是扩大可持续燃料、电动、混合动力的应用，推动新能源航空动力发展产业化；二是低排放技术的发展，技术创新推动产业转型。

3."双碳"目标推动绿色新科技创新

未来，低碳产业将围绕节能降碳、碳捕集利用与封存、新型储能、新型材料、非化石能源开发、智能电网等主要技术进行发展。能源作为动力装置的物质基础，也是碳排放的重要来源，应大力推动近零碳、零碳清洁能源技术发展，逐步扩大清洁能源在动力装备中的使用范围并进一步推动产业化。主要措施包括以下几点：一是支持和引导清洁能源发电技术、新型用电技术、先进输电技术等前瞻性技术攻关，加快能源转型；二是积极推进可再生能源发电，如制氢等"绿氢""蓝氢"技术研发，推进氢能等可再生能源利用，扩大其适用范围；三是加快大型风电、高效太阳能电池材料等低碳前沿技术攻关，推动产业化应用；四是寻求替代燃煤机组的核电技术突破等。此外，加快推进高效储能及废热利用等方面新技术、新装备的创新研发，通过提升动力装备热效率，有效减少燃料使用量，从而进一步节能减排。

第 5 章

工程中的责任伦理——以控制技术为例

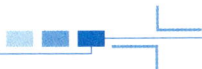

5.1　控制技术基础知识

5.1.1　继电器控制

工业自动化的普及是从继电器、液压和气动控制应用开始的。逻辑控制中比较有代表性的控制是继电器控制。利用按钮开关，各种功能的继电器及其他电器组成逻辑控制电路。我们以继电器控制为例，来介绍其基本内容。

1. 电气控制常用元件

开关电器是用来接通和分断控制电路以发布命令或对生产过程做程序控制的。它包括控制按钮（简称按钮）、行程开关 、接近开关、万能转换开关和主令控制器等。

（1）按钮开关

按钮开关是一种结构简单，应用十分广泛的主令电器。在电气自动控制电路中，按钮开关用于手动发出控制信号以控制接触器、继电器、电磁启动器等。按钮开关的结构种类很多，可分为普通揿钮式、蘑菇头式、自锁式、自复位式、旋柄式、带指示灯式、带灯符号式及钥匙式等，有单钮、双钮、三钮及不同组合形式。按钮开关一般采用积木式结构，由按钮帽、复位弹簧、桥式触头和外壳等组成，通常做成复合式，有一对常闭触头和常开触头，有的产品可通过多个元件的串联增加触头对数。还有一种自持式按钮，按下后即可自动保持闭合位置，断电后才能打开。为了标明各个按钮的作用，避免误操作，通常将按钮帽做成不同的颜色，以示区别，其颜色有红、绿、黑、黄、蓝、白等。如用红色表示停止按钮，绿色表示启动按钮等。按钮开关如图 5-1-1 所示。

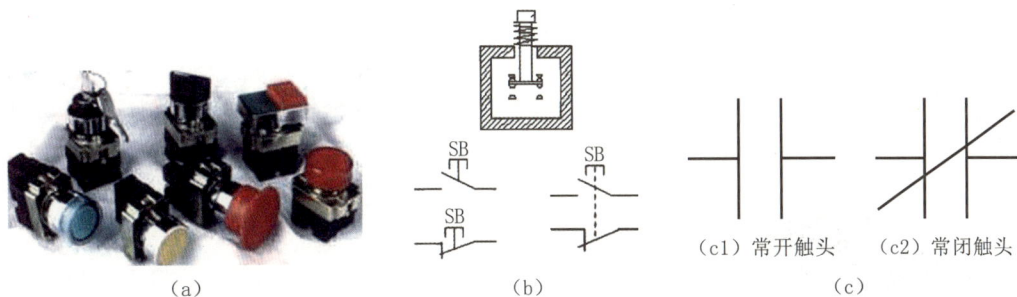

|（a）|（b）|（c1）常开触头　（c2）常闭触头|
| | |（c）|

图 5-1-1　按钮开关

（2）限位开关

限位开关又称位置开关，是一种将机械信号转换为电气信号，以控制运动部件位置或行程的自动控制电器。限位开关是一种常用的小电流主令电器。在电气控制系统中，位置开关的作用是实现顺序控制、定位控制和位置状态的检测。限位开关可分为：a.以机械行程直接接触驱动，作为输入信号的行程开关和微动开关；b.以电磁信号（非接触式）作为输入动作信号的接近开关。

其中最常见的是行程开关，它利用生产机械运动部件的碰撞使其触头动作来实现接通或分断控制电路，达到控制目的。通常，这类开关被用来限制机械运动的位置或行程，使运动机械按一定位置或行程自动停止、反向运动、变速运动或自动往返运动等。限位开关如图 5-1-2 所示。

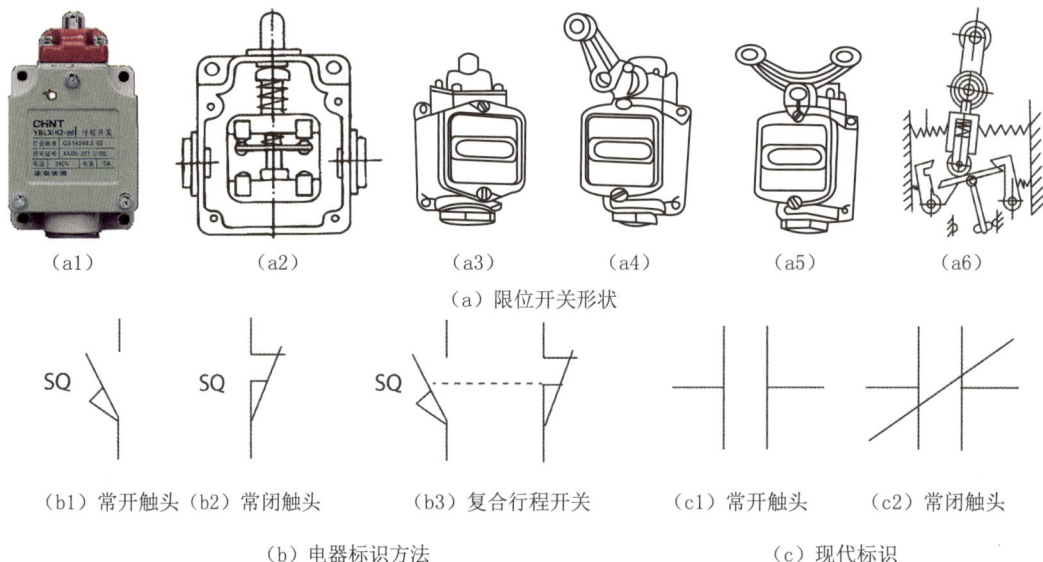

(a1)　　　　　　(a2)　　　　　　(a3)　　　　　　(a4)　　　　　　(a5)　　　　　　(a6)

（a）限位开关形状

（b1）常开触头　（b2）常闭触头　　　　（b3）复合行程开关　　　　（c1）常开触头　　　（c2）常闭触头

（b）电器标识方法　　　　　　　　　　　　　　（c）现代标识

图 5-1-2　限位开关

（3）接触器

接触器是指工业电中利用线圈流过电流产生磁场，使触头闭合，以达到控制负载的电器。接触器由电磁系统（铁芯、静铁芯、电磁线圈）、触头系统（常开触头和常闭触头）和灭弧装置组成。其原理是当接触器的电磁线圈通电后，会产生很强的磁场，使静铁芯产生电磁吸力吸引衔铁，并带动触头动作：常闭触头断开、常开触头闭合，两者是联动的。当线圈断电时，电磁吸力消失，衔铁在释放弹簧的作用下释放，使触头复原：常闭触头闭合、常开触头断开。因为其可快速切断交流与直流主回路，所以经常运用于电动机工作状态的控制，也可用作控制工厂设备、电热器、工作母机和各样电力机组等电力负载。接触器不仅能接通和切断电路，而且还具有低电压释放保护作用。接触器控制容量大，适用于频繁操作和远距离控制，是自动控制系统中的重要元件之一。接触器如图 5-1-3 所示。

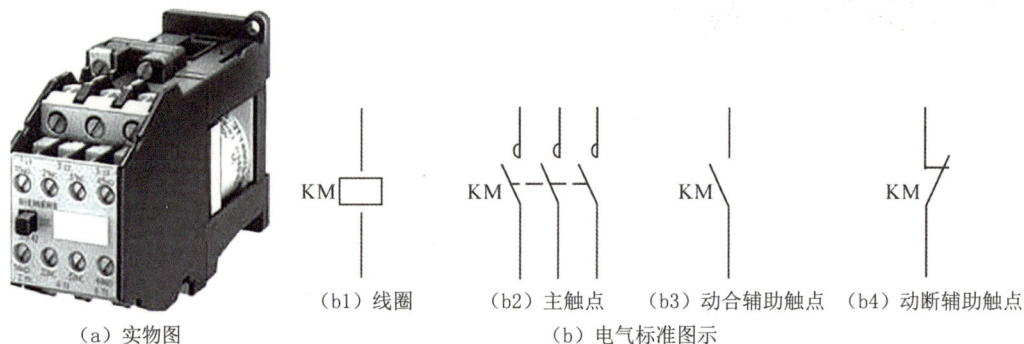

（a）实物图

（b1）线圈　　　（b2）主触点　　（b3）动合辅助触点　（b4）动断辅助触点

（b）电气标准图示

图 5-1-3　接触器

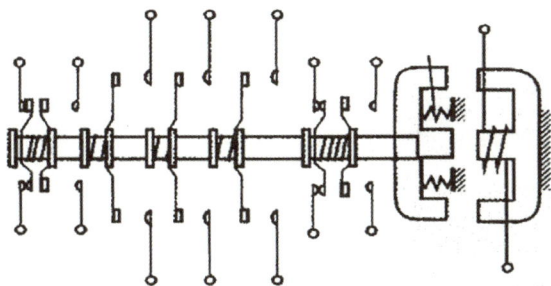

（c）结构示意图

图 5-1-3（续）

接触器原理与电压继电器相同，只是接触器控制的负载功率较大，故体积也较大。交流接触器广泛应用于电力的开断和控制电路中。

（4）继电器

继电器是一种电控制器件。它具有控制系统（又称输入回路）和被控制系统（又称输出回路）之间的互动关系。继电器通常应用于自动化的控制电路中，实际上是用小电流去控制大电流运作的一种"自动开关"。故其在电路中起着自动调节、安全保护、转换电路等作用。

当输入量（如电压、电流、温度等）达到规定值时，继电器所控制的输出电路导通或断开。输入量可分为电气量（如电流、电压、频率、功率等）及非电气量（如温度、压力、速度等）两大类。继电器具有动作快、工作稳定、使用寿命长、体积小等优点。其广泛应用于电力保护、自动化、运动、遥控、测量和通信等装置中。继电器如图 5-1-4 所示。

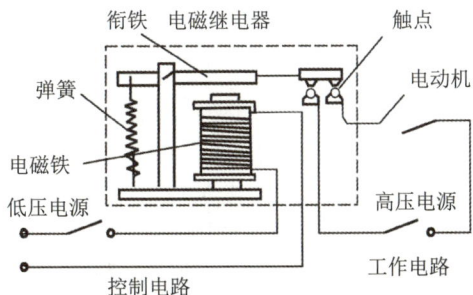

图 5-1-4 继电器

时间继电器是一种利用电磁原理或机械原理实现延时控制的控制电器。它的种类很多，有空气阻尼型、电动型和电子型等。在交流电路中常采用空气阻尼型时间继电器（图 5-1-5），它是利用空气通过小孔节流的原理来获得延时动作的，由电磁系统、延时机构和触点三部分组成。

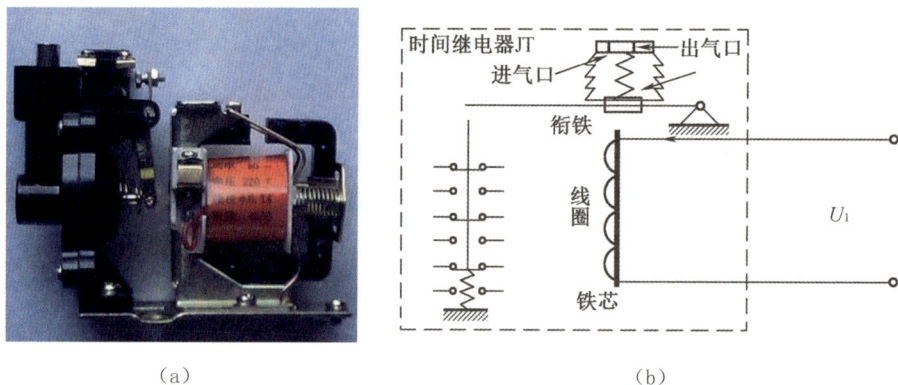

（a） （b）

图 5-1-5 空气阻尼型时间继电器

时间继电器可分为通电延时型和断电延时型两种类型。空气阻尼型时间继电器的延时范围大（有 0.4 ～ 60 s 和 0.4 ～ 180 s 两种），结构简单，但准确度较低。当线圈通电（电压规格有交流（AC）380 V、220 V 或直流（DC）220 V、24 V 等）时，衔铁及托板被铁芯吸引而瞬时下移，使瞬时动作触点接通或断开。但是活塞杆和杠杆不能同时跟着衔铁一起下落，因为活塞杆的上端连着气室中的橡皮膜，当活塞杆在释放弹簧的作用下开始向下运动时，橡皮膜随之向下凹，上面空气室的空气变得稀薄而使活塞杆受到阻尼作用而缓慢下降。经过一定时间，活塞杆下降到一定位置，通过杠杆推动延时触点动作，使动断触点断开，动合触点闭合。从线圈通电到延时触点完成动作，这段时间就是继电器的延时时间。延时时间的长短可以用螺钉调节空气室进气孔的大小来改变。吸引线圈断电后，继电器依靠恢复弹簧的作用而复原。空气经出气孔被迅速排出。

继电器根据其工作原理或结构特征可分为以下几种类型。

①电磁继电器：利用输入电路内电路在电磁铁铁芯与衔铁间产生的吸力作用而工作的一种电气继电器。

②固体继电器：电子元件履行其功能而无机械运动构件的、输入和输出隔离的一种继电器。

③温度继电器：当外界温度达到给定值时而动作的继电器。

④舌簧继电器：利用密封在管内，具有触电簧片和衔铁磁路双重作用的舌簧动作来开、闭或转换线路的继电器。

⑤时间继电器：当加上或除去输入信号时，输出部分需延时或限时到规定时间才闭合或断开其被控线路的继电器。

⑥高频继电器：用于切换高频、射频线路而具有最小损耗的继电器。

⑦极化继电器：有极化磁场与控制电流通过控制线圈所产生的磁场综合作用而动作的继电器。继电器的动作方向取决于控制线圈中流过的电流方向。

此外，还有其他类型的继电器，如光继电器、声继电器、热继电器、仪表式继电器、霍尔效应继电器、差动继电器等。

2. 电气控制常用元件的应用

通常家用电灯开关使用的是闸刀式开关，如图 5-1-6 所示。

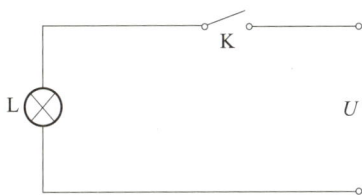

图 5-1-6　闸刀式开关控制电路

在这个电路中，只有 K 闭合后电源才能加到输出设备灯泡上。这是一个比较简单的电器开关连接。这种连接方式简单实用，适合在日常生活中使用。但是这种连接存在一些问题，如在工业现场通常的输出设备需要的电压很高，几百伏甚至上千伏。这时候用手动开关就存在了很大的安全隐患，我们为了安全增加保护措施是可以避免危险的，但这也增加了操作的困难和成本。最好的解决办法就是引入继电器。

电磁式继电器一般由铁芯、线圈、衔铁、触点簧片等组成。只要在线圈两端加上一定的电压，线圈中就会流过一定的电流，从而产生电磁效应，衔铁就会在电磁力吸引的作用下克服返回弹簧的拉力吸向铁芯，从而带动衔铁的动触点与静触点（常开触点）吸合。当线圈断电后，电磁的吸力也随之消失，衔铁就会在弹簧的反作用力作用下返回原来的位置，使动触点与原来的静触点（常闭触点）吸合。这样吸合、释放，从而达到了在电路中的导通、切断的目的。对于继电器的"常开、常闭"触点，可以这样来区分：继电器线圈未通电时处于断开状态的静触点，称为"常开触点"；处于接通状态的静触点称为"常闭触点"。

电路中引入继电器，开关 K 控制一个小电流使继电器闭合或者断开。继电器控制大电流的电器的通电与否，解决了操作的安全问题。此时的电路如图 5-1-7 所示。

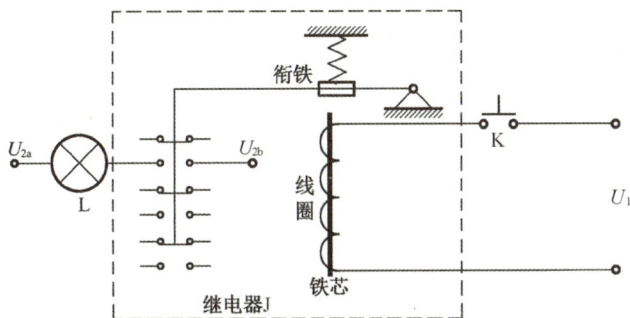

图 5-1-7　继电器搭建的安全电路

操作电压和工作电压分开后，解决了电压带来的安全隐患。但是，安全隐患还未完全消除。图 5-1-7 中，如果突发电源 U_1 断电，工作人员在离开现场前忘记切断开关 K，电源恢复后，灯泡 L 继续工作就会造成不必要的浪费。如果将灯泡 L 换成加热装置或者动力装置（如电动机等），出现上述情况时不仅仅是浪费能源的问题，甚至会出现安全问题。解决这种问题的办法很简单，替换开关，将刀闸式开关换成点动式开关，此时，按动开关线圈得电，负载工作；松开开关，线圈断电，负载工作停止，这种工作（控制）方式一般称为"点动"控制。点动控制电路如图 5-1-8 所示。

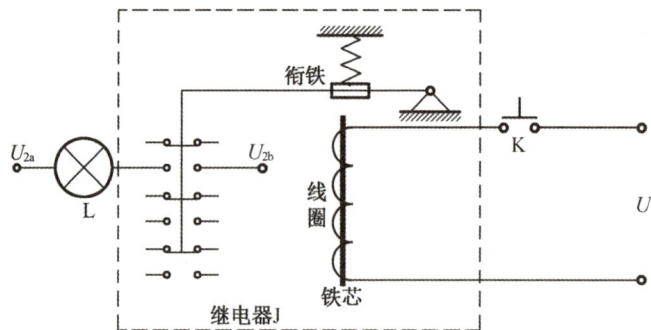

图 5-1-8　点动控制电路

　　点动控制电路解决了人在导通，人走断开的问题。但是工作的时候必须一直按着电动开关K，松开就断电了。工程师们经过研究发现增加两根导线，就能实现按一下点动开关 K，继电器就能一直吸合。只有当总电源被切断，继电器才会断开。这时要恢复供电，必须再次按动点动开关 K，不然继电器不会吸合，起到了保护作用。具体连接如图 5-1-9 所示。

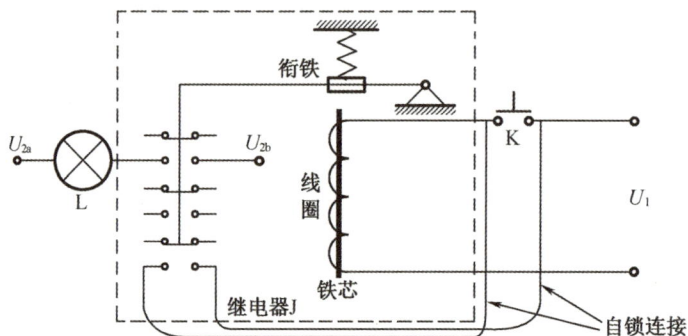

图 5-1-9　自锁连接

　　这种连接方式的原理是把继电器 J 的一对常开触点并联到控制开关 K 上。当 K 按下的时候，继电器线圈通电，电磁铁吸动衔铁。衔铁联动的触点状态发生变化，由原来的断开状态变成导通状态。这时，相当于在 K 旁并联了一短路线。即使 K 断开，电流从短路线进入线圈依然保持电磁铁的吸力。这种连接方式在电气控制中，叫作自保持连接方式或者自锁定连接方式（通常叫自锁）。通过自锁可以实现负载可连续工作的状态，我们一般称之为"长动"控制。但是，一个新的问题又出现了：自锁虽然实现了，但系统停止不受控制了，负载将一直工作下去。断电能够使系统停下来，我们可以在电路中加一个开关 K1（常闭）用于切断电路，如图 5-1-10 所示。这时电路就成了能够自锁和解锁的电路。

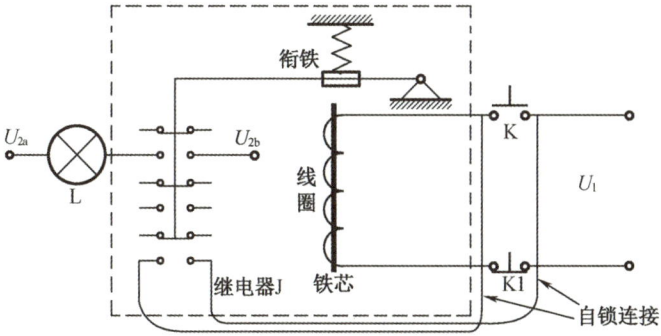

图 5-1-10　完整自锁电路

在电器控制中，运用接触器 - 时间继电器来配合可以完成按时间的控制。时间继电器是电气控制系统中的一个非常重要的元器件。延时一般分为通电延时和断电延时两种类型，如图 5-1-11 所示。

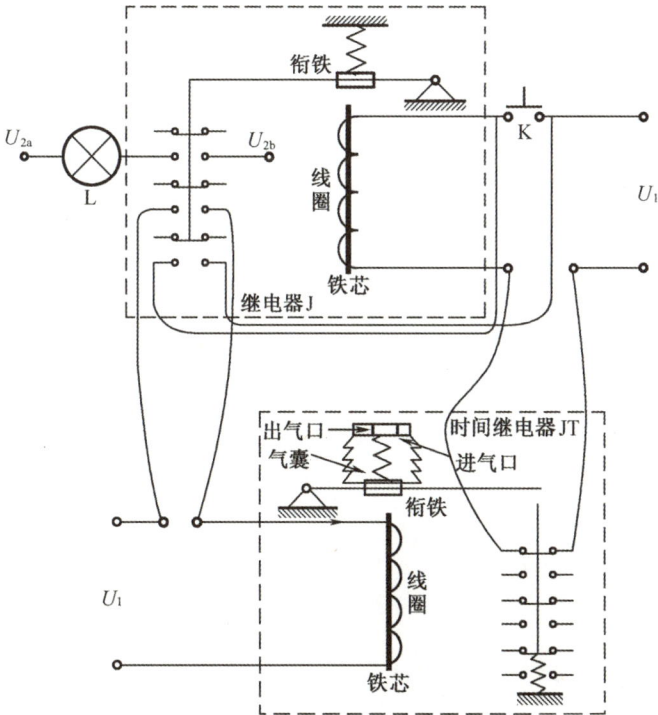

图 5-1-11　互锁电路示意图

现在我们打开一盏灯，然后让系统在一段时间后将灯自动关闭。电路连接如图 4-1-13 所示。这样，我们就实现了一个定时自动关灯的小系统。

在上述图中，我们不难发现，图示连接比较复杂、凌乱，那么，专业的电气连接图是什么样子的呢？我们将前面的连接图和电气连接图比较一下。

图 5-1-12（a）为实际连接图，图 5-1-12（b）为等效的电气设计图。电气设计图左右两侧竖线大家可以理解为电源线，电源线间为连接的设备。一般输入设备在左侧，输出设备在右侧，设备间连线为导线。

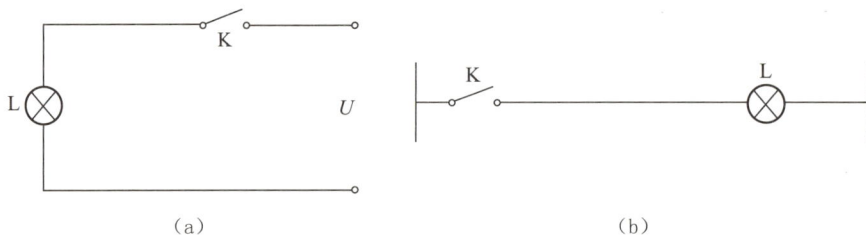

（a）   （b）

图 5-1-12　电路与电气图对照 1

图 5-1-13 为连接图转化成电气图。可以看出，运用继电器后电气图分为两部分，一个是控制继电器动作的小电流控制部分，另一个是继电器控制负载的大电流控制的电气部分。

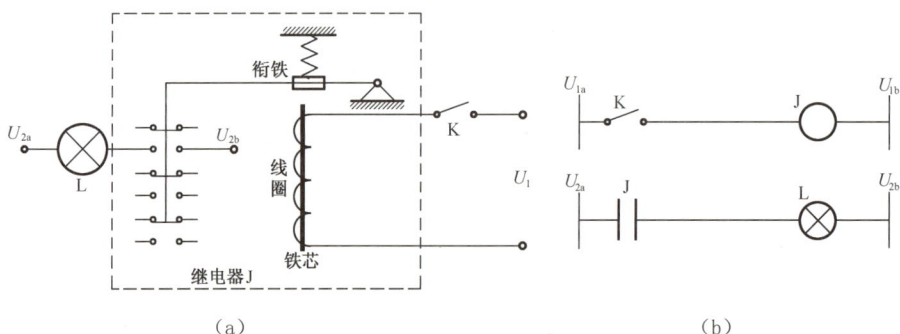

（a）   （b）

图 5-1-13　电路与电气图对照 2

从图 5-1-14 中自锁连接电气图的控制部分可以看出，图示更加明确、简洁。加停止按钮后电路如图 5-1-15 所示。

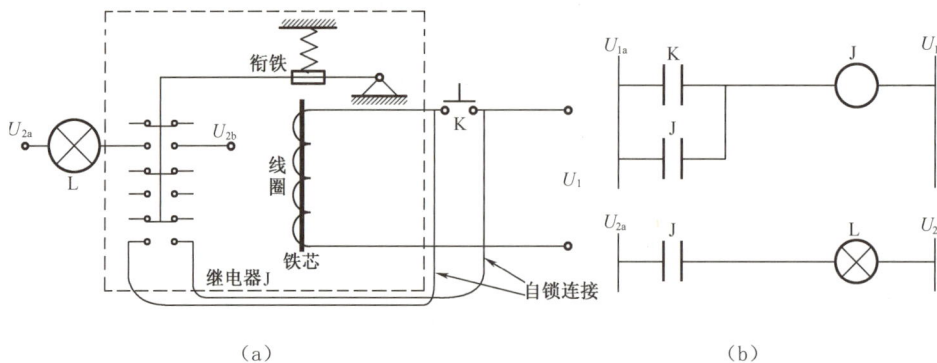

（a）   （b）

图 5-1-14　电路与电气图对照 3

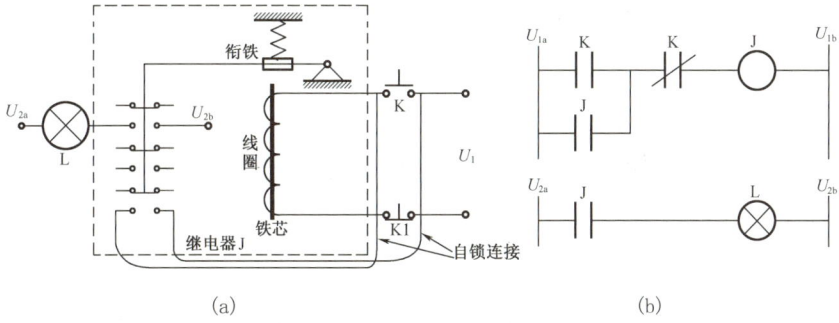

图 5-1-15　电路与电气图对照 4

由图 5-1-16 可以看出，再复杂的连接，在电气图设计上也显得简洁明了。电气图可以被用来当作可编程逻辑控制器的图形化编程语言。这也是对电气继电控制时代电气设计的肯定。

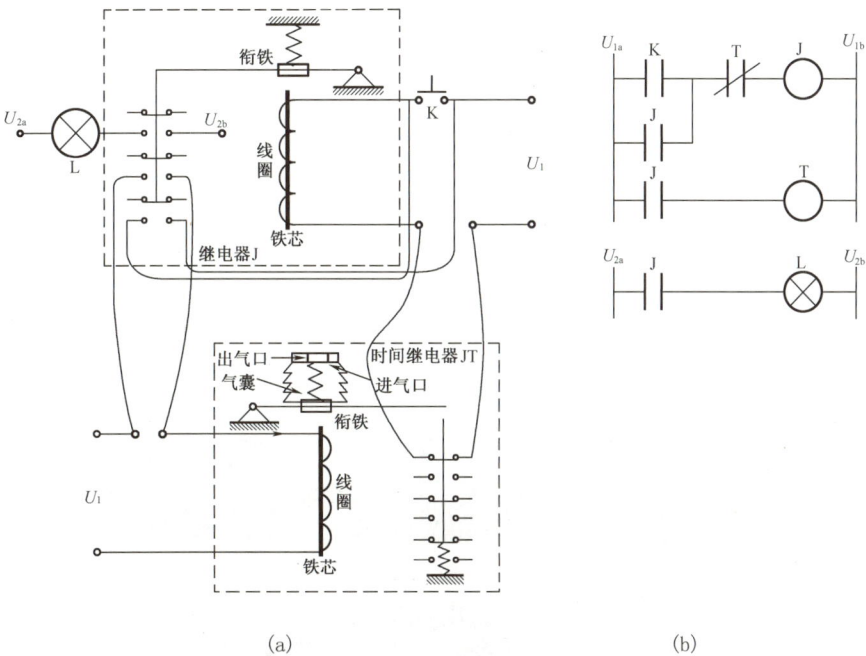

图 5-1-16　延时电路与电气图对照

当然，电气控制不仅仅是解决怎么动作和什么时候动作这么简单的问题，还包括解决动作和动作之间的相互关系、操作与操作之间的相互关系的问题。动作和动作、操作与操作之间相互配合、互为条件，或是互相限制，这种关系称为互锁。图 5-1-17 就是一个互锁的例子。

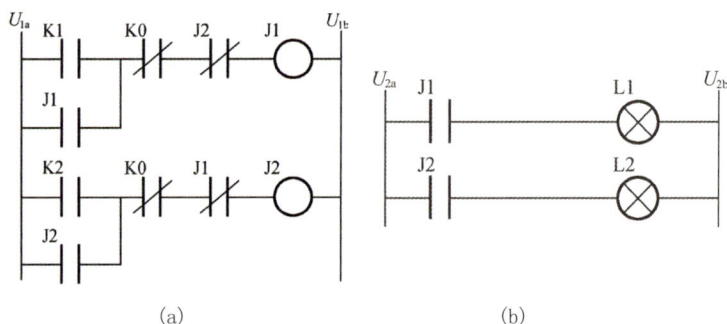

图 5-1-17　互锁电路与电气图对照

5.1.2　控制装置设计

对于没有系统学过控制理论及相关课程的人来说，是不是就无法设计控制装置了呢？答案是否定的。古代的能工巧匠们在没有什么理论知识的情况下，依然设计制作出大量精美的控制装置，就是有力的依据。控制理论发展的目的是使自动控制技术更加准确、简便，更加适应复杂环境、应用面更广。

1. 控制系统的结构

控制系统一般由状态信息、信息处理器、执行机构组成。状态信息包括指令信息和运行状态信息。信息处理器是结合状态信息判断系统状态并加以调节的中心机构，其调节指令由执行机构具体实施。控制系统的三个组成部分是密不可分的。信息处理器时时刻刻对状态信息进行分析，并进行相应调节。信息处理器通过状态信息了解调节效果，再进行进一步的调节。反馈控制示意图如图 5-1-18 所示。

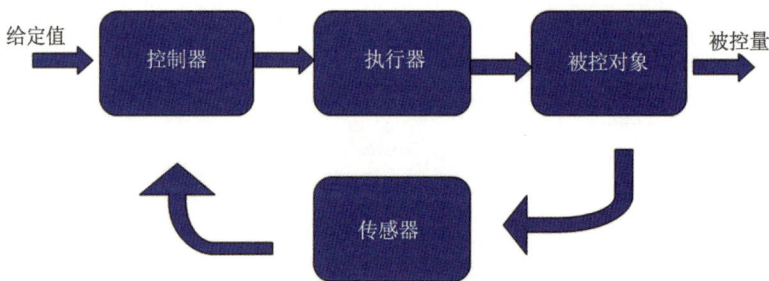

图 5-1-18　反馈控制示意图

在研究自动控制系统时，为了更清楚地表示控制系统各环节的组成、特性和相互间的信号联系，一般都采用方框图（图 5-1-19）。每个方框表示组成系统的一个环节，两个方框之间用带箭头的线段表示信号联系；进入方框的信号为环节输入，离开方框的为环节输出。

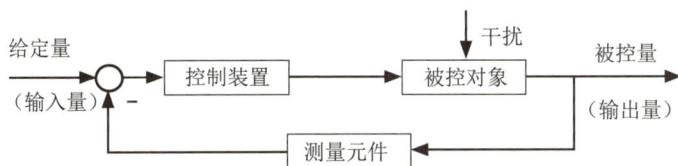

图 5-1-19　反馈控制系统方框图

控制系统设计过程是有一定的规律的。不管是古代、近代、现代还是将来，设计者都需要明确下述内容：控制对象到底是什么？如何能够控制目标？什么时间、什么情况下该如何控制？

2. 控制系统设计的一般步骤

（1）分析被控对象并提出控制要求

详细分析被控对象的工艺过程及工作特点，了解被控对象机、电、液之间的配合，提出被控对象对控制器和控制系统的控制要求，确定控制方案，拟定设计任务书。

（2）确定输入/输出设备

根据系统的控制要求，确定系统所需的全部输入设备（如按钮、位置开关、转换开关及各种传感器等）和输出设备（如接触器、电磁阀、信号指示灯及其他执行器等），从而确定与控制器有关的输入/输出设备，以确定控制器的输入输出数量。

（3）选择控制器

控制器选择包括对控制器的种类、型号、容量、输入输出模块、电源等的选择。

（4）分配输入/输出点并设计控制器外围硬件线路

分配输入/输出点：画出控制器的输入/输出点与输入/输出设备的连接图或对应关系表。

设计控制器外围硬件线路：画出系统其他部分的电气线路图，包括主电路和未进入控制器的控制电路等。

由控制器的输入/输出设备的连接图和控制器外围电气线路图组成系统的电气原理图。确定系统的硬件电气线路。

（5）控制器程序设计

①程序编制

根据系统的控制要求，采用合适的设计方法来设计控制器程序。程序要以满足系统控制要求为主线，逐一编写实现各控制功能或各子任务的程序，逐步完善系统指定的功能。除此之外，程序通常还应包括以下内容。

a. 初始化程序。在控制器上电后，一般都要做一些初始化的操作，为启动做必要的准备，避免系统发生误动作。初始化程序的主要内容有：对某些数据区、计数器等进行清零，对某些数据区所需数据进行恢复，对某些继电器进行置位或复位，对某些初始状态进行显示等。

b. 检测、故障诊断和显示等程序。这些程序相对独立，一般在程序设计基本完成时再添加。

c. 保护和连锁程序。保护和连锁是程序中不可缺少的部分，必须认真加以考虑。它可以避免由非法操作而引起的控制逻辑混乱。

②程序模拟调试

程序模拟调试的基本思想是：以方便的形式模拟产生现场实际状态，为程序的运行创造必要的环境条件。根据产生现场信号的方式不同，模拟调试有硬件模拟法和软件模拟法两种形式。

硬件模拟法是使用一些硬件设备（如用另一台控制器或一些输入器件等）模拟产生现场的

信号，并将这些信号以硬接线的方式连到控制系统的输入端，其时效性较强。

软件模拟法是在控制器中另外编写一套模拟程序，模拟提供现场信号，其简单易行，但时效性不易保证。模拟调试过程中，可采用分段调试的方法，利用编程器的监控功能。

（6）硬件实施

硬件实施方面主要是进行控制柜（台）等硬件的设计及现场施工。其主要内容有：

①设计控制柜和操作台等部分的电器布置图及安装接线图。

②设计系统各部分之间的电气互连图。

③根据施工图纸进行现场接线，并进行详细检查。

由于程序设计与硬件实施可同时进行，因此控制系统的设计周期可大大缩短。联机调试是将通过模拟调试的程序进一步进行在线统调。联机调试过程应循序渐进，从控制器只连接输入设备，到再连接输出设备，到再接上实际负载等逐步进行调试。如不符合要求，则对硬件和程序做调整。通常只需修改部分程序即可。

全部调试完毕后试运行。经过一段时间运行，如果系统工作正常，程序不需要修改，应将程序固化到读写存储器（EPROM）中，以防程序丢失。

3. 设计举例

下面以一个自动门的设计为例，分析简单控制系统的设计。

首先，需要定义设计的自动门的要求：自动门开关形式为水平移动的推拉门。人进入门区，被控门开启；人出门区，被控门关闭。在整个开关门过程中人不接触门。门与门区如图 5-1-20 所示。

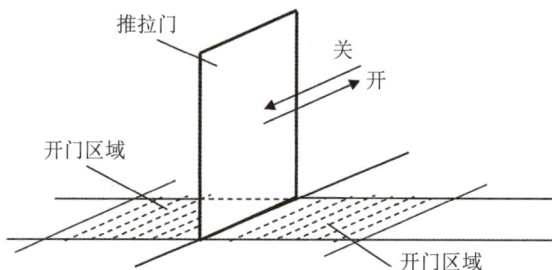

图 5-1-20　门区示意图

（1）基于机械化时代控制器思路的设计

机械化时代对电动机的控制常用的是开关、继电器及接触器等控制电器组成的控制电路——继电接触器控制系统。

①步骤 1

当动力选用由电动机提供的时候，由于电动机的动能是一个旋转动能，而我们给出的题目中，被控门是水平移动的，这就需要运用机械传动系统把旋转运动转化成直线往复运动（如图 5-1-21 所示的传动方式）。这样，我们只需要控制电动机的正向或反向转动就可以解决开门、关门的问题。

（a）

（b）

（c）

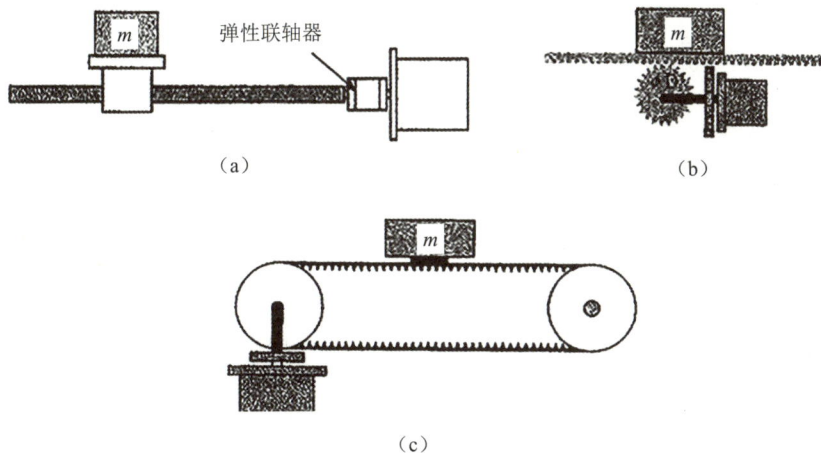

图 5-1-21　传动方式

此时自动门的工作原理如图 5-1-22 所示。

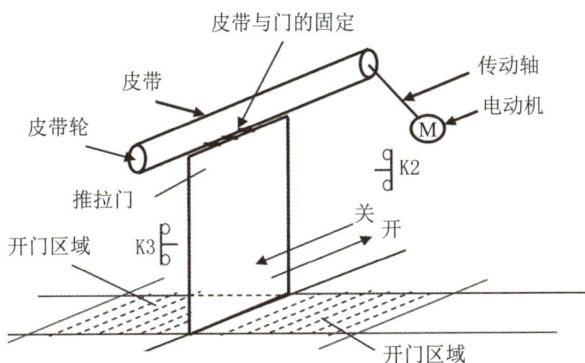

图 5-1-22　自动门的工作原理

②步骤 2

开关型门控电路如图 5-1-23 所示。

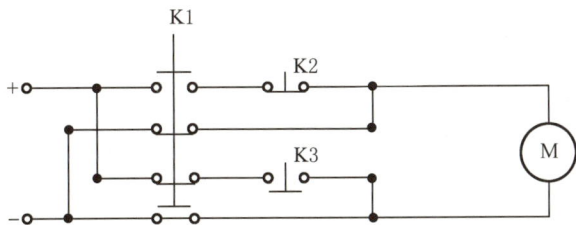

图 5-1-23　开关型门控电路

可以看出，通过控制按钮 K1 可以控制直流电动机 M 的转动方向，按下 K1 门打开，松开 K1 门关闭。在电路图中，我们发现多了 K2 和 K3，根据结构图可以看出，这是两个限位用的开关，用于保护动力及传动系统的安全。当门开到极限位置时，触动位置开关将直流电动机 M 的电源断开，电动机停止。关门过程中当门到关门极限位置时切断电动机电源。这个电路图中将 K1 用电磁继电器工作端替换，就可以成为一个用电动信号控制电动机正反转的系统。

在工业现场的实际控制装置中，工业现场出于更全面的安全保护，手动控制直流电动机正反转采用如图 5-1-24 所示的连接方式。

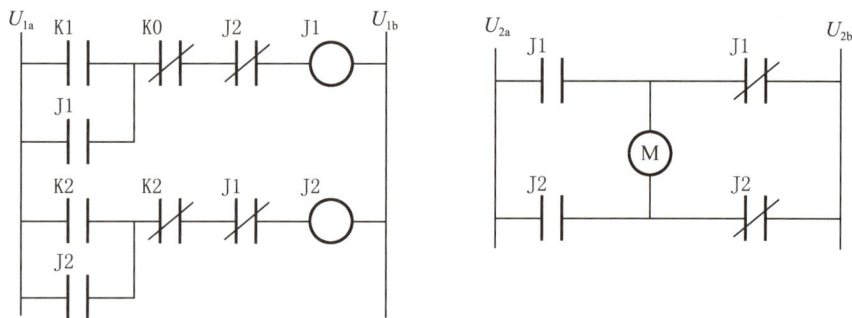

图 5-1-24　手动含连锁开、关、停止电路

之所以说其更加安全，是因为在工业生产中电动机的电源较高，用手动开关去控制极不安全。采用继电器，通过小电流控制大电流，极大增加了操作的安全性。在发生突发情况时系统可能会产生一系列误动作。例如，在关门过程中突然断电，在恢复供电时就可能产生危险动作。在工业中采用点动式开关与继电器之间的配合，通过自锁、互锁构成一个安全的结构。

③步骤 3

解决了明确控制对象、控制方法后，接下来要解决什么时间、什么情况下该如何控制，也就是控制策略的问题。

解决什么时间、什么情况下开或关门，在这个设计中比较明确，即在图 5-1-22 中门前后的阴影区域内，只要有人就开门，无人就关门。这就需要在系统中增加感知元件，用来判断限制区域内是否有人。感知元件一般称为传感器。在本设计中，什么样的传感器比较适合呢？我们可以用机械式开关替代传感器的功能。当有人走进识别区时，靠重力压迫按动控制开关 K1，门打开。当人离开区域，K1 失去重力压迫控制开关在复位弹簧的帮助下还原状态，门关闭。压力开关如图 5-1-25 所示。

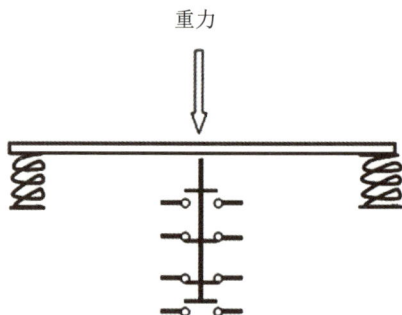

图 5-1-25　压力开关示意图

开关式自动门体现机械化时代的特点，也存在一些问题，我们在上述设计中可以看出：充当传感器的 K1 需要进行防水防尘等一系列处理。依靠重力传动其结构也需要有一定的空间。这样的空间也会限制其应用场合。

（2）基于现代控制技术的设计

随着半导体技术的发展，传感器技术也得到了促进，各种各样功能的传感器应运而生。1969 年，美国研制出了基于集成电路和电子技术的控制装置，首次将程序化的手段应用于电气控制中。在解决自动门的设计上，由机械化时代的接触式控制，发展成非接触控制。手段多样化，结构简单，安装方便。

现代控制技术和机械时代控制技术相比，差异集中在两个方面：控制器和传感器。控制器由于引入计算机使得控制更方便、灵活，信息处理更加快捷。由于成本的不断降低，在类似自动门这样的小型系统中，也开始使用单片机，以提高自动门控制系统性能及功能的多样性。

现代自动门系统一般采用数据集中处理的形式。所谓集中，即一个控制器处理多个自动门的数据，或一个控制器处理单个门的多种类型的输入 / 输出信号。有些应用场合采用复合类型的集中控制，即控制器处理多个门的多种类型的输入 / 输出信号。

①开门信号的选择

设计自动门运用的传感器多种多样，运用的如热红外辐射性、微波扫描性、声波扫描性等一系列方法，都可以解决感知人进区域的问题。某些应用在特殊场合的自动门甚至还加装了语音识别、图像识别等功能，使其更加智能化。现代门控制系统框图如图 5-1-26 所示。

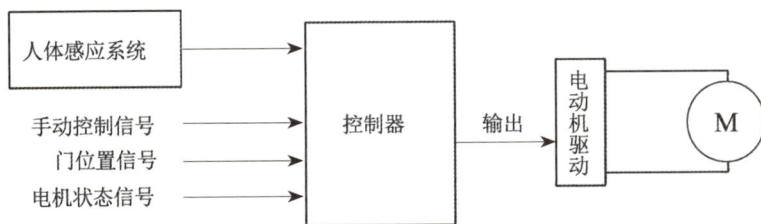

图 5-1-26　现代门控制系统框图

自动门开门需要应用无线信号，微波雷达和红外线是两种常用信号。红外线用于要求不是很严格的自动门系统。微波雷达对物体的移动进行反应，反应速度快，适用于行走速度正常的人员通过的场所，它的特点是：一旦在门附近的人员不想出门而静止不动，雷达便不再反应，自动门就会关闭，有可能出现夹人现象。红外线是对物体的存在进行反应，不管区域内人员移动与否，只要区域内有人就会发出信号。应用红外线方式虽然较微波雷达速度慢，但是其安全性要高很多，所以在公共场合应用红外线设计的自动门比较常见。

②开、关门速度的调节

在机械化时期，自动门的电动机只控制其启动、停止以及正反转，在现代控制中，除了上述内容外，由于计算机的介入，自动门的电动机还能对启停的速度加以控制，这样更加节省能源。

③保护

由于计算机强大的处理能力，从前因电器控制复杂连锁接线而望而止步的保护系统也得以应用。程序化的控制使得一些突发性的干扰得以屏蔽。

5.1.3 控制系统在工程中的应用

控制在工程中是如何发挥作用的呢？首先，它在工程过程中大多以装置、装备的形式出现，可以是实现工程某个功能用的装置，是工程目标的一部分，也可以是完成某个任务需要用的自动工具（设备、装备）。

实现工程某个功能用的装置，也就是工程在使用过程中实现某些功能必要的装置。例如，电站要自动运行，就需要一套电站自动控制系统。这是电站建设工程的一部分内容。最终我们在电站中能够直观地看到对其性能进行评价的装置。

工程过程中控制技术的引用可以存在于工程目标内，比如建筑物内的电梯、喷淋系统等，也可以体现在完成这个工程需要用的工具上。下面以超级工程——港珠澳大桥为例，介绍两个保证工程施工的控制装备。

1. 超级沉管制作模板

港珠澳大桥沉管设计采用混凝土自防水工艺，要求全断面浇筑，节段采用全断一次浇筑成形工艺，单次绕筑混凝土体量大，对操作人员及设备性能要求高，避免多次浇筑产生的施工缝和内应力，有利于节段控裂和耐久性。设置一套固定底模，安装于混凝土浇筑台座，可通过液压系统上下升降；设置一套外模固定于挡墙上，通过液压驱动做横向合模和拆模动作；设置一套穿入式内模，固定于浇筑台座，可做拆、合模动作和纵横向移动。工厂化流水线10天时间完成一个节段管节，采用具有快速安装及拆除功能的大型自动化液压混凝土模板及大型混凝土结构反力墙。这种大型自动化液压混凝土模板及大型混凝土结构反力墙装置，大大提高了混凝土的制作精度和工效。

大型自动液压全断面混凝土浇筑模板如图5-1-27所示。

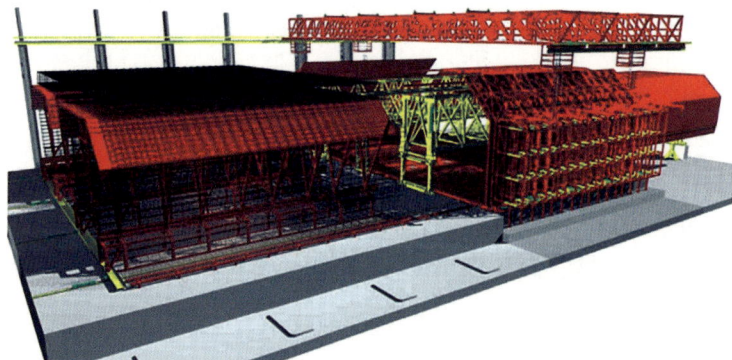

图5-1-27 大型自动液压全断面混凝土浇筑模板

2. 超级海上沉管运输安装平台

超级海上沉管运输安装平台实现了超大型沉管在外海深水、深槽、大径流等恶劣条件下的浮运、沉放、安装，这种技术在国际上遥遥领先。其先进的施工管理系统、测量系统、监控系统、深水无人自动管节沉放及调位系统，实现了主船远程无线遥控副船，实时显示并记录主、副船及水下沉管的各种数据，实现了沉管精准定位。先进的沉管浮运导航系统，使安装船与拖航拖轮编队成为一个整体，提高了浮运效率，减少了拖航风险。水下拉合系统和管节垂直提升系统与沉管水下液压自动脱钩系统，集沉管水下自动拉合、定位检测、水下可视监控及船管自动脱离等功能于一体，提高了工作效率，减少了潜水作业强度。沉管安装船能够进行管节沉放水域的大水流、复杂环境下的浮运、沉放工作。目前人们已完成了隧道 33 个沉管的安装，每个管节的安装轴线、高程和纵坡均满足设计要求（图 5-1-28）。

图 5-1-28　沉管安装船

作为港珠澳大桥岛隧工程沉管施工成套核心装备，沉管安装船可浮运安装 8 万吨级超大型沉管，可实现主船遥控副船，自动化、信息化程度极高。船舶的研发设计突破了国外技术封锁，成为该项施工领域世界最大、功能最先进的专用施工船舶，使"超大型沉管外海深水无人沉放对接"成为现实并达到世界先进水平，实现超大沉管毫米级的对接精度。

3. 控制的基本概念

控制思想与技术的存在至少已有数千年的历史。"控制"这一概念本身即反映了人们对征服自然与外在的渴望。控制理论与技术也自然而然地在人们认识自然与改造自然的历史中发展起来。要了解自动控制系统首先要理解几个概念：控制、自动控制、自动化。近年来，又出现了一些新概念，如智能控制、智慧控制等，它们都是自动控制的延伸。

（1）控制的概念

《现代汉语词典》对控制的解释如下。

①掌握住不使任意活动或越出范围；操纵。

②使处于自己的占有、管理或影响之下。

维纳（Norbert Wiener，1894—1964）在《控制论》中对"控制"的阐述如下。

控制——为了"改善"某个或某些对象的功能，需要获得并使用信息，以这种信息为基础而选出的加于该对象的作用。其含义如下。

①施加这种作用的目的是改善对象，以达到预期目标。

②控制就是加在某个对象上的一种作用。

③这种作用是通过信息的选择、使用而实现的。

控制对象存在着多种发展的可能性，因而控制实质上意味着在事物发展的可能性空间中进行有方向性的选择，所以控制作用是带目的性的能动作用。

控制是指控制主体按照给定的条件和目标，对控制客体施加影响的过程和行为。"控制"一词，最初运用于技术工程系统。自从维纳的《控制论》问世以来，控制的概念更加广泛，它应用于生命机体、人类社会和管理系统之中。控制包含了调节、操纵、管理、指挥、监督等多方面的含义。

（2）自动控制与自动化

自动控制（automatic control）是指在没有人直接参与的情况下，利用外加的设备或装置，使机器、设备或生产过程的某个工作状态或参数自动地按照预定的规律运行。自动控制是相对人工控制概念而言的，是指在没人参与的情况下，利用控制装置使被控对象或过程自动地按预定规律运行。

自动控制技术的研究有利于将人类从复杂、危险、烦琐的劳动环境中解放出来，并大大提高控制效率。自动控制是工程学科的一个分支。它涉及利用反馈原理对动态系统的自动影响，使输出值接近我们想要的值。从方法的角度看，它以数学的系统理论为基础。

自动化（automation）的概念是一个动态发展过程。过去，人们对自动化的理解或者说自动化的功能目标是以机械的动作代替人力操作，自动地完成特定的作业。这实质上是自动化代替人的体力劳动的观点。随着电子和信息技术的发展，特别是计算机的出现和广泛应用，自动化的概念已扩展为用机器（包括计算机）代替人的体力劳动，而且还代替或辅助脑力劳动，以自动地完成特定的作业。

自动化的广义内涵至少包括以下几点：在形式方面，制造自动化有三方面的含义，即代替人的体力劳动，代替或辅助人的脑力劳动，制造系统中人机及整个系统的协调、管理、控制和优化。在功能方面，自动化代替人的体力劳动或脑力劳动仅仅是自动化功能目标体系的一部分。自动化的功能目标是多方面的，已形成一个有机体系。在范围方面，制造自动化不仅涉及具体生产制造过程，而是涉及产品生命周期所有过程。

自动控制是关于控制系统的分析、设计和运行的理论与技术。一般来讲，自动化主要研究人造系统的控制问题。控制则是在上述研究外，还研究社会、经济、生物、环境等非人造系统的行为控制问题。例如，生物控制、经济控制、社会控制、人口控制等，显然，这都不能归入自动化的研究领域。现在人们经常提到的自动控制，通常是指工程系统的控制，在这个意义上，自动化和自动控制是相似的。

5.1.4　实践训练环节

任务　设计十字路口交通信号灯

1. 目的及要求
①初步了解继电器控制的方法。
②初步了解继电器控制的常用元器件。

2. 项目内容
搭建三色交通信号灯电路。

①三色灯的控制。

②灯的时长控制。

③三灯循环。

3. 实践相关技术

①继电器控制自锁、互锁电路。

②时间继电器控制电路。

③电气图。

4. 项目设计题

设计示意图如图 5-1-29 所示。

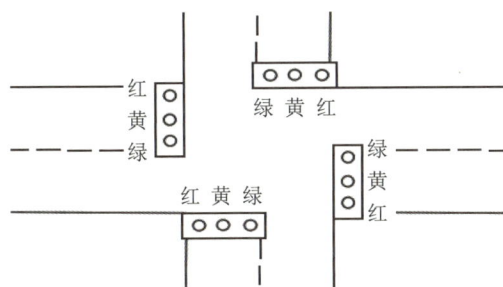

图 5-1-29　设计示意图

①设计一组十字路口自动交通信号灯系统。信号灯由绿灯、黄灯、红灯组成，亮灯时长分别为 20 秒、5 秒、20 秒。信号逻辑：红—黄—绿—黄—红，循环。

②电路由启动和关闭按钮控制。

③要求用电气图形式绘制设计电路。

5. 教学设备

按照设计电气图，在可编程逻辑控制器实验台（图 5-1-30）完成连接并进行功能演示。

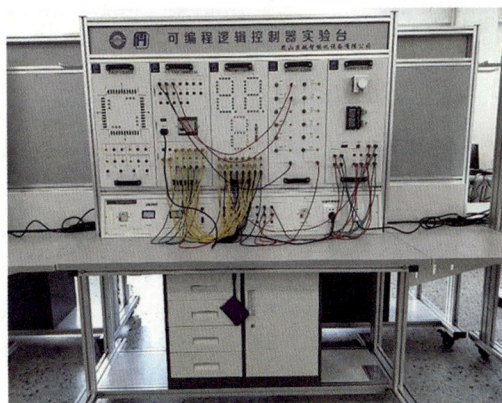

图 5-1-30　可编程逻辑控制器实验台

5.2　工程中的责任伦理体现
——以控制技术为例

5.2.1　控制技术发展带来的问题

随着科技的发展，越来越多的智能装置走进了人们日常的生活中，给人们带来了极大的便利。现在人类很多基本技能都被智能化设备替代了，如智能电饭煲、压力锅等。长此以往，一旦停电人类还会做饭么？

一旦出现预料之外的干扰如何进行控制？——这就是控制技术的发展带来的问题。人们发现，越来越多的事故发生，不是由于某些东西发生故障，而是由于用错误的方式做出反应。

2018 年底至 2019 年 3 月，不到半年的时间，新交付的 737max 连续发生两起惊人相似的空难，将波音推向了风口浪尖，并导致全球范围内波音 737max 系列飞机的停飞。从事后的调查报告中发现：波音事故原因概括来说，就是改型飞机为了经济性选择了尺寸更大的发动机，但是这款大尺寸发动机的安装高度却高过了机翼水平线，这直接影响了飞机的空气动力流线，间接影响了飞机的安全性能。为了防止飞机出现安全问题，波音公司不是选择更改硬件设计，而是采取了软件弥补硬件设计缺陷的方法，开发了一套机动特性增强系统（MCAS）配备于飞机上。该系统的功能是随时监测飞机迎角，当迎角超过安全界限时，系统会发出指令让飞机自动压低机头。这个系统本是为了预防安全隐患，然而波音公司却忽视了一个重要问题，在系统发出指令压低机头这个过程中，系统没有提醒飞行员，而是直接接管了此时的飞机操作，飞行员甚至无法进行干预。波音公司在狮航事故的技术调查报告中指出：事故原因很可能是飞机其中一个迎角传感器（AOA）出现故障，错误判断飞机迎角，导致 MCAS 得到错误的信号，认为飞机处于失速状态，于是 MCAS 强行下压机头，飞行员曾数次调整迎角想抬高机头却无济于事，最终导致飞机坠毁。

5.2.2　从不同的角度看责任

1. 从设计角度

从 737max 连续发生两起惊人相似的空难的情况可以看出，系统失灵已经严重降低飞机能力或飞行机组应对不利运行条件的能力。

在对这一系统设计时是否充分分析了系统失灵的各种可能模式，以及模拟了这一失灵可能导致的后果？系统对失效故障的检测能力和警告功能是否能够让飞行机组清楚地了解系统的状态？

是否通过各种方式验证了飞行员在各种运行条件下，面临系统失效时仍有足够的能力处理这一失灵状况？

这一系列的问题如果在飞机设计和审定过程中能够充分地考虑并有满意的回答，相信这一系统设计的问题可以提前被发现和纠正。

2. 从使用角度

建议的处理失灵的纠正动作是否能够被飞行机组有效地实施进而纠正不安全的飞机状态？从目前掌握的情况来看，针对波音 737max 飞机提供的飞行手册显然没有严格按照飞机适航标准要求提供足够的信息，让飞行机组充分了解 MCAS 系统的功能，以及在系统出现故障情况下的非正常程序。这也是造成这两起事故的重要原因之一。营运人及公司也应该反思，是否存在管理上的失误，如对飞行员的培训是否到位，是否将飞机维护的安全管理工作放在了重要的位置。

不论从什么角度分析责任，在中国使用的客机都要遵循《中国民用航空规章第 25 部运输类飞机适航标准》。

5.3　工程与责任

【案例】

工程生命周期中每一阶段都有必须要完成的工作，工作的结果反映了承担这项工作的角色是否负责任。下面以港珠澳大桥工程过程中计划阶段"信息采集"工作为例。

珠江口是一个复杂地质的河口，河口处覆盖层厚度大，覆盖物复杂，这就需要进行勘测获得地质信息。经勘查后得知最上面是淤泥，淤泥下是淤泥质的黏土，下层是粉质黏土，最下面则是沙，沙下为岩基。海底地质勘查初步表明，基岩面起伏变化很大，而且基岩风化程度变化很大。工程地质与海域水文条件以及环境要求决定了港珠澳大桥整体结构及设计，决定了工程中人工岛与沉管隧道所采用的技术；地质水文信息和桥梁结构设计决定了施工方法，进而决定了港珠澳大桥的一些关键装备的研制。

地质水文信息采集只是工程信息采集工作中的部分内容，这些内容就能决定工程的最终走向，足见信息采集的必要性。

隧道工程综合地质纵剖面图如图 5-3-1 所示。

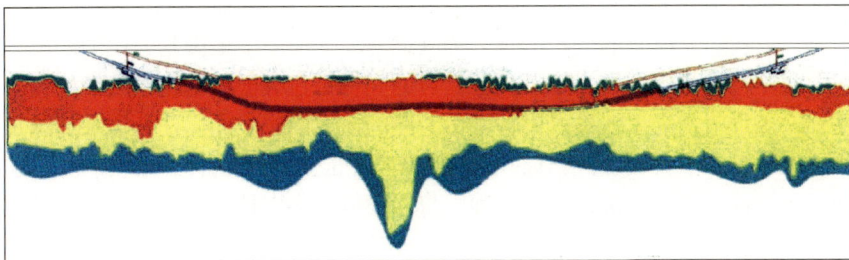

图 5-3-1　隧道工程综合地质纵剖面图

215

5.3.1. 从行为的角度看工程

人们通常从三种视角来看待工程。

（1）视为"行为"的工程。

（2）视为"知识体系"的工程。

（3）视为"职业"的工程。

最直接的视角即为视为"行为"的工程，我们也将从这个视角展开说明。

我们了解到：工程是指以某组设想的目标为依据，应用有关的科学知识和技术手段，通过有组织的一群人将某个（或某些）现有实体（自然的或人造的）转化为具有预期使用价值的人造产品过程。这里需要注意：工程的重点是过程，而并非最终的产品。美国工程技术认证委员会（ABET）对工程的定义是：一种运用科学和数学原理、经验、判断和常识来造福人类的行为，一种通过生产技术产品或系统以满足具体需要的过程。这都是从行为视角解释的工程，是从事工程的人对"工程"这个词最直观的认识。

本章节介绍的是工程中的责任问题，从单一的角度分析工程中的责任问题一定是片面的，但是由于工程相关诸要素间关系复杂，想要梳理清楚相互之间的关系比较困难，我们将从行为过程这个角度，并结合知识体系和职业角度辅助，对责任进行分析。

责任：一个人不得不做的事或一个人必须承当的事情。如社会责任、家庭责任。

世界上有许多事情必须做，但你不一定喜欢做，这就是责任的含义。

责任按照其内在的属性可以分为角色责任、能力责任、义务责任和原因责任。

角色责任：相同角色共性的责任范畴，可以简单理解为"在角色共性规则下应该做、必须做的事情"。在某个社会行为中充当什么角色，这个角色在该行为中必须要做的工作是否达成。比如《三字经》中的"养不教，父之过""教不严，师之惰"，就是指在中国传统文化环境中，作为父亲传授文化知识给子女，是父亲必须要做的事情，这是"父亲的责任"；作为老师对学生要严格、对传授的知识必须严谨，这是"教师的责任"。

能力责任：共性角色责任要求的做事能力、态度与决心的表现，具有明显的评价性，可以理解为"努力并结合能力做的事情"。

义务责任：没有在角色责任限定范围的责任，可以理解为"可做、可不做的事情"。

原因责任：原因直接导致的责任。原因可以承担相应的角色责任、能力责任和义务责任。

我们通过工程行为过程这个角度，判断工程中哪些事情必须要做，对工程过程中必须要做的事情如何做，这些判断与执行的行为是有约束的行为。这些约束来自科学、技术、经验、社会意识形态等方面，经过归纳总结形成了人们心目中认可的关于工程责任的工程行为规范——工程责任伦理。

工程中的责任即工程中那些不得不做的事情或必须承当的事情。

广义来讲，在我国，所有的生产的目的都围绕着"最大限度地满足人民的物质生活和文化生活的需要"，工程作为生产的一种形式，其目的同样是最大限度地满足人民的物质生活和文化生活的需要，工程就是为了解决人民日常生活中的需求而产生的。任何需求的满足都有利弊两面性，所以工程目标本身要考虑到最大限度地满足利同时要抑制弊，解决利弊之间的关系问题是工程的社会责任。狭义来讲，工程过程本身需要做很多事情，这些必须解决的问题关乎工程的最终结果是不是满足需要，这是工程的内在责任。

工程的社会责任和其内在责任是相辅相成的且相互制约的，所以在完成工程任务时要受到各方的约束，这些约束被归纳后形成一套工程共性行为的规范，我们称之为工程责任伦理。

5.3.2　从工程的过程分析责任

从工程本身讲，工程中的责任即工程中那些不得不做的事情或必须承担的事情。下面从工程的过程这个角度来介绍这些必须做的事情以及相关规范。工程从开始到结束可划分为若干工作阶段，这些阶段先后衔接，组合在一起便构成工程生命周期。每个阶段都有必须做的事情，进而保证下一阶段工作的进行。工程生命周期概要组成如图 5-3-2 所示。

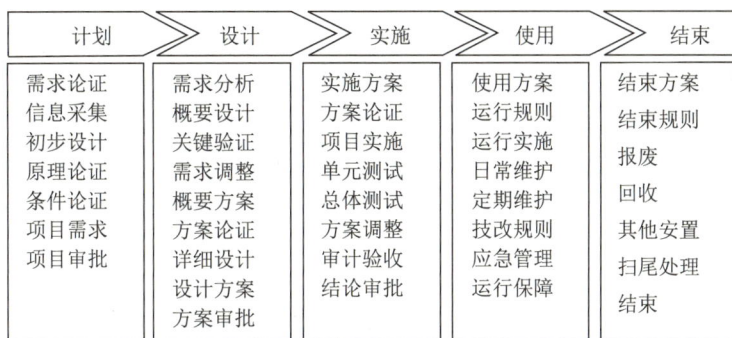

计 划	设 计	实 施	使 用	结 束
需求论证	需求分析	实施方案	使用方案	结束方案
信息采集	概要设计	方案论证	运行规则	结束规则
初步设计	关键验证	项目实施	运行实施	报废
原理论证	需求调整	单元测试	日常维护	回收
条件论证	概要方案	总体测试	定期维护	其他安置
项目需求	方案论证	方案调整	技改规则	扫尾处理
项目审批	详细设计	审计验收	应急管理	结束
	设计方案	结论审批	运行保障	
	方案审批			

图 5-3-2　工程生命周期概要组成

工程中这些必须要完成的工作，就组成了这个工程的责任。

5.3.3　工程的责任

1. 以工程初始计划阶段的需求论证工作为例来分析

工程初始筹备计划阶段的需求分析工作要解决的问题如下。

（1）准确地判断工程必须做什么。

（2）做到什么程度。

（3）有哪些约束。

（4）有哪些不确定因素。

需求论证就是分析工程最终用户的需求是什么。如果投入大量的人力、物力、财力、时间完成的工程却没用，那么所有的投入都是徒劳。

如果费了很大的精力，完成一个工程，最后却不满足用户的要求，从而要重做，这种返工是让人痛心疾首的。比如，用户需要一个 for Linux 的软件，而你在软件开发前期忽略了软件的运行环境，忘了向用户询问这个问题，而想当然地认为是开发 for Windows 的软件，当你千辛万苦地开发完软件并向用户提交时才发现出了问题，那时候只能欲哭无泪了。

需求论证之所以重要，是因为它具有决策性、方向性、策略性的作用，在工程中具有举足轻重的地位。在一个工程的生命周期中，需求的论证、确认的作用要远远大于工程的设计。

这就说明需求论证工作是工程中不得不做即必须做的事情，做好需求论证是对工程负责。

我们再以超级工程"港珠澳大桥工程"为例。我国在20世纪80年代筹划以香港为中心的1小时经济圈，为了保证港澳与内地经济可持续发展，其关键一环就是建设一座横跨伶仃洋的跨海大桥。当论证这个桥的时候就列出了一系列的目标，1小时、120年使用寿命、抗震等级、抗风能力、承载能力、保证航道通畅、不对环境造成过大影响等。这些要求的提出直接影响计划阶段的初步设计，进而影响到这个工程是否契合实际、能否进行下去。1小时的要求影响到桥的长度；对环境影响中的一项阻水率不超过10%，直接决定了桥墩间的距离，即对桥梁的结构提出了要求；同时，抗震等级、抗风能力、承载能力、保证航道的通畅也对桥梁的结构提出了要求；对桥梁的结构产生影响的要求还有"120年使用寿命"，同时对使用的材料有了标准要求。为了达到120年使用寿命的目标，获得满足条件的水泥配比、钢材型号，人们对材料进行了反复的研究试验。为在120年使用寿命期间不影响航道而设计的跨航道解决方案，几易其稿，反复论证，直到21世纪初通过——沉管隧道方案，整个工程才得以批准进行。对港珠澳大桥需求的确定决定整个工程本身如何进行，同时也确定了港珠澳大桥工程在珠三角经济带中的作用——角色责任，以及能起多大的作用——能力责任。

在工程的各个阶段的这些必要工作都有其内在的和外在责任，只不过在不同的阶段考虑的主次有所不同。

2. 负责任地完成工作

如何完成图5-3-3的这些必要的工作呢？通常我们从两个方面来考虑：人和物。在工程活动中，存在着"人"与"物"两种基本因素，主体是"人"，即参与工程活动的决策者、设计者、管理者、工程师、工人等。客体是"物"，即工程活动中涉及的天然自然物和人工自然物，如各种原材料、能源、工具等。工程活动中，是人支配物，而不是物支配人，人和物相比，人是第一位的，物是第二位的。人和物可展开到人、财、料、机、法、环等因素。人是工程活动的主体和创造者，工程活动的整个过程都凝结着人的辛勤劳动，因此人应该受到重视，得到尊重。

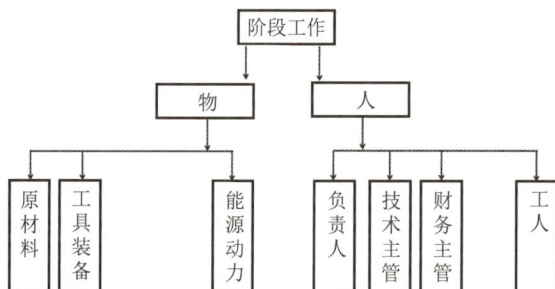

图 5-3-3　必要的工作

从人的角度讲，要完成这些任务就需要建立相应的组织（团队），由这些组织（团队）完成各个阶段相对应的工作，每个团队都需要解决该工程中某个阶段的某个或者某些任务。这就是这个组织（团队）在工程中的角色责任。在解决这些任务时甚至需要进一步细分任务及落实解决该任务的人（团队）。这一层次都属于角色层，这些角色的设置都围绕一个目标：完成任务。

同样，物也有角色层：原材料、元器件、工具、装备、能源动力等。

合理地设置角色层是完成阶段工作的重要组成部分，也是阶段工作中必须做的工作——责任。完成角色设置后，就要考虑选择什么样的人和物来完成这些角色的责任，需要根据人和物的能力来进行判断。材料的能力判断标准是其性能，合理地根据性能选择材料是对阶段性工作的负责。之所以说合理，是因为工程对性能有个基本要求，选择材料的性能高于基本要求过多可能造成不必要的浪费，选择材料的性能低于基本要求就有安全隐患。工具的能力标准是功能，能源的能力标准是强弱，同理，负责任的行为是合理选择。人的角色选择依据也是能力，对应不同的角色会从其知识体系、职业素养、经验、判断力、沟通能力进行评价选择，负责任的行为是合理选择。

能力决定角色，角色决定责任的完成。

5.3.4　工程中的责任伦理

人们心目中认可的关于工程责任方面的行为规范不是随便制定的，是人们通过无数次工程实践总结出来的经验，经过归纳分析总结出来的。通过这些行为规范，可以使共性责任更快捷、准确、经济、安全地得以解决，避免共性问题反复验证。这些规范往往都是从小范围使用逐渐到大范围通用。我们知道现在的规范有企业标准、行业标准、国家标准、国际标准，这些标准对相应的工程责任具有重要的指导作用。随着科技的发展，人们对工程中的经验更加丰富、细化，通信技术的发展使人们能够将自己在某个领域的问题、方法及经验更方便地共享给同行，所以，这些行为规范也在不断进步。当前，工程从业者有很多方法共享自己的经验，这就要求共享经验者必须如实地描述问题及解决方法，不能夸大亦不能藏私。因为不真实的数据将误导规范的制定，进而导致严重后果。诚实是所有工程参与者的必备条件。

1. 行为与物的规范

工程中行为与物的范围是，行为是必须做的事情，物是行为中使用的原材料、元器件、工具、设备、装备等。

在工程生命周期中，有系列的必要工作，解决这些问题的行为是否达到目标、结果是否满足要求，这就需要有个评价办法。工程规范要求在每个节点提供工程行为相应状态的报告，根据这些节点报告进行评价。表 5-3-1 是一个 IT 项目的计划、设计、实施三个阶段的节点要求。

表 5-3-1　节点要求

活　动	输出文档	活动	输出文档
需求分析	可行性研究报告	详细设计	设计说明书
	概要需求说明		单元测试说明
需求定义	需求说明书	编码	程序代码
系统说明书	功能说明书	单元测试	单元测试结果报告
	验收测试说明书	模块测试	模块测试结果报告
	用户手册草案	集成测试	集成测试结果报告
结构设计	结构设计说明书		最终用户手册
	系统测试说明	系统测试	系统测试结果报告
用户接口设计	用户接口说明书	验收测试	最终系统
	集成测试说明		系统验收报告

对于表中各个节点报告的具体要求，需依照国家标准 GB/T 9385—2008（图 5-3-4）要求编制。

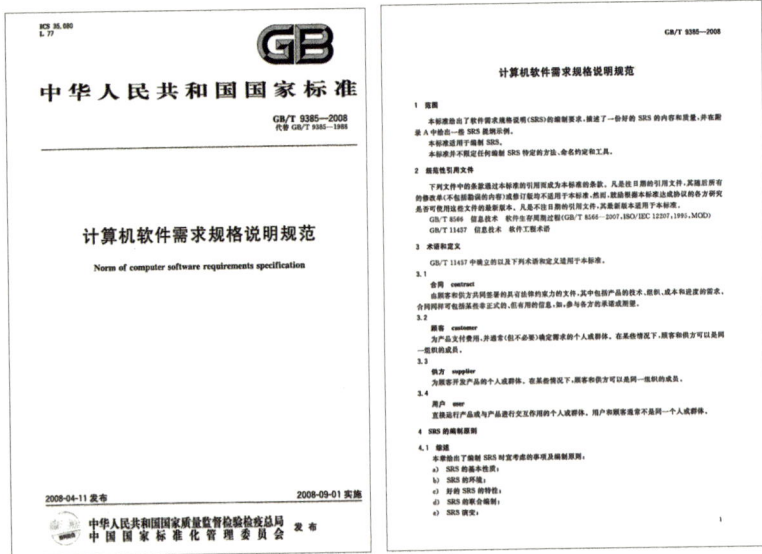

图 5-3-4　国家标准 GB/T 9385—2008

各行业都对自己业内的工程行为制定了系列标准如图 5-3-5 所示。

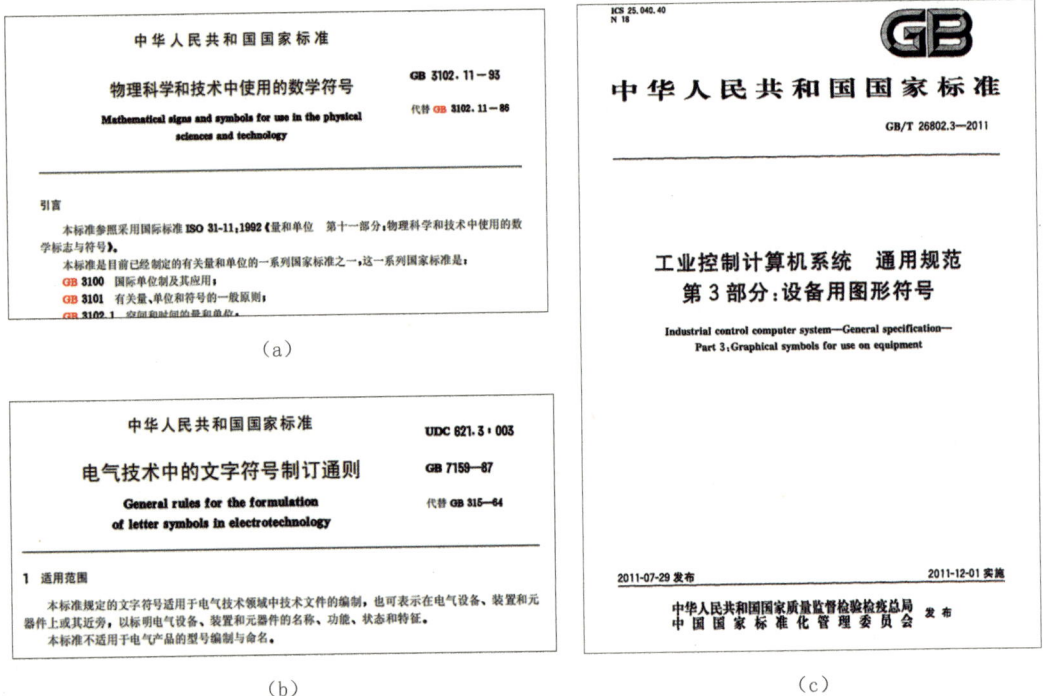

（a）

（b）

（c）

图 5-3-5　国家标准

对工程生命周期中里程碑（节点报告）制定规范，是保证提交的报告内容能被看懂、所做的工作能被合理评价。

2. 对参与工程的人的规范

我们了解到，工程中有些工作是必须完成的，这些行为需要由人来完成。对完成这些行为的人，要求具备一定的能力。这就需要我们在用人的时候，要对使用的人进行评价，合理的评价是完成工程任务的必要条件。工程需要很多的参与单位或个人，不可能每个工程都要进行全面的评价，为了便于人才流通及简化评价流程，国家制定了一系列的基本能力评价体系及标准，这样，每个工程可以根据需要，从符合国家基本能力认证的人中挑选具备该工程特质能力要求的参与者。

国家制定的基本能力评价标准——评价能力的规范。这个评价从几个方面完成：首先是被评价人的知识体系是否满足要求，通常体现在学历及职业培训上；其次是职业能力，从行业经历、行业经验（经验分享——论文）、行业认证几个方面评价；最后是管理能力、判断力、沟通能力的评价。

依《工程技术人员职务试行条例》（1986）定义，工程技术职务（简称技术职务）是为生产建设、勘察设计、科学研究、技术开发和技术管理等工作岗位的工程技术人员设置的技术职务。工程技术职务名称定为技术员、助理工程师、工程师、高级工程师。

（1）技术员

①具有完成一般技术辅助性工作的实际能力。

②初步掌握本专业的基础理论知识和专业技术知识。

③大学专科、中等专业学校毕业，在工程技术岗位上见习1年期满，经考察合格。

（2）助理工程师

①具有完成一般性技术工作的实际能力。

②能够运用本专业的基础理论知识和专业技术知识。

③获得硕士学位或取得第二学士学位，经考察合格；获得学士学位或大学本科毕业，在工程技术岗位上见习1年期满，经考察合格；大学专科毕业，从事技术员工作2年以上；中等专业学校毕业，从事技术员工作四年以上。

（3）工程师

①具备下列部门之一的条件。

a. 生产、技术管理部门

（a）基本掌握现代生产管理和技术管理的方法，有独立解决比较复杂的技术问题的能力。

（b）能够灵活运用本专业的基础理论知识和专业技术知识，熟悉本专业国内外现状和发展趋势。

（c）有一定从事生产、技术管理工作的实践经验，取得有实用价值的技术成果和技术经济效益。

（d）能够指导助理工程师的工作和学习。

b. 研究、设计部门

（a）有独立承担较复杂项目的研究、设计工作能力，能解决本专业范围内比较复杂的技术问题。

（b）较系统地掌握本专业的基础理论知识和专业技术知识，熟悉本专业国内外现状和发展趋势。

（c）有一定从事工程技术研究、设计工作的实践经验，能吸收、采用国内外先进技术，在提高研究、设计水平和经济效益方面取得一定成绩。

（d）能够指导助理工程师的工作和学习。

②获得博士学位，经考察合格；获得硕士学位或取得第二学士学位，从事助理工程师工作2年左右；获得学士学位或大学本科毕业，从事助理工程师工作4年以上。

（4）高级工程师

①具备下列部门之一的条件。

a. 生产、技术管理部门

（a）具有解决在生产过程或综合技术管理中本专业领域重要技术问题的能力。

（b）有系统广博的专业基础理论知识和专业技术知识，掌握本专业国内外现状和现代管理的发展趋势。

（c）有丰富的生产、技术管理工作实践经验，在生产、技术管理工作中有显著成绩和社会、经济效益。

（d）能够指导工程师的工作和学习。

b. 研究、设计部门

（a）具有独立承担重要研究课题或有主持和组织重大工程项目设计的能力，能解决本专业领域的关键性技术问题。

（b）有系统坚实的专业基础理论知识和专业技术知识，掌握本专业领域国内外现状和发展趋势。

（c）有丰富的工程技术研究、设计实践经验，取得过具有实用价值或显著社会经济效益的研究、设计成果，或发表过有较高水平的技术著作、论文。

（d）能够指导工程师、研究生的工作和学习。

②获得博士学位后，从事工程师工作2年以上；大学本科毕业以上学历，从事工程师工作5年以上。

担任工程师、高级工程师职务的工程技术人员，应具有阅读本专业外文资料的能力。从事工程技术研究、设计、技术开发、技术情报等工作的工程师、高级工程师，应能比较熟练和熟练地掌握一门外语。为了广开才路，不拘一格地选拔人才，对在生产、勘察、设计、研究和技术管理工作中成绩显著、贡献突出的工程技术人员，可不受学历、资历的限制，破格聘任或任命相应的技术职务。

在工程中的其他人员还有管理人员、经济类人员、法务人员等。这些人员的评价都有相应的规范。

3. 工程中角色构架方法

工程中有很多必须完成的事情需要由相应的角色来完成，角色可能是个人，也可能是团体。能力是决定是否胜任角色责任的根本。如何选人（构架团队）呢？

（1）根据工程目标组建团队

这种方法是以工程目标为要求，物色人、财、物方面相关的角色，由这些角色组建一个或系列团队来完成工程中必须完成的事情。关键是依能力需要去寻找确认相关的角色。其优点是角色任务明确，能够深入地解决工程中个性化的细节问题；缺点是竞争，或者说压迫感不足，容易产生懈怠。这就使得在物色角色人选时，工作积极性也成了标准之一。

首先，确认工程决策团队（决策层角色）。其指的是在战略层面上的角色，需确认角色的方向判断力和链接资源的能力；是团队负责人最重要的能力，决定团队的走向、资源的链接，以及关键执行的节点。需要具备的核心能力：①战略规划；②团队管理；③系统架构；④业务设计。这个能力本质是：系统设计和管理的能力，即能够把复杂的资源（钱、人力、时间）组织起来，设计好系统架构，然后去推动进展和演化。

执行层面角色要求的能力是快速架构系统的能力。业务模块管理角色的核心能力：①业务理解；②执行能力；③任务管理；④沟通。这个角色可以是一个部门的负责人，需要有快速的业务理解能力和强大的执行能力。理解能力能够让团队做事不走弯路，而强大的执行能力能够保证任务完成。

操作层面的角色，能够把一些基础的事情做好，把某个细节做到位，比如技术、设计、加工、安装、调试、测试等。核心能力：稳定且执行到位。

（2）根据工程目标寻找团队

这种方法适合于一些对过程性要求不是很严格的工程项目，不需要搭建团队，通过招标的形式确认已有团队的能力，进而由招标选出的团队完成工程任务。这种方法的优点是省去了大量的角色评价招募行为，省时、省力、风险下放；缺点是对工程过程的掌控能力较弱。评价一个团队是否具备解决工程相关问题的能力的方法是：招标。通过团队提交的解决问题的方法及自身能力证明——投标书，判断这个团队是否具备相关能力。因为存在竞争，所以不需要考虑工作态度的问题，只需考虑判断能力。

我们以某国 ADSL 项目为例，组织者只提出技术标准没有资金，要求在指定时间对提交的设备进行测试及技术报告评审。没限定谁能来测试谁不能来测试，没限制测试的数量。这种方式直接避免了搭建团队、资金、研究路线等各类风险。风险下放到团队和资金身上，这时候的资金叫风险投资，投资者并不知道最终结果是否被采纳。

这种方法的另一个好处是，因为没有限制团队的数量，所以就可能产生不同的技术路线，这样就可以筛选比较适合的技术方法。这种方法比较适合工程中装备的研制。

（3）复合式

这种方法是先搭建决策团队，然后通过决策团队设计的架构进行招标，再通过招标决定执行团队，并由其组织操作团队完成工程任务。这是比较常见的方法。

5.4　参考案例

【案例】属于中国人的全球卫星导航系统——北斗系统

到今天，属于中国人的全球卫星导航系统——北斗系统（图 5-4-1、图 5-4-2）已经建成并开通两年多。在北斗三号工程地面运控系统总师陈金平看来，北斗系统运行稳定、服务连续不中断，是对全球用户的责任。

2020 年 6 月 23 日，我国北斗三号全球卫星导航系统最后一颗组网卫星成功发射，标志北斗系统星座部署完成，之后转入长期管理模式。与火箭发射现场的震撼景象、测控现场的拥抱和掌声相比，北斗地面运控系统机房略显平静。伴着空调、设备的运转声，总师专家如往常一样紧盯荧屏，关注着系统的运行状态，这是专家们的工程责任。

作为北斗地面运控系统研制建设"国家队"，这个平均年龄不到36岁的团队先后承担过北斗一号、北斗二号地面运控系统研制建设任务，为我国卫星导航从"受制于人"到"自主可控"做出重大贡献。他们是新时代北斗精神"自主创新、开放融合、万众一心、追求卓越"的最佳责任体现。

2010年，北斗全球系统批准立项。在一些人看来，北斗二号已经具备了高精度定位导航能力，北斗三号不过是多发射几颗卫星，扩大服务区域。然而，系统建设不是简单的迭代更新。

在总体设计方案评审会上，有关北斗导航电文参数解算问题引发争论，多数人主张采用与GPS相同的技术体制，但陈金平却认为，导航通信多业务一体化融合更适合北斗系统，拍板之前，他说了一句掷地有声的话："我们要走，就要坚定地走自主创新之路。"这是对祖国和人民的责任。

如今，这支团队的工作重心已经由研制建设转换为系统服务保驾护航。他们也有了新的目标：到2035年建成更泛在、更融合、更智能的国家综合定位导航授时体系，以更强的功能、更优的性能，服务全球造福人类。这是作为工程师为人类谋福祉的重要责任。

图5-4-1　北斗卫星导航系统

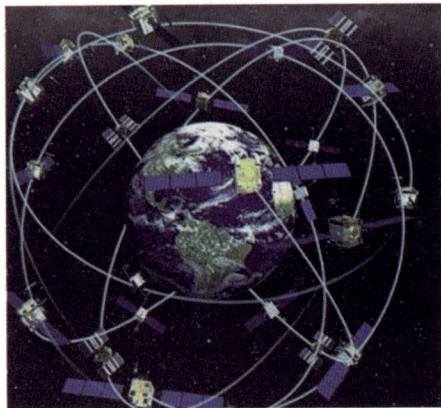

图5-4-2　北斗卫星导航系统示意图

知识拓展

附　录

《中国工程教育专业认证标准》毕业要求

1. 工程知识：能够将数学、自然科学、工程基础和专业知识用于解决复杂工程问题；

2. 问题分析：能够应用数学、自然科学和工程科学的基本原理，识别、表达并通过文献研究分析复杂工程问题，以获得有效结论；

3. 设计/开发解决方案：能够设计针对复杂工程问题的解决方案，设计满足特定需求的系统、单元（部件）或工艺流程，并能够在设计环节中体现创新意识，考虑社会、健康、安全、法律、文化以及环境等因素；

4. 研究：能够基于科学原理并采用科学方法对复杂工程问题进行研究，包括设计实验、分析与解释数据，并通过信息综合得到合理有效的结论；

5. 使用现代工具：能够针对复杂工程问题，开发、选择与使用恰当的技术、资源、现代工程工具和信息技术工具，包括对复杂工程问题的预测与模拟，并能够理解其局限性；

6. 工程与社会：能够基于工程相关背景知识进行合理分析，评价专业工程实践和复杂工程问题解决方案对社会、健康、安全、法律以及文化的影响，并理解应承担的责任；

7. 环境和可持续发展：能够理解和评价针对复杂工程问题的工程实践对环境、社会可持续发展的影响；

8. 职业规范：具有人文社会科学素养、社会责任感，能够在工程实践中理解并遵守工程职业道德和规范，履行责任；

9. 个人和团队：能够在多学科背景下的团队中承担个体、团队成员以及负责人的角色；

10. 沟通：能够就复杂工程问题与业界同行及社会公众进行有效沟通和交流，包括撰写报告和设计文稿、陈述发言、清晰表达或回应指令，并具备一定的国际视野，能够在跨文化背景下进行沟通和交流；

11. 项目管理：理解并掌握工程管理原理与经济决策方法，并能在多学科环境中应用；

12. 终身学习：具有自主学习和终身学习的意识，有不断学习和适应发展的能力。

国际民用工程师协会十四条规范

1. 忠实于公共利益、健康与安全；

2. 正直；

3. 对雇主忠诚；

4. 不要损害职业声誉；

5. 不要被其他个人或机构游说，或接受他人或机构的游说；

6. 坚持公共性；

7. 避免利益冲突，不接受贿赂；

8. 公平竞争；

9. 尊重其他国家的法规或习俗；

10. 力戒违法乱纪行为；

11. 不可取代已任命的工程师；

12. 不因代理人支付报酬而当中介人；

13. 有责任对他人进行工程教育；

14. 支持专业的继续发展。

美国国家职业工程师协会 (NSPE) 伦理章程

序言

工程是一种重要且需要博学的职业。人们期望，作为本职业的从业人员的工程师应表现出最高水准的诚实和正直。工程对全人类的生活质量都有直接且至关重要的影响。因此，工程师提供服务时必须诚实、公正、公平和公道，并且必须致力于保护公众健康、安全和福祉。工程师必须按职业行为规范履行其职责，这就要求他们遵守伦理行为的最高准则。

Ⅰ. 基本准则

在履行职责时，工程师应该：

1. 将公众的安全、健康和福祉置于至高无上的地位。

2. 仅在他们的能力范围内提供服务。

3. 仅以客观、诚实的方式公开发表声明。

4. 作为忠诚的代理人或受托人，为每一位雇主或客户处理职业事务。

5. 避免欺骗行为。

6. 体面、负责、有道德且合法地从事职业活动，以提高职业的荣誉、声誉及效用。

Ⅱ. 实践准则

1. 工程师应该将公众的安全、健康和福祉放在首位。

a. 在危及生命及财产的情况下，如果工程师的判断遭到了否定，那么他们应该向雇主或客户以及其他任何可能适当的机构通报情况。

b. 工程师应仅批准那些与适用标准相符的工程文件。

c. 除非法律或本章程授权或要求，未经客户或雇主的事先同意，工程师不应泄露通过专业能力获得的事实、数据或信息。

d. 工程师不应与任何他们认为从事欺骗性或不诚实事务的个人或公司合作，也不应允许在这样的合作中使用他们的姓名。

e. 工程师不应协助或唆使任何个人或公司开展非法的工程项目。

f. 当知道任何所谓的违反本章程的情况时，工程师应立即向适当的职业团体报告，在相关情况下，也要向公共机构报告，并协助有关机构弄清这些信息或提供协助。

2. 工程师应仅在他们的能力范围内提供服务。

a. 在特定技术领域内，仅当工程师的教育经历或经验背景使其具备了相应的资质时，才应承担被分派的任务。

b.工程师不应在自己缺乏资质的领域，或没有在自己指导和管理之下编制的计划书或文件上签字或盖章。

c.工程师可以接受任务和承担整个项目的协调责任，并为整个项目的工程文件签名或盖章，前提是每一个技术环节均由负责该环节的具备资质的工程师签字或盖章。

3.工程师应仅以客观、诚实的方式公开发表声明。

a.工程师应在专业报告、声明或证词中保持客观和真实。这些报告、声明或证词应包含所有相关信息，并应注明当前的日期。

b.只有当其观点建立在对事实充分认识的基础之上，并且该问题在其专业知识范围之内时，工程师才可以公开地表达他们的专业技术观点。

c.在由利益相关方发起或付费的事项中，工程师不应发表技术方面的声明、批评或论证，除非在发表自己的意见前，利益相关方明确地表明自己所代表的相关当事人的身份，并且揭示其中可能存在的利益关系。

4.工程师应做雇主或客户的忠实代理人或受托人。

a.工程师应披露影响或可能影响其判断或服务质量的所有已知或潜在的利益冲突。

b.工程师不应在同一项目服务中或与同一项目相关的服务中接受多于一方的补偿金、资金或其他方式的报酬，除非已向所有相关方完全公开，并征得他们同意。

c.工程师不应直接或间接地向外部代理人索求或收受与他们负责的工作相关的金钱或其他的有价报酬。

d.作为政府或准政府组织或部门的成员、顾问或雇员而提供公共服务的工程师，不应参与由他们或其组织在私营或公共工程实践中招揽或提供服务的决策。

e.工程师不应向他们组织的负责人或管理者任职的政府机构索求合同或接受它们的合同。

5.工程师应避免欺骗行为。

a.工程师不应伪造他们的职业资格，也不应允许自己对自己、同事的职业资格做出错误的表述。他们不应虚假地叙述或夸大他们以前对某项事务负责的情况。在用于自荐就业的小册子或其他介绍材料中，他们不应虚假地叙述有关事实，如关于雇主、雇员、同事、合作方的情况或过去的业绩。

b.工程师不应直接或间接地提供、给予、索取或收受任何影响公共机构授予合同的好处，或者可能被公众理解成具有影响授予合同意图的好处。他们不应为了确保工作而提供任何礼品或其他报酬。他们不应为了确保工作而提供佣金、折扣或回扣，除非是为了真诚的雇员或在他们提议下建立起来的贸易或营销代理机构。

Ⅲ.职业义务

1.当处理与各方的关系时，工程师应以诚实和正直的最高标准作为指导原则。

a.工程师应承认他们的错误且不应歪曲或篡改事实。

b.当工程师认为某一项目不会成功时，他们应向其客户或雇主提出建议。

c.工程师不应接受会损害他们的日常工作或利益的外部雇用。在接受任何外部工程雇用之前，他们应告知他们的雇主。

d.工程师不应企图通过虚假或误导的理由来吸引受雇于他人的工程师。

e.工程师不应以损害职业尊严和正直为代价来谋求他们自己的利益。

2.工程师应始终努力为公众的利益服务。

a. 鼓励工程师参与公共事务，为年轻人提供职业指导，并为提升他们社区的安全、健康和福祉而工作。

b. 工程师不应对不符合应用性工程标准的计划书和（或）说明书加以完善、签字或盖章。如果客户或雇主坚持这样的违反职业道德的行为，他们应通知相关机构，并中止为该项目提供进一步的服务。

c. 鼓励工程师扩展公共知识，并正确评价工程及其成果。

d. 鼓励工程师为了子孙后代，坚持可持续发展原则来保护环境。

3. 工程师应避免所有欺骗公众的行为或实践。

a. 工程师应避免使用会误导事实或断章取义的陈述。

b. 在符合以上条款的情况下，工程师可刊登招聘雇员的广告。

c. 在符合以上条款的情况下，工程师可为非专业或技术出版物提供论文，但这类论文不应暗示把他人的工作归于自己名下。

4. 未经现在的或先前的客户或雇主或他们服务过的公共部门的同意，工程师不应泄露任何涉及他们的商业事务或技术工艺的秘密信息。

a. 未经所有利益相关方的同意，工程师不应提出晋升的要求或工作调换的安排，或者将其对工作的安排作为一种资本，或者作为主要人员参与他们已获得的特定的、专门的知识相关的特定项目。

b. 未经所有利益相关方的同意，工程师不应参与或代表与竞争对手利益相关的特殊项目或活动，因为该项目或活动涉及工程师从以前的客户或雇主那里获得的特定的、专门的知识。

5. 工程师在履行他们的职业责任时不应受到利益冲突的影响。

a. 工程师不得因为指定材料或设备供应商的产品，而从他们那里收受经济或其他报酬，包括免费的工程设计。

b. 工程师不得直接或间接地就其负责的工作，从合同商或其他的客户、雇主相关方那里，收受佣金或津贴。

6. 工程师不应试图通过虚假批评其他工程师，或其他不恰当手段获得就业、晋升或职业支持。

a. 工程师不得要求、建议或接受任何可能影响其判断的佣金。

b. 只有在符合雇主的政策和道德要求的情况下，工程师才能在领取薪水的本职工作外接受兼职的工程工作。

c. 未经同意，工程师不得利用雇主的设备、器材、实验室或办公设施从事外面的私人业务。

7. 工程师不应试图直接或间接地恶意损害或影响其他工程师的职业声誉、前途、实践或就业。当确信他人有不道德或非法行为时，工程师应向有关机构报告这类信息以便这些机构采取行动。

a. 个体工程师不应审查同一客户的另一位工程师的工作，除非该工程师知情，或该工程师与该工作的关系已终止。

b. 在政府、工业或教育机构中就职的工程师，依据其职责要求，他们有权审查和评估其他工程师的工作。

c. 在销售或产业机构中就职的工程师有权将样品与其他供应商提供的产品进行工作上的比较。

8. 工程师应为他们的职业行为承担个人责任。然而，除了重大过失外，工程师也可依据他们及其所提供的服务寻求部分补偿，否则，工程师的利益将得不到保护。

a. 在工程实践中，工程师应遵守州工程注册方面的法律。

b. 工程师不应将与非工程师、公司或合作伙伴的关系作为不道德行为的"掩护"。

9. 工程师应根据对工程工作的贡献将荣誉给予那些应得者，并承认他人的所有权。

a. 无论何时，工程师应尽可能地给予相关个人或群体以相应的名誉，他们可能是单独地负责设计、发明、写作或做出其他成就的人。

b. 当使用由客户提供的设计方案时，工程师要承认客户对设计的所有权，未经明确同意，不得为他人复制这些设计方案。

c. 在为他人从事有关改进、规划、设计、发明或其他可能有正当理由获得版权或专利权的工作之前，工程师应就其所有权问题与此人达成明确协议。

d. 工程师在专门为雇主工作的过程中完成的设计、数据、记录及笔记均为雇主所有。如果雇主在最初的目的之外使用这些信息，就应该向工程师提供补偿。

e. 工程师应在其整个职业生涯中继续发展，通过参与专业实践、参加继续教育课程、阅读技术文献、参加专业会议和研讨会等跟上专业领域的发展。

参 考 文 献

[1] 殷瑞钰，汪应洛，李伯聪，等. 工程哲学[M]. 3版. 北京：高等教育出版社，2018.

[2] 宋应星. 天工开物[M]. 管小琪，编译. 哈尔滨：哈尔滨出版社，2009.

[3] 聂志强，刘思嘉. 认识工程[M]. 哈尔滨：哈尔滨工程大学出版社，2012.

[4] 李正风，丛杭青，王前，等. 工程伦理[M]. 北京：清华大学出版社，2016.

[5] 肖平. 工程伦理导论[M]. 北京：北京大学出版社，2009.

[6] 张嵩. 工程伦理学[M]. 大连：大连理工大学出版社，2015.

[7] 顾剑，顾祥林. 工程伦理学[M]. 上海：同济大学出版社，2015.

[8] 王志新. 工程伦理学教程[M]. 北京：经济科学出版社，2018.

[9] 闫亮亮. 石油工程伦理学[M]. 北京：中国石化出版社，2019.

[10] 顾涵. 工程伦理与管理决策简明教程[M]. 镇江：江苏大学出版社，2020.

[11] 徐泉，李叶青. 工程伦理导论[M]. 北京：石油工业出版社，2019.

[12] 张恒力. 工程伦理读本：国内篇[M]. 北京：中国社会科学出版社，2013.

[13] 张永强，姚立根. 工程伦理学[M]. 北京：高等教育出版社，2014.

[14] 殷瑞钰. 工程与哲学：第一卷[M]. 北京：北京理工大学出版社，2007.

[15] 王媛. 都江堰建造原理揭秘[J]. 农村·农业·农民（A版），2018（3）：58-59.

[16] 李伯聪. 工程思维的性质和认识史及其对工程教育改革的启示：工程教育哲学笔记之三[J]. 高等工程教育研究，2018（4）：45-54.

[17] 姬慧勇，等. 工程装备内燃机[M]. 北京：国防工业出版社，2016.

[18] 周松，肖友洪，朱元清. 内燃机排放与污染控制[M]. 北京：北京航空航天大学出版社，2010.

[19] 金东寒. 斯特林发动机技术[M]. 哈尔滨：哈尔滨工程大学出版社，2009.

[20] 姚良. 柴油机构造与原理[M]. 西安：西北工业大学出版社，2017.

[21] 梅德清，张登攀. 内燃机百问[M]. 镇江：江苏大学出版社，2018.

[22] 程至远，解建光. 内燃机排放与净化[M]. 北京：北京理工大学出版社，2000.

[23] 李斌. 现代大型低速柴油机[M]. 哈尔滨：哈尔滨工程大学出版社，2015.

[24] 常思勤. 汽车动力装置[M]. 北京：机械工业出版社，2006.

[25] 周明顺. 船舶柴油机[M]. 大连：大连海事大学出版社，2007.

[26] 刘瑞林，等. 柴油机先进技术[M]. 北京：化学工业出版社，2020.

[27] 林家让. 汽车构造：发动机篇[M]. 北京：电子工业出版社，2004.

[28] 李世新. 工程伦理学概论[M]. 北京：中国社会科学出版社，2008.

[29] 哈里斯 C E，普里查德 M S，雷宾斯 M J，等. 工程伦理概念与案例[M]. 5版. 丛杭青，沈琪，魏丽娜，等译. 浙江：浙江大学出版社，2018.

[30] 王海峰. 浅谈未来新能源汽车的技术发展趋势[J]. 科学技术创新，2020（13）：158-159.

[31] 闫彦. 火力发电厂发展前景浅析[J]. 山东工业技术，2017（17）：150，169.

[32] 马丹. 船舶清洁能源动力装置与系统发展分析[J]. 中国船检，2022（1）：63-69.

[33] 向巧，黄劲东，胡晓煜，等. 航空动力强国发展战略研究[J]. 中国工程科学，2022，24（2）：106-112.

[34] 彭冬梅. 设计制图[M]. 2版. 长沙：湖南大学出版社，2018.

[35] 刘永贤，蔡光起. 机械工程概论[M]. 北京：机械工业出版社，2010.

[36] 郭绍义. 机械工程概论[M]. 武汉：华中科技大学出版社，2009.

[37] 中山秀太郎. 世界机械发展史[M]. 石玉良，译. 北京：机械工业出版社，1986.

[38] 姜波. 机械基础[M]. 北京：中国劳动社会保障出版社，2005.

[39] 范思冲. 机械基础[M]. 2版. 北京：机械工业出版社，2009.

[40] 郁文德. 联接件[M]. 上海：上海科学技术出版社，1982.

[41] 鞠东胜，王金龙. 滴滴涕（DDT）的重新启用[J]. 化学教与学，2011（10）：68-69，83.

[42] 张成岗. 技术风险的现代性反思[J]. 华东师范大学学报（哲学社会科学版），2007（4）：32-38.

[43] 张炜. 工程教育概念梳理与中美比较[J]. 中国高教研究，2021（11）：1-6.

[44] 赵星. 港珠澳大桥沉管预制模板施工工艺方案[J]. 建筑工程技术与设计，2019（10）：2113-2114.

[45] 岳远征. 外海深水沉管安装关键装备研发及应用[D]. 广州：华南理工大学，2017.

[46] 蒋晓阳. 波音737MAX飞机可能涉及的设计和审定方面的问题[J]. 航空维修与工程，2019（5）：16-17.

[47] 李正，杨虹. 港珠澳大桥引领桥梁制造业的装备升级[J]. 工业建筑（增刊），2015（45）：431-436.

[48] 张雄. 由"波音737max事件"引发的对信息智能时代武器装备质量管理的思考[J]. 国防科技，2021，42（1）：32-36.

[49] 万遇良. 机电一体化技术概览[M]. 北京：北京工业大学出版社，1999.

[50] 上海市职业技术教育课程改革与教材建设委员会. 数控机床原理及应用[M]. 北京：机械工业出版社，2002.

[51] 毕夏普 R H. 机电一体化导论[M]. 方建军，译. 北京：机械工业出版社，2007.

[52] 武藤一夫. 机电一体化[M]. 王益全，滕永红，于慎波，译. 北京：科学出版社，2007.

[53] 刘杰，宋伟刚，李允公. 机电一体化技术导论[M]. 北京：科学出版社，2006.

[54] 张建民. 汽车的机电一体化[J]. 机电一体化，1996（6）：17-20.

[55] 李团结. 机器人技术[M]. 北京：电子工业出版社，2009.

[56] 李建勇. 机电一体化技术[M]. 北京：科学出版社，2004.

[57] 季维发，过润秋，严武升，等. 机电一体化技术[M]. 北京：电子工业出版社，1995.

[58] 张燏. 机电一体化概论[M]. 北京：人民邮电出版社，2009.

[59] 苏宏志. 数控机床[M]. 西安：西北大学出版社，2005.

[60] 李艳霞. 数控机床及应用技术[M]. 北京：人民邮电出版社，2009.

[61] 陆全龙. 数控机床[M]. 武汉：华中科技大学出版社，2008.

[62] 迈克埃沃伊，吉普森. 机器人世界[M]. 赵明珠，编译. 北京：中国电力出版社，2005.

[63] 刘文波，陈白宁，段智敏. 工业机器人[M]. 沈阳：东北大学出版社，2007.

[64] 辛颖，薛伟，王剑，等. 基于"慧鱼模型"的机器人课程实验教学改革探索［J］. 现代教育

技术，2009（7）：138-140.

[65] 刘宏新. 机电一体化技术[M]. 北京：机械工业出版社，2015.

[66] 李伯聪. 工程共同体研究和工程社会学的开拓："工程共同体"研究之三[J]. 自然辩证法通讯，2008（1）：63-68.

[67] 李伯聪. 工程共同体中的工人："工程共同体"研究之一[J]. 自然辩证法通讯. 2005（2）：64-68.

[68] 李伯聪. 关于工程师的几个问题："工程共同体"研究之二[J]. 自然辩证法通讯，2006（2）：45-51.

[69] 吴忠民. 对社会公正的不当追求及其负面效应[J]. 马克思主义与现实，2017（5）：160-167.

[70] 吴忠民. 关于程序公正的几个问题[J]. 中共中央党校学报，2002（4）：108-113.

[71] 吴佩芬. 社会公正的基本原则探析[J]. 齐鲁学刊，2011（5）：90-93.

[72] 朱葆伟. 高技术的发展与社会公正[J]. 科学技术哲学研究，2007（1）：35-39.

[73] 朱海林. 技术伦理、利益伦理与责任伦理：工程伦理的三个基本维度[J]. 科学技术哲学研究，2010（6）：61-64.

[74] LAYTON E T. The Revolt of the Engineers[M]. Baltimore：The Johns Hopkins University Press，1986.

[75] 陈万求. 工程技术伦理研究[M]. 北京：社会科学文献出版社，2012.

[76] 周中之，高惠珠. 经济伦理学[M]. 修订版. 上海：华东师范大学出版社，2016.

[77] 王圣志，文贻炜.青藏铁路设计总工程师：双脚踏出天路轨迹[N]. 中国青年报，2006-07-03（2）.

[78] 孟景毫，刘朝荣. 告别贫困！中国天眼之城迈向全面小康新时代[EB/OL]. (2020-03-09)[2022-02-15]. http：//www. qnz. com. cn/index. html.

[79] 王任秋，马维，郑妮，等. 平塘县："中国天眼"带动天文热助推脱贫攻坚（一）［EB/OL］.（2019-08-07）[2022-02-15]. http：//www. qnz. com. cn/index. html.

[80] 韩子贵. 管理思想概论[M]. 北京：经济管理出版社，2006.

[81] 芮杰明. 管理学[M]. 上海：上海人民出版社，1999.

[82] 周三多，邹统钎. 战略管理思想史[M]. 上海：复旦大学出版社，2003.

[83] 郎志正. 大质量概念与三种质量管理模式[J]. 上海质量，2005（1）：19-22.

[84] 孙耀君. 西方企业管理理论的发展[M]. 北京：中国财政经济出版社，1981.

[85] 克雷纳. 管理百年[M]. 邱琼，等译. 海口：海南出版社，2003.

[86] 郭咸纲. 西方管理思想史[M]. 3版. 北京：经济管理出版社，2004.

[87] 李江蛟. 企业质量管理体系拓展和深化的研究[D]. 南京：南京理工大学，2007.

[88] 叶锡琳，叶仲虎. 新技术革命与企业管理：国外企业管理发展趋势[M]. 北京：宇航出版社，1990.

[89] 蒋民华. 神奇的新材料[M]. 济南：山东科学技术出版社，2013.

[90] 徐菁利，王继虎，王锦成.畅游材料世界[M]. 上海：上海科学普及出版社，2007.

[91] 杨瑞成，丁旭，陈奎. 材料科学与材料世界[M]. 北京：化学工业出版社，2005.

[92] 严东生. 在大自然的馈赠之外：材料技术[M]. 上海：上海科技教育出版社，1996.

[93] 左铁镛. 新型材料：人类文明进步的阶梯[M]. 北京：化学工业出版社，2002.

[94] 方洪渊，冯吉才. 材料连接过程中的界面行为[M]. 哈尔滨：哈尔滨工业大学出版社，2005.

[95] 曲卫涛. 铸造工艺学[M]. 西安：西北工业大学出版社，1996.

[96] 祝中熹，李永平. 遥望星宿：甘肃考古文化丛书：青铜器[M]. 兰州：敦煌文艺出版社，2004.

[97] 孙方民，陈凌霞，孙绣华. 科学发展史[M]. 郑州：郑州大学出版社，2006.

[98] 刘林雪. 人类进步纵横谈[M]. 石家庄：河北科学技术出版社，1988.

[99] 兰辛. 人类历史上的伟大时刻[M]. 张青民，译. 西安：陕西人民出版社，2009.

[100] 许永璋. 世界近代工业革命[M]. 沈阳：辽宁人民出版社，1986.

[101] 马来平. 通俗科技发展史：综合卷[M]. 济南：山东科学技术出版社，2008.

[102] 南红艳. 工程训练基础：机械、近机械类[M]. 北京：煤炭工业出版社，2007.

[103] 马保吉. 机械制造基础工程训练[M]. 3版. 西安：西北工业大学出版社，2009.

[104] 王隆太. 现代制造技术[M]. 北京：机械工业出版社，2004.

[105] 陈永久，蒿敬恪. 机械加工技术[M]. 北京：人民邮电出版社，2008.

[106] 刘世平，贝恩海. 工程训练：制造技术实习部分[M]. 武汉：华中科技大学出版社，2008.

[107] 徐耀信. 机械加工工艺及现代制造技术[M]. 成都：西南交通大学出版社，2005.

[108] 宋树恢，朱华炳. 工程训练：现代制造技术实训指导[M]. 合肥：合肥工业大学出版社，2007.

[109] 佩卓斯基. 器具的进化[M]. 丁佩芝，陈月霞，译. 北京：中国社会科学出版社，1999.

[110] 牛荣华. 机械加工方法与设备[M]. 北京：人民邮电出版社，2009.